提高抽油泵泵效
理论研究与技术实践

李汉周　狄敏燕　杨海滨
邹俊松　张格　编著

中国石化出版社

内 容 提 要

本书对影响抽油泵泵效的因素进行了分析。分析认为井下设备在往复运动中，泵效与抽油杆冲程损失、抽油泵充不满、抽油泵漏失这三方面有关，同时进一步分析得到下泵深度、泵挂处井斜、工作参数是影响抽油泵泵效的主要因素。同时，提出了降低抽油泵漏失的技术措施、降低气体对抽油泵影响的技术措施、降低工作参数对抽油泵影响的技术措施、降低抽油泵冲程损失技术措施。

图书在版编目(CIP)数据

提高抽油泵泵效理论研究与技术实践/李汉周等编著.
—北京:中国石化出版社,2014.12
ISBN 978 - 7 - 5114 - 3141 - 7

Ⅰ.①提… Ⅱ.①李… Ⅲ.①采油泵 - 研究
Ⅳ.①TE933

中国版本图书馆 CIP 数据核字(2014)第 293454 号

中国石化出版社出版发行
地址:北京市东城区安定门外大街58号
邮编:100011 电话:(010)84271850
读者服务部电话:(010)84289974
http://www.sinopec-press.com
E-mail:press@sinopec.com
北京科信印刷有限公司印刷
全国各地新华书店经销
*
710×1000 毫米 16 开本 14.75 印张 275 千字
2015 年 1 月第 1 版 2015 年 1 月第 1 次印刷
定价:66.00 元

前言

有杆泵采油是国内外油田最广泛应用的机械采油方式。抽油泵是有杆抽油系统中的关键井下设备。在油井生产过程中，抽油泵的实际排量往往要小于理论排量，两者的比值称作泵容积效率，油田统称泵效。抽油泵的泵效是反映抽油机井工作状况的重要参数，它不仅影响油井的产量，还影响着油井的开采效率。随着油田开发的逐步深入，稠油井、出砂井、注聚井、产气井等复杂开采条件井不断涌现，丛式井和定向井越来越多，泵挂深度逐渐加大，井筒流体日趋复杂……，这些因素都影响着抽油泵泵效。因此针对中石化有杆抽油泵占机抽井比例达到89%的现状，开展提高抽油泵泵效技术研究工作已成为提高油田开采效益的重要途径之一。

本书采用理论计算与现场数据统计相结合的方法详细分析了影响抽油泵泵效的主要因素；全面总结了各油田提高抽油泵泵效的技术措施；展示了针对不同类型油井提高泵效的抽油泵新系列与新型油气分离装置；提出了一种以提高抽油泵泵效为目的的工作参数优选新方法；介绍了提高抽油泵泵效新技术在油田现场的应用情况。希望通过本书的公开发表为读者提供一套适合不同类型油井的提高泵效的技术方法。

本书共分七章，第一章简要介绍了抽油泵的结构、原理、失效原因及诊断方法；第二章详细分析了影响抽油泵泵效的主要因素，简要介绍了提高抽油泵泵效的主要措施；第三章重点介绍了降低抽油泵漏失的主要措施；第四章介绍了减少气体对抽油泵泵效影响的方法；第五章阐述了现场在降低冲程损失方面所做的工作；第六章在分析国内常用工作参数优选方法的基础上，提出了一种新的以提高抽油泵泵效为目的的工作参数优选的方法；第七章主要介绍了提高抽油泵泵效新技术在油田现场的应用情况。

本书第一次尝试把提高泵效新技术和新方法集中在一本书加以介绍。在提高泵效新工艺方面，通过数值模型计算、室内实验评价以及现场应用完善，形成了适合不同类型油井的抽油泵新系列与新型油气分离装置。尤其是高效抽油泵、变螺距双螺旋气锚、双尾管沉砂抽油泵等专利技术在现场应用中取得较好的效果。在抽油泵工作参数优化研究方面，应用工程最优化方法，实现了泵排协调和泵效最大化为目标的工作参数组合的优化，与同类方法相比，计算结果更准确。书中展示的技术成果在一定程度上满足了定向井、出砂结垢井、含气井、深井等多类型油井提高泵效的需要。

本书可为从事采油工程的技术人员、管理人员、科研人员、抽油泵设计人员以及大专院校的师生提供参考。

　　本书在编写过程中得到了江苏油田试采一厂、试采二厂、安徽采油厂、南通市华业石油机械有限公司、东北石油大学、上海大学等单位的技术支持，在此表示感谢！由于作者的经验和水平有限，难免存在不足或错漏之处，恳请读者提出批评和修改意见。

目　　录

第一章　抽油泵及相关抽油装置

有杆泵采油是指利用抽油杆将地面动力传递给井下抽油泵，从而举升液体的采油方式，该方式采油具有结构简单、适应性强和寿命长的特点，是目前国内外应用最广泛的机械采油方式。

有杆抽油装置主要包括抽油机、抽油杆以及抽油泵。其中抽油泵是有杆泵抽油系统中的重要设备，作业时安装在井下抽油管柱的下部，沉没在井液中，通过抽油杆传递的动力将井液抽汲至地面。由于抽油泵在数百米甚至数千米的井下工作，同时所抽汲的液体中常含有蜡、砂、气、水及其他腐蚀性物质，使得工作环境和条件相当复杂和恶劣，因此抽油泵性能的好坏以及其工作效率直接影响有杆抽油系统的机采效率。

1　抽　油　泵

抽油泵属于一种特殊形式的往复泵，主要由工作筒（外筒和衬套）、柱塞及游动阀（排出阀）和固定阀（吸入阀）组成。柱塞装在泵筒内与泵筒形成密封，柱塞上端装有游动阀，随柱塞运动而运动，游动阀为泵的排出阀，固定阀为泵的吸入阀，一般为球座型单流阀。

1.1　抽油泵类型与基本参数

按照抽油泵在油管中的固定方式，可分为管式泵和杆式泵两大类型。对于符合抽油泵标准设计和制造的抽油泵称为常规抽油泵；对具有专门用途的抽油泵，如抽稠泵、防气泵、防砂泵、防腐泵和耐磨泵等，称为特殊用途的抽油泵。

我国常规抽油泵的基本参数如表 1–1 所示。

表 1 – 1　抽油泵基本参数

基本形式	泵的直径/mm		柱塞长度系列/m	加长短节长度/m	联接油管外径/mm	柱塞冲程长度范围/m	理论排量/(m³/d)	联接抽油泵螺纹直径/mm
	公称直径	基本直径						
杆式泵	32	31.8	0.6 0.9 1.2 1.5 1.8 2.1	0.3 0.6 0.9	48.3，60.3	1.2~6.0	16~69	23.813
	38	38.1			60.3，73.0	1.2~6.0	20~112	26.988
	44	44.5			73.0	1.2~6.0	27~138	26.988
	51	50.8			73.0	1.2~6.0	35~173	26.988
	57	57.2			88.9	1.2~6.0	44~220	26.988
	63	63.5			·88.9	1.2~6.0	54~259	30.163
管式泵	整体泵筒	32	31.8	0.6 0.9 1.2 1.5	0.3 0.6 0.9	60.3，73.0	0.6~6.0	7~69	23.813
		38	38.1			60.3，73.0	0.6~6.0	10~112	26.988
		44	44.5 45.2			60.3，73.0	0.6~6.0	14~138	26.988
		57	57.2			73.0	0.6~6.0	22~220	26.988
		70	69.9			88.9	0.6~6.0	33~328	30.163
		83	83			101.6	1.2~6.0	93~467	30.163
		95	95			114.3	1.2~6.0	122~613	34.925
	组合泵筒	32	32			60.3，73.0	0.6~6.0	7~69	23.813
		38	38			60.3，73.0	0.6~6.0	10~128	26.988
		44	44			73.0	0.6~6.0	13~138	26.988
		56	56			73.0	0.6~6.0	21~220	26.988
		70	70			88.9	0.6~6.0	33~328	30.163

　　按照我国抽油泵标准 GB/T 18607—2008 规定，抽油泵型号表示方法如图 1 – 1 所示。

1.2　常规抽油泵

　　常规抽油泵主要由泵筒、柱塞、泵阀、阀罩等组成。按照抽油泵在油管中的固定方式，抽油泵可分为管式泵和杆式泵。

1.2.1　管式泵

　　管式泵的泵筒直接接在油管柱下端，柱塞随抽油杆下入泵筒内。管式泵只有泵筒和柱塞两大部分。普通管式泵的结构如图 1 – 2(a)所示。其特点是把外筒和衬套在地面组装好并接在油管下部先下入井内，下抽油杆柱时把柱塞接在抽油杆下端下入泵内。管式泵结构简单，成本低，承载能力大，同时在相同油管直径下允许下入的泵径比杆式泵大，理论排量也相应较大，但作业时必须起出全部油管，工作量大，一般适用于供液能力强、产量较高的浅、中深油井。

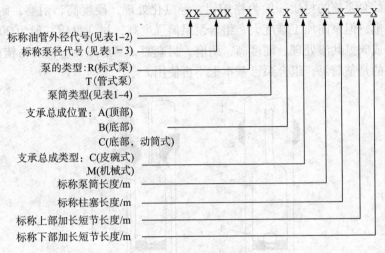

图 1-1 抽油泵型号表示方法

表 1-2 抽油泵标称油管外径与代号对应表

代 号	15	20	25	30	40
标称油管外径/mm	48.3	60.3	73.0	88.9	114.3

表 1-3 抽油泵标称泵径与代号对应表

代 号	106	125	150	175	178	200	225	250	275	375
标称泵径/mm	27.0	31.8	38.1	44.5	45.2	50.8	57.2	63.5	69.9	95.3

表 1-4 抽油泵泵筒类型与编码对应表

编 码	H	W	S	X
泵筒类型	金属柱塞泵厚壁泵筒	金属柱塞泵薄壁泵筒	软密封柱塞泵薄壁泵筒	金属柱塞泵厚壁泵筒，薄壁形螺纹构形

示例：一台泵径为 31.8mm 的杆式泵，其厚壁泵筒长 3.048m，上部加长短节长 0.610m，下部加长短节长 0.610m，柱塞长 1.219m，在 60.3mm 油管中工作并以底部皮碗支承总成固定，该泵代号表示为：20-125RHBC3.0-1.2-0.6-0.6。

根据泵筒、柱塞结构不同，管式泵可分为整筒泵和组合泵（衬套泵）。组合泵的外筒内装有多节衬套组成泵筒，并与金属柱塞配套，而整筒泵的泵筒没有衬套，直接与柱塞配套，是由一个整体的无缝钢管加工而成。与组合泵相比，整筒泵具有泵效高、冲程长、型式多、规格全、质量轻和装卸方便等优点。整筒泵泵筒的材质一般为铬铂铝，经氮化处理，硬度高，耐磨，耐腐蚀，结构简单，但泵筒加工难度大。组合泵泵筒强度高，衬套材质一般为20CrMn，经渗碳或碳氮共渗处理，硬度高，耐磨，衬套短，易加工，但衬套易错位。目前常用的是整筒泵，组合泵已基本上不再使用。

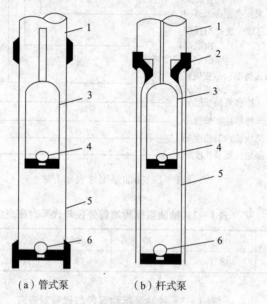

（a）管式泵　　　（b）杆式泵

图 1-2　抽油泵示意图

1—油管；2—锁紧卡；3—柱塞；4—游动阀；5—工作筒；6—固定阀

根据固定阀结构，管式泵又可分为可打捞型管式泵和不可打捞型管式泵。固定阀可捞式管式泵一般由泵筒集成、柱塞集成、固定阀固定装置、固定阀及打捞装置组成。泵筒集成包括泵筒、泵筒接箍、加长短节、油管接箍；柱塞集成由柱塞上部出油阀罩、上下出油阀球、阀座、柱塞、柱塞下部出油阀罩组成；柱塞按表面强化工艺可分为镀铬柱塞和喷焊柱塞；固定阀固定装置由密封支承环、弹性芯轴、支承套组成。固定阀由固定阀罩、固定阀球、筛管、固定阀座及接头等组成，由锁紧装置将其固定；弹性芯轴上端与固定阀集成的接头用螺纹连接，并将密封支承环压紧；打捞装置由打捞体、导向套、弹簧、销子、丝锥式打捞头组成，打捞体用螺纹分别与柱塞下部出油阀座相连，导向套内孔装销子、弹簧和丝锥式打捞头，打捞时丝锥式打捞头对中固定阀罩的螺孔，对扣或造扣将固定阀捞出。装有可打捞式固定阀的管式泵可在不起出油管的情况下将固定阀打捞上来进行检修，简化检泵操作；但同时也增加漏失几率，而且这种结构增大了余隙体积，不适用于高气油比井；另外可打捞固定阀流道小，不宜在出砂和稠油井使用。不可打捞式管式抽油泵的固定阀直接装在泵筒下部，结构相对简单，在起出抽油杆和油管后，才能将固定阀起出。目前大多数油井采用不可打捞式管式抽油泵。

1.2.2 杆式泵

普通杆式泵的结构示意图见图 1 - 2(b)所示。其特点是将整个泵在地面组装好并接在抽油杆柱的下端，整体通过油管下入井内，然后由预先装在油管预定深度上的卡簧固定在油管上，检泵时通过抽油杆将工作筒提出。因此，杆式泵又叫插入式泵。杆式泵检泵时不需要起油管，检泵方便，但结构复杂，制造成本高，在相同油管直径下允许下入的泵径比管式泵小，适用于下泵深度大，产量较小的油井。

按固定装置在泵上的位置和在抽油时是泵筒移动还是柱塞的移动，杆式泵又分为定筒式顶部固定杆式泵、定筒式底部固定杆式泵和动筒式底部固定杆式泵。

定筒式顶部固定杆式泵是由泵顶部固定支承装置将泵筒固定在油管内设计位置，柱塞经滑杆与抽油杆连接，由抽油机和抽油杆带动上下运动。泵筒总成包括泵筒和上、下加长接箍，其结构与性能均与管式泵泵筒相同，只是泵筒壁厚稍薄一些；柱塞总成由柱塞上部出油阀罩、阀座、柱塞、柱塞下部出油阀罩、阀球、阀座、压帽组成，其结构与性能均与管式泵柱塞相似；阀杆总成包括阀杆异径接头和阀杆，阀杆异径接头上端与抽油杆相连，下端用带锥度的变形管螺纹与拉杆上端可靠连接；固定阀总成由泵筒、进油阀罩、阀球、阀座接头组成。阀座接头的下端为管螺纹，供连接防砂管或气砂锚用；泵固定装置由导向套、密封支承环、心轴、弹性套、接头组成。导向套上部小孔对阀杆上下运动起导向作用，防止柱塞与泵筒偏磨。定筒式顶部固定杆式泵适用于斜井、含砂或含气的油井。

定筒式底部固定杆式泵是由泵的底部锁紧装置将泵固定在油管内，其结构与定筒式顶部固定杆式泵结构基本相同，区别是泵的固定装置在底部，由弹性心轴、密封支承环和接头组成。该类型抽油泵其优点是泵筒不会因液柱作用而伸长，只受外压，间隙不会增大，适合在深井使用。其缺点是在固定支承套和底部铰紧装置的环形空间极易沉积砂粒，造成起泵困难，不宜在出砂井中使用。

动筒式底部固定杆式泵的泵筒与抽油杆柱连接，并作上下运动。柱塞通过拉管及底部锁紧装置固定在油管内支承套上，这种泵的泵筒、柱塞、泵固定装置和泵支承装置与定筒式底部固定杆式泵通用。泵筒出油阀总成、柱塞出油阀总成与拉管总成结构不同。泵筒出油阀总成安装在泵筒上端，流道较大，由泵筒出油罩、阀球、阀座、接头组成。这种泵工作时泵筒上下运动，不停地搅动井液，砂粒不易沉积在锁紧装置上造成卡泵，在间歇抽油井停抽时，顶部阀球封闭阀座，油管中的砂粒不会沉积在泵内产生卡泵，适用于含砂的油井，但这种泵拉杆稳定性差，不宜在长冲程井和在稠油井中使用。

当前国内抽油泵使用的是带环状槽的金属柱塞。近些年来随着新型密封材料的出现，国内外都在研制封性能好、抗油耐磨的软柱塞（如橡胶皮碗、聚酰胺68及尼龙1010等材料做的"皮碗"），可以不用衬套，即软柱塞无衬套泵。这种泵的泵筒和柱塞的机加工要求低，易制造，皮碗磨损后，只需起出柱塞更换皮碗，而柱塞体仍可继续使用。

1.3 抽油泵工作原理

1.3.1 泵的抽汲和排液过程

泵工作过程中，随活塞的运动泵容积发生变化，从而使得泵内压力随之变化。当阀球下方压力大于其上方压力时，阀打开，液体通过阀座孔向上流；当阀球下方压力小于其上方压力时，阀关闭阻止液体向下流。具体抽汲和排液过程为：

1. 上冲程

抽油杆柱向上拉动柱塞运动[图1-3(a)]，柱塞上的游动阀受阀球的自重和油管内液柱压力而关闭。此时，泵内（柱塞下面）的泵腔容积增大，泵内压力降低，固定阀在环形空间液柱压力（沉没压力）与泵内压力之差的作用下打开，原油吸入泵内。与此同时，如果油管内已逐渐被液体所充满，在井口将排出相当于冲程长度的一段液体。

2. 下冲程

抽油杆柱带动柱塞向下运动[图1-3(b)]。柱塞压缩固定阀和游动阀之间的液体，当泵内压力增加到大于泵沉没压力时，固定阀先关闭，当泵内压力增加到大于柱塞以上液体压力时，游动阀被顶开，泵内（杆塞下面）的液体通过游动阀进入柱塞上部，同时柱塞向下运动，部分光杆进入油管内，在井口挤出相当于冲程长度的光杆体积的液体。

1.3.2 泵的排量

泵的工程过程是由三个基本环节所组成，即活塞在泵内让出容积、原油进泵和从泵内排出液体。假设活塞冲程等于光杆冲程，上冲程吸入泵内的全是液体，并且其体积等于活塞让出容积，而这些液体全部都能排到地面没有漏失，在这种理想体条件下，抽油泵的排量叫理论排量。

活塞上下运动一次，泵理论排量为：

$$q_\circ = \frac{1}{4}\pi D^2 S \qquad\qquad (1-1)$$

式中：$q_\circ$ 为每分钟排量，m^3/d；D 为泵径，m；S 为光杆冲程，m。

每分钟理论排量为：

$$q_{\mathrm{m}} = \frac{1}{4}\pi D^2 Sn \qquad\qquad (1-2)$$

式中：q_{m} 为每分钟排量，m^3/d；n 为冲次，$1/\mathrm{min}$。

每日理论排量为：

$$Q_{\mathrm{t}} = 360\pi D^2 \rho Sn \qquad\qquad (1-3)$$

式中：Q_{t} 为泵的每日排量，$\mathrm{t/d}$；ρ 为抽汲液体的密度，$\mathrm{kg/m}^3$。

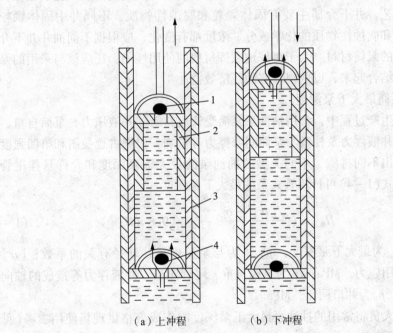

（a）上冲程　　　　　（b）下冲程

图 1－3　泵工作原理图

1—排出阀；2—柱塞；3—衬套；4—吸入阀

抽油井生产过程中，由于受设备、流体、工艺参数等各种因素影响，实际产量一般都比理论产量要低，实际排量与理论排量的比值叫泵的容积效率，即我们常说的泵效。泵效的高低，反映了抽油泵工作性能的好坏。

1.4　抽油泵主要零件

1.4.1　泵筒

泵筒是抽油泵的主要零件，柱塞在其内部作往复运动，抽汲油液，它又是固定阀、泵筒接箍等零件的支持件。

1. 泵筒分类

（1）按泵筒壁厚可分为薄壁筒、中厚壁筒、厚壁筒和超厚壁筒。API 规范中，薄壁筒壁厚 $\delta = 3.175\mathrm{mm}$，厚壁筒 $\delta = 6.35\mathrm{mm}$；中厚壁筒和超厚壁筒的壁厚由厂家自定。一般中厚壁筒壁厚 $\delta = 4.763\text{mm}$；超厚壁筒 $\delta = 8 \sim 12\text{mm}$。

（2）按泵筒两端螺纹结构可分为外螺纹和内螺纹两种，由于内螺纹强度较好，故薄壁筒常用内螺纹。

2. 泵筒的材料

制造泵筒的材料主要有碳钢、合金钢、不锈钢和有色金属，较常用的是碳钢和合金钢，常用的泵筒摩擦表面强化工艺主要有碳氮共渗、镀镍、镀碳化钨合金等工艺。井下介质主要有固体颗粒和腐蚀性物质，不同井中固体颗粒大小、含量和腐蚀性物质的化学成分、浓度都有变化，应根据不同油井井下介质选择相应的泵筒材料。为了更好地发挥材料的使用性能，还应该与采用的泵筒加工工艺结合起来，以取得较好的经济效益。

3. 泵筒最大下泵深度

实际生产过程中，常用抽油泵泵筒受管内与管外井液压力、泵筒自重、尾管重量、井液浮力及柱塞与泵筒间摩擦力等影响，根据古德曼图和第四强度理论可计算出不同材质、不同类型的抽油泵的最大下泵深度和允许悬挂尾管质量，如公式(1-4)可计算管式泵的最大下泵深度。

$$H_{\max} = \left(\frac{\sqrt{[\sigma]^2 - \sigma_c^2}}{A} - p_B \right) / (9.8 \times 10^{-3}) \qquad (1-4)$$

式中：$H_{\max}$为最大下泵深度，m；A 为与泵筒内径、外径有关的系数；$[\sigma]$为泵筒的许用应力，MPa；σ_c为泵筒自重、尾管质量、井液浮力等造成的轴向载荷，MPa；p_B为井口回压，MPa。

技术人员将常用的抽油泵最大下泵深度制作成表格供现场使用参考(见表1-5、表1-6)。

表1-5　API管式泵最大下泵深度

最大下泵深度/m	泵径/mm				
	38.1	44.45	57.15	69.85	82.55
$H_{\max}$	3540	2836	2106	1658	1355

4. 泵筒最大外径

杆式泵泵筒最大外径受到油管内径的限制，两者之间应有足够的间隙以保证杆式泵能顺利的下入。

管式泵泵筒最大外径受到套管内径的限制。国内常用的套管外径为 $\phi140\text{mm}(5\frac{1}{2}\text{in})$，壁厚最厚的一种内径为 $\phi117.7\text{mm}$，因此国内的抽油泵泵筒最大外径应小于 $\phi116\text{mm}$。为了在套管与抽油泵之间的窄小环形空间内下入测试仪器，一般国内抽油泵泵筒最大外径不超过 $\phi90\text{mm}$。有时为了油井生产需要不得不在小套管中下入大泵，此时需要采用一些辅助机构(如脱接器等)来完成抽油泵的下井。

表 1－6　API 管式泵允许挂尾管质量/t

下泵深度/m	泵径/mm				
	38.1	44.45	57.15	69.85	82.55
500	5.409	5.774	6.820	7.687	8.376
600	5.295	5.619	6.563	7.304	7.841
700	5.181	5.464	6.307	6.921	7.306
800	5.067	5.309	6.050	6.538	6.770
900	4.953	5.518	5.794	6.154	5.883
1000	4.839	4.998	5.537	5.771	4.589

5. 抽油泵(泵筒)长度

抽油泵长度主要取决于泵筒长度，它与冲程有关，由柱塞长度、冲程长度、防冲距和加长接头长度等来确定，常用柱塞长度为 1.2m。柱塞长度和防冲距可按表 1－7 选择。

表 1－7　推荐的柱塞长度和防冲距

下泵深度/m	900	1200	1500	1800	2100	2400	2700	3000	3300	3600
柱塞长度/m	0.6	0.9	1.2	1.2	1.2	1.2	1.5	1.5	1.8	1.8
防冲距/m	0.6	0.6	0.6	0.6	0.6	0.6	0.9	0.9	0.9	1.2

6. 泵筒使用要求

(1)泵筒与柱塞形成一对运动副，需要保证柱塞转动和往复运动灵活无阻卡，且磨损均匀；

(2)保证泵筒与柱塞之间有足够的密封能力；

(3)有足够的强度、刚度和疲劳强度，能适应深抽需要；

(4)要有较好的耐磨性和抗腐蚀能力。

1.4.2　柱塞

柱塞是抽油泵的重要零件，它与泵筒组成一个运动副，同时它又是游动阀、柱塞上部阀罩等零部件的支持件。抽油泵修复时往往通过加大柱塞尺寸来满足配合间隙的要求。

1. 柱塞材料

柱塞材料主要有碳素钢、合金钢、不锈钢和有色金属等，常用的是碳素钢。

柱塞表面强化工艺主要是金属喷焊和镀铬，由于喷焊层在厚度、耐磨、抗腐蚀等方面都优于镀铬，因此使用较多。在现场使用过程中，有技术人员在柱塞表面设计了特殊材质的密封环以降低柱塞与泵筒漏失，从而提高抽油泵泵效。

2. 柱塞尺寸

柱塞基本尺寸是公称尺寸，0 号柱塞基本直径为 $d = D$，其后代号每增加 1 号其基本尺寸减少 0.025mm，如 1 号为 $d = D - 0.025$……修泵时需加大柱塞，也用代号表示，每加大 1 号其基本直径增加 0.025mm，如 +1 号直径为 $d = D + 0.025$。

3. 柱塞使用要求

(1)柱塞要有较好的耐磨、抗腐蚀能力，应避免因电化学作用而加速腐蚀、磨损；

(2)柱塞与泵筒表面摩擦系数小些较好；

(3)要有足够的强度、刚度；

(4)尽量减小柱塞与泵筒间配合间隙，降低柱塞与泵筒间漏失量。

1.4.3 泵阀

抽油泵泵阀由阀球与阀座组成，是抽油泵重要组件和易损件，对于抽油泵泵效和工作性能有很大影响。

1. 泵阀分类

根据泵阀位置及作用一般将泵阀分为游动阀和固定阀两种。游动阀常位于抽油泵柱塞上，用于将泵筒内液体抽出进入到抽油杆柱与油管的环空中；固定阀常位于泵筒下端，用于抽油泵上行过程中液体进入泵筒、下行过程密封泵筒内液体。

2. 泵阀材料

常用的阀球与阀座材料主要有高铬不锈钢、铬钨钴合金、碳化钨合金等。高铬不锈钢阀球及阀座有较好的耐磨性和抗腐蚀性能，工艺性较好，成本低廉；铬钨钴合金阀球及球座有较高的密度，较好耐磨性和很强的抗腐蚀能力，除在高腐蚀加磨损的介质中使用性能比碳化钨合金稍差外，其余指标接近硬质合金，但制造成本比硬质合金低；碳化钨合金阀球及球座能适应稠油和强腐蚀井下介质，但制造成本较高。

随着油田定向井的增加，金属球阀在使用过程中会出现关闭滞后现象，因此现场生产中出现了陶瓷材料做成的球阀。陶瓷球阀在具有较好的耐磨性和抗腐蚀能力的同时，密度比金属球阀轻，在定向井中使用时可以避免球阀关闭滞后的现象。

3. 阀球直径

目前阀球直径已经标准化，详见表 1 - 8。

表 1 - 8 阀球直径规格

序 号	1	2	3	4	5	6	7	8	9
阀球直径/m	19.05	23.813	28.575	31.75	34.925	38.1	42.863	50.8	57.15

阀球直径大小对液体流动设计、泵阀开启灵活性和结构布置合理性有较大的影响,使用时游动阀一般根据公式(1-5)计算结果取最接近的标准球,固定阀阀球直径应根据结构空间选择,一般比游动阀大 0~2 挡。

$$D_Q = 0.7D - 3.6 \tag{1-5}$$

式中:D_Q 为阀球直径,mm;D 为泵筒直径,mm。

4. 泵阀使用要求

(1)有良好的密封性能,以保证抽油泵在各种工况下正常工作;

(2)阀球启闭灵活、迅速,不得有阻滞现象,更不允许卡死;

(3)阀座孔面积较大,入口处阻力较小;

(4)阀球开启瞬间的过流面积较大,提高进油效能;

(5)具有较好的耐磨性能,较强的抗腐蚀能力和较大的密度。

1.4.4 阀罩

阀罩是对抽油泵泵效有明显影响的零件。阀罩所处的空间较小,结构紧凑。

1. 阀罩分类

阀罩按出油口结构可分为开口阀罩和闭式阀罩两类。开口阀罩具有良好的导向性能和较大的流道面积,其制造成本低。闭式阀罩按球室结构可分为倒坛型、槽形球室型和组合型三种。倒坛型闭式阀罩球室形状象倒放着的坛子,这种阀罩流道面积大、结构简单、制造方便,但导向能力差,阀球在球室内漂移量较大;槽形球室型闭式阀罩带有三条或四条圆弧状凹直槽,形成主要的液体流道,这种阀罩有良好的导向性能,阀球漂移量很小,出油面积大,但制造工艺较复杂;组合型闭式阀罩球室是一个可以更换的芯子,这种阀罩具有良好的导向性能,流道面积小,阀罩体可重复使用,多用于轻微、中等程度腐蚀和严重磨损的环境中,不适合在稠油中使用。

2. 阀罩的材料

阀罩一般采用碳钢、合金结构钢、不锈钢等材料制造,组合型阀罩的芯子也有用耐磨合金制造的。

3. 阀罩使用要求

(1)有良好的导向性能,阀球漂移量小,有助提高抽油泵充满系数;

(2)有适度的流道面积,减少液力损失;

(3)合理的阀球跳高;

(4)有足够的强度,适当的硬度与耐磨性,良好的抗腐蚀能力。

2　抽油泵失效分析

2.1　抽油泵的工作条件

2.1.1　磨损影响

抽油泵工作的先决条件是油层，各油田油层一般可分为砂岩层状（或块状）油层、泥岩裂缝（或裂隙）油层、火成岩、变质岩裂缝（或孔洞）油层、碳酸岩孔洞（或孔隙）油层。国内油田，除四川、华北等少数地区外，绝大多数是砂岩层状（或块状）油层。

在砂岩层状（或块状）油层的油井中，原油所含的固体颗粒70%以上是石英，其次是长石，还有少量云母，另外还有20%左右的黏土矿物，黏土矿物主要由颗粒直径在0.05mm以下的高岭石、蒙脱石、绿泥石、水云母等组成。石英以石英砂存在，颗粒直径在0.25mm以下。一般将直径为0.1~0.25mm的石英粉砂称为粗粉砂，直径为0.05~0.1mm的石英粉砂称为细粉砂，直径为0.05mm以下的石英粉砂称为黏土。进入泵筒中的原油所含固体颗粒成分、直径大小，主要由油层的原始性质决定，因此国内大部分油田的抽油泵易损零件，都受到以石英砂为主的各种形式的磨损。

2.1.2　腐蚀影响

在油田开发初期，原油含水低，一般含较少的腐蚀介质。随着油田不断开发，由于注水、酸化、含水增加等导致的有关化学作用不断发生，原油中腐蚀介质大量增加，且大部分油层的原油呈酸性，极少量油层（如碳酸岩孔洞油层）的原油呈碱性，因此，在这类油井工作的抽油泵经受着井液的腐蚀影响，抽油泵易因腐蚀而造成零件失效。

2.1.3　载荷影响

抽油泵下井工作后，承受着几百米至几千米深的液柱载荷；工作时杆柱往复运动的惯性力使泵筒及有关联接件在轴向承受交变载荷；在出油过程中泵筒上下工作腔交替承受内压和外压；进出泵阀频繁开启使阀球、阀座和阀罩受到冲击载荷；由于拉运、起吊、安装不当使抽油泵承受其他可导致其机械破坏的载荷。上述这些载荷正是造成抽油泵机械破坏的直接原因。

2.2　抽油泵失效的基本形式

抽油泵的失效是一个比较复杂的过程。一般来说抽油泵零部件失效的基本形式可归纳为：零部件的磨损、腐蚀、机械破坏（过量变形、断裂）和机械故障。由于这些失效形式内在存在着联系，所以这些基本失效形式往往不是孤立存在，总是经常交织在一起的。

2.3　抽油泵磨损失效

磨损是指一个物体由于机械的原因，与另一个固体、液体或气体发生接触和相对运动，造成表面材料不断损失的过程，产生磨损的根本原因在于受摩擦负荷作用的构件与摩擦系统中其他要素之间发生了相互作用。目前认为特别重要的磨损形式主要有黏着磨损、磨粒磨损、表面疲劳磨损三种。

2.3.1　黏着磨损

摩擦副相对运动时，由于固相焊合，接触表面的材料从一个表面转移到另一个表面的磨损，叫黏着磨损。产生黏着磨损的原因是：在摩擦过程中，如果摩擦副接触点没有表面膜存在或表面膜被破坏，使摩擦的物体在接触点处的新生面直接接触，且在接触点处的法向载荷和滑动速度达到一定数值，使接触点处出现摩擦副双方间的再结晶、扩散或熔化，产生黏着、撕脱、再黏着的循环过程，构成黏着磨损。

抽油泵进油阀罩螺纹的拉伤、咬死是典型的黏着磨损，黏着磨损也是造成柱塞与泵筒、缸套严重拉伤、卡死的原因之一。一般可通过在金属表面采用电镀、表面化学处理的合理等表面处理工艺、提高抽油泵阀罩硬度等方法来减少黏着磨损造成的抽油泵失效。

2.3.2　磨粒磨损

磨粒磨损是指摩擦副相对运动时，由于摩擦面粗糙凸峰相互作用或摩擦面间物质颗粒作用，使摩擦表面发生划伤和微切削的磨损。在摩擦过程中，摩擦副表面的粗糙凸峰或者颗粒状物体压入摩擦表面，并且同时有切向运动，使摩擦表面形成划痕和微切削，产生了磨粒磨损。

磨粒磨损可分为凿削磨损、冲刷磨损、碾磨磨损、划伤磨损和喷射磨损等几种形式。凿削磨损是磨粒磨损的典型形式；若材料表面受到含砂流体的冲刷，由于涡流作用在该表面出现波状的凹陷，在每个非常小的波峰后还会出现涡流，它将砂粒在离心力作用下向表面抛射，结果就形成冲刷磨损；当材料表面碾压颗粒状物体，在其接触处的最大压应力大于颗粒的破坏应力强度时，在材料表面产生的磨损为碾磨磨损；当最大应力小于颗粒的破坏应力强度时，在材料表面产生一些深的划痕和沟槽，这样就出现了划伤磨损；若颗粒物体在气、液流的带动下喷射到材料表面，在材料表面则会产生喷射磨损。抽油泵泵筒、衬套、柱塞表面最易发生凿削磨粒磨损。

阀球磨损的主要形式之一是喷射磨损。在阀球启闭过程中，随时都有携带磨粒的高压液体和气体向阀球表面喷射。从工况和已研究的成果得知，在阀球

13

被喷射磨损的某个瞬间，正对阀座口的那一部分球冠表面，主要承受相对的直射喷射，靠近直径的球环部分主要承受相对的滑动喷射，中间部分主要承受相对的斜向喷射。在阀球连续工作中，阀球的每一个表面都在承受交叉的连续不断的滑动喷射磨损和直射喷射磨损。滑动喷射的能量足以把一些硬质磨粒压入阀球表面，不断地切除一定数量的微体积材料，长期的微切削作用造成阀球尺寸明显减小。阀球表面在直射喷射磨损作用下，使阀球表面承受交变冲击载荷，导致阀球表面冷作硬化而变脆，继而产生脆性断裂，导致表面材料剥落，在阀球表面形成麻点。为提高阀球抗喷射磨损能力，应选用含金属和非金属夹杂物少的高级优质合金钢制作阀球，并合理提高阀球硬度，减少含磨粒流体对阀球的喷射能量。

阀座磨损的主要形式也是喷射磨损。在阀球启闭过程中，阀孔和阀口表面均受到周期性的连续不断的含有磨粒的液流和气流喷射。在阀口刚开启的瞬间，流体在高压作用下可产生 14MPa 压差，比阀口硬度高的磨粒在这种喷射力作用下不断切除阀口处的微体积材料，从而在阀口处沿流体方向产生小沟槽。一旦这种沟槽在阀口密封面上沿流向贯穿，流体在高压作用下将产生更高的喷射压差，把原有的沟槽不断扩大，造成阀口严重破坏。提高阀座抗喷射磨损的能力，除采取同阀球的相同措施外，还应提高阀口密封面的研磨质量，保证研磨出来的密封面沿圆周连通并宽窄一致。

2.3.3 表面疲劳磨损

在材料表面受到交变应力的作用下，表面出现麻点和孔穴的磨损称表面疲劳损坏。在表面摩擦力和交变应力作用下，材料表面疲劳裂纹逐渐形成和扩大。在摩擦力作用下表面颗粒开始脱落，形成了表面疲劳磨损。

阀球以每分钟几次到几十次的频率撞击（启闭）阀座，是造成阀球和阀座表面产生疲劳磨损的主要原因之一。阀球每次与阀座接触后又悬浮在油流中且自由旋转，每次与阀座接触部位是随机变化的，所以阀球表面各点所产生的凹坑或麻点是均匀分布的，阀座则在阀口的密封环表面产生颗粒脱落、麻点。在进行产品设计时，应适当减少阀球的起跳高度，从而减少阀球对阀座的撞击力。

上述各种磨损形式很少单独出现，相反，它们可能同时起作用或交替发生作用。一般分析出哪一种磨损形式起主导作用，从而制定相关措施减少这种磨损。

2.4 抽油泵腐蚀失效

腐蚀是一种物质由于与环境作用引起的破坏和变质。腐蚀形态有多种，在抽油泵工作条件下，其易损件的腐蚀形态主要有以下几种。

2.4.1 电偶腐蚀

两种或两种以上具有不同电位的金属，在接触时造成的腐蚀称电偶腐蚀。

在有腐蚀井液的油井中使用的镀铬泵筒（衬套）、镀铬柱塞都有可能发生电偶腐蚀，腐蚀严重时会造成柱塞表面防护层脱落。可通过正确选用泵筒和柱塞表面保护层、增加保护层厚度等方式来提高抽油泵泵筒、柱塞抗电偶腐蚀能力。

2.4.2　均匀腐蚀

均匀腐蚀是指在金属表面上发生的比较均匀的大面积腐蚀。

在存放、运输过程中，如果抽油泵与大气接触的外表零件表面保护不好或长期暴露在外，会受到大气中诸如氧气、二氧化碳等气体的均匀腐蚀。这种腐蚀的强弱与气温、空气、湿度、环境特点关系较大。因此在沿海一些油田使用的抽油泵尤其是通过海运出口的抽油泵，其外部包装和防护就显得格外重要。

在有腐蚀井液的油井中，腐蚀液体长期与安装在井下的抽油泵各零件内外表面接触，均匀腐蚀更为加剧。但抽油泵的设计一般都考虑到了腐蚀情况，所以在通常情况下，均匀腐蚀不会造成抽油泵零件的大量失效。

2.4.3　疲劳腐蚀

在腐蚀介质和材料交变载荷共同作用下发生破坏的腐蚀称为疲劳腐蚀。

抽油泵中，受轴向拉力，截面较薄弱的零件其疲劳腐蚀断裂几率较大。在腐蚀较严重的油井中，阀球破坏的主要形式是疲劳腐蚀。阀球本身材料抗井液腐蚀能力较差，在腐蚀介质中易造成点蚀；同时，在井下高压、高速液流作用下，阀球与阀座有较大的冲击力，在两者的接触带上将产生较大的拉压应力。在这种复杂的交变应力反复作用下以表面蚀坑为应力集中源就开始产生疲劳裂纹，而每分钟几次到几十次的应力循环频率又加速了疲劳腐蚀的产生。一般可通过选择抗腐蚀能力的材料制作阀球的方法来减少或延缓阀球疲劳腐蚀破坏。采用具有一定抗冲击能力的陶瓷材料或聚合物材料制作阀球也是减少或延缓阀球疲劳腐蚀破坏的一种措施。

2.5　抽油泵零件的机械破坏和机械故障

在长期使用过程中，抽油泵的基本形式和参数已经系列化，外形和连接尺寸也已标准化。在正常工作的条件下合理使用抽油泵，一般不易发生机械破坏和机械故障。但由于腐蚀、磨损和机械载荷的联合作用、泵的选型及配套、泵的装拆及运输、不按相关规范操作等导致机械破坏和卡泵、脱扣、阀堵等机械故障也时有发生。

2.5.1　抽油泵零件的机械破坏

1. 上游动阀罩断裂

由于结构设计上受内外尺寸的限制，抽油泵上游动阀罩承载能力相对较低，易发生断裂。在现场使用过程中较常见的是由上游动阀罩三条导向筋内部开裂造成的导向筋断裂，这种断裂的瞬断区分布在靠近三条筋外圆边缘处，其工作应力不太高，断口属于低名义应力的疲劳破坏。

2. 固定阀罩断裂

在套管液面高和套管内压高的油井中，$\phi70mm$ 以上大泵固定阀罩顶部被阀球打穿的情况时有发生。一般认为这类失效破坏可分为两个阶段。第一阶段由于阀罩顶部采用常规平顶非加强型结构，在地层高压力和大质量阀球高速撞击下，阀球动能转变为材料的弹－塑性变形能，顶部产生严重塑性变形导致出油孔变薄变脆。第二阶段是变脆的材料再经反复冲击导致靠近出油孔边缘因应力集中首先产生疲劳开裂，裂缝在阀球的继续冲击下加速开裂，导致阀罩断裂。提高固定阀罩顶部材料强度和结构强度可以防止固定阀罩顶部断裂。

3. 其他零件的断裂

在现场使用过程中，还曾出现过少量泵筒断裂、阀球破裂、阀座破裂的现象，但这些零件的机械破坏样例出现几率较小。随着机械加工工艺的提高和抽油泵结构的改进，目前生产现场已比较少见这类破坏样例了。

2.5.2 抽油泵的机械故障

1. 卡泵

卡泵是指柱塞在泵筒中因故卡死不能上下运动的机械故障，它是一种较为常见的机械故障。

卡泵通常可分为泥砂卡泵和结垢卡泵两种。泥砂卡泵是指由于固体颗粒（如石英砂、黏土、金属颗粒等）进入泵筒和柱塞的环形间隙之间形成的卡泵。柱塞上行时，柱塞与泵筒间的间隙分布不均匀，间隙较大的区域容易进入泥砂，柱塞上行阻力越来越大，最终导致泥砂卡泵。因此，泥砂卡泵多发生在柱塞上行过程中。在油田开采的中后期，井液含水普遍较高，当井液中含有较多易在金属表面结垢的化学物质（如 Ca、Mg 等盐类物质）时，结垢卡泵就有可能发生。在使用过程中，可通过合理选择柱塞与泵筒配合间隙、配备防砂或阻垢装置、使用特殊结构防砂（垢）抽油泵等方法来防止卡泵。

2. 阀堵或阀漏

当大量泥砂进入泵阀将阀堵塞，使阀球不能开启的机械故障称为阀堵，使阀球密封不严的现象称为阀漏。阀堵多发生在固定阀中。这种故障的发生，不仅使抽油过程无法进行，而且还会造成液击，使整个有杆抽油系统受到危害。阀漏在固定阀和游动阀中都有发生。阀漏可通过测试抽油井地面示功图来判断。在生产现场，当发生阀堵或阀漏时，可尝试通过碰泵操作和洗井方式来解堵。

3. 脱扣

用螺纹连接的抽油泵零件，在泵运行过程中，从螺纹中退出的机械故障成为脱扣。

脱扣主要发生在柱塞总成的进油接头、柱塞上下部的游动阀罩和拉杆上。

产生脱扣的原因主要是螺纹上扣扭矩不够或螺纹加工精度差、配合间隙过大。脱扣一旦发生，不仅抽油泵不能正常运转，而且还要打捞因脱扣掉入井下的抽油泵零件，危害较大。现场发生脱扣现象后，可尝试对扣作业，如对扣不成功，就必须检泵作业了。防止脱扣的措施除了提高螺纹加工精度外，主要要保证足够的上扣紧度。

4. 气锁

当气体充满泵筒，下冲程没有足够压力打开游动阀造成上下冲程游动阀始终关闭的机械故障成为气锁。气锁使运行的抽油泵不出油，而且由于其状态的不稳定性会引起机械系统的强烈震动，是一种十分有害的机械故障。

产生气锁的主要原因是井下液体含气较大，气油比大。轻微的气锁可用减少游动阀和固定阀之间的距离，增加抽油泵的压缩比来解决；防止气锁较为有效的措施是在抽油泵下端安装气锚，实现油气分离。

上述机械故障中，泵卡、阀漏、气锁等故障也可以通过测试抽油机井地面示功图的方法来判断。

3　抽油泵工况分析

抽油泵在生产过程中，抽油泵制造和安装质量、砂、蜡、水、气、稠油和腐蚀等因素，会直接影响泵工作状况，泵工作状况与泵的工作效率有直接关系。

3.1　地面理论示功图及其分析

示功图是由载荷随位移的变化关系曲线所构成的封闭曲线图，悬点载荷与位移关系的示功图称为地面示功图或光杆示功图。在实际工作中，通常以实测地面示功图来分析深井泵工作状况。由于受井下各种因素影响，实测示功图有时奇形怪状各不相同。为了能正确分析和解释示功图，常常需要以绘制理论示功图进行对比分析。

3.1.1　静载荷作用下的理论示功图

以悬点位移为横坐标，悬点载荷为纵坐标(图 1–4)。在下死点 A 处的悬点静载荷为 W_r'，上冲程开始后液柱载荷 W_1' 逐渐加在柱塞上，并引起抽油杆柱和油管柱的变形，载荷加载完后，停止变形($\lambda = BB'$)。从 B 点以后悬点以不变的静载荷($W_r' + W_1'$)上行至上死点 C。从上死点开始下行后，由于抽油杆柱和管柱的弹性，液柱载荷 W_1' 是逐渐地由柱塞转移到油管上，故悬点逐渐卸载。在 D 点卸载完毕，悬点以固定的静载荷 W_r' 继续下行至 A 点。

这样，在静载荷作用下的悬点理论示功图为平行四边形 ABCD。ABC 为上冲程的静载荷变化线，AB 为加载线，加载过程中，游动凡尔和固定凡尔同时处于关闭状态。由于在 B 点加载完毕，变形结束，$BB = \lambda$，柱塞与泵筒开始发生相对位移，固定凡尔也就开始打开而吸入液体，故 BC 为吸入过程，$BC = S_p$，在此过程中游动凡尔仍然处于关闭状态。CDA 为下冲程静载变化线，CD 为卸载线，卸载过程中，游动凡尔和固定凡尔也同时处于关闭状态。由于在 D 点卸载完毕，变形结束，$D'D = \lambda$，活塞开始与泵筒发生向下的相对位移，游动凡尔被顶开而开始排出液体。故 DA 为排出过程 $DA = S_p$，排出过程中固定凡尔仍然处于关闭状态。

3.1.2　考虑惯性载荷后的的理论示功图

考虑惯性载荷时，把惯性载荷叠加在静载荷上。如不考虑抽油杆柱和液柱的弹性对它们在光杆上引起的惯性载荷的影响，则作用在悬点上的惯性载荷的变化规律与悬点加速度的变化规律是一致的。在上冲程中，前半冲程有一个由大变小的向下作用的惯性载荷(增加悬点载荷)；后半冲程有一个作用在悬点上的由小变大的向上的惯性载荷(减小悬点载荷)。在下冲程中，前半冲程作用在悬点的有一个由大变小的向上的惯性载荷(减小悬点载荷)；后半冲程则是一个由小变大的向下作用(增加悬点载荷)的惯性载荷。因此，由于惯性载荷的影响，静载荷的理论示功图的平行四边形 ABCD 被扭歪成 $A'B'C'D'$ 如图1-5所示。

考虑振动时，则把抽油杆振动引起的悬点载荷叠加在四边形 $A'B'C'D'$ 上。由于抽油杆柱的振动发生在黏性液体中，所以为阻尼振动。叠加之后在 $B'C'$ 线和 $D'A'$ 线上就出现逐渐减弱的波浪线。

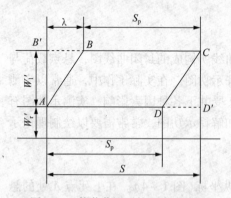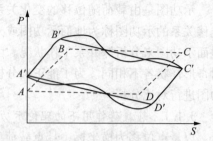

图1-4　静载荷用下的理论示功图　　图1-5　考虑惯性和振动后的理论示功图

3.2　典型示功图及其分析

典型示功图是指某一因素的影响十分明显，其形状代表了该因素影响下的基本特征的示功图。虽然实际情况下，有多种因素影响示功图的形状，但总有其主要因素。所以，示功图的形状也就反映着主要因素影响下的特征。

下面就分析不同因素影响下的典型示功图。

3.2.1　气体和供液不足对示功图的影响

1. 气体影响充不满时的示功图

有气体影响的典型示功图如图1-6所示。在下冲程末泵底部余隙中残存一定数量的溶解气和压缩自由气，上冲程开始后，泵内压力因气体的膨胀而不能很快降低，吸入凡尔打开滞后（B'点），加载变慢。余隙越大，残存的气量越多，泵口压力越低，则吸入凡尔打开滞后得越多，即BB'线越长。下冲程时，气体受压缩，泵内压力不能迅速提高，排出凡尔滞后打开（D'点），卸载变慢（CD'）。泵的余隙越大，进入泵内的气量越多，则DD'线越长，示功图的"刀把"越明显。

2. 供液不足时的示功图

当沉没度过小，供油不足，液体不能充满工作筒时的示功图如图1-7所示。充不满的图形特点是下冲程中悬点载荷不能立即减小，只有当柱塞遇到液面时，则迅速卸载。所以，卸载线较气体影响的卸载线（图1-7）上的凸形弧线（CD'）陡而直。有时，当柱塞碰到液面时，振动载荷线会出现波浪。快速抽汲时往往因撞击液面而发生较大的冲击载荷使图形变形得很厉害。

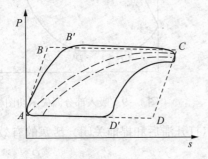

图1-6　气体影响时的示功图

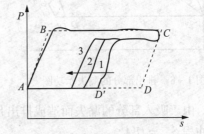

图1-7　供液不足影响示功图

3.2.2　漏失对示功图的影响

1. 排出部分漏失

上冲程时，泵内压力降低，柱塞两端产生压差，柱塞上面的液体经排出部分的不严密处（凡尔及柱塞与泵筒的间隙）漏到柱塞下部的工作筒内，漏失速度随柱塞下面压力的减小而增大。由于漏失到柱塞下面的液体向上的"顶托"作用，所以悬点载荷不能及时上升到最大值，加载缓慢（图1-8）。随着悬点运动的加快，"顶托"作用相对减小，直到柱塞上行速度大于漏失速度的瞬间，悬点载荷达到最大静载荷（图1-8中的B'点）。

当柱塞继续上行到后半冲程时，因柱塞上行速度又逐渐减慢。在柱塞速度小于漏失速度瞬间(C')点，又出现了漏失液体的"顶托"作用，使悬点负荷提前卸载。到上死点时悬点载荷已降至C''点。由于排出部分漏失的影响，吸入凡尔在B'点才打开，滞后了BB'这样一段柱塞行程；而在接近上冲程时又在C'点提前关闭，这样柱塞的有效吸入行程$S_{pcs} = B'C'$。

当漏失量很大时，由于漏失液体对柱塞的"顶托"作用很大，上冲程载荷远低于最大载荷，如图1-8AC'''所示，吸入凡尔始终是关闭的，泵的排量等于零。

2. 吸入部分漏失

下冲程开始后，由于吸入凡尔漏失，泵内压力不能及时提高，从而延缓了卸载过程。同时，也使排出凡尔不能及时打开。

当柱塞速度大于漏失速度后，泵内压力提高到大于液柱压力，将排出凡尔打开而卸去液柱载荷。下冲程后半冲程中因柱塞速度减小，当小于漏失速度时，泵内压力降低使排出凡尔提前关闭（A'点），悬点提前加载。到达下死点时，悬点载荷已增加到A''，如图1-9所示。

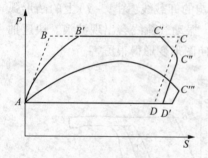

图1-8 排出部分的漏失示功图

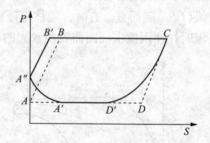

图1-9 吸入部分漏失示功图

由于吸入部分的漏失而造成排出凡尔打开滞后和提前关闭，活塞的有效排出冲程$S_{ped} = D'A'$。

当吸入凡尔严重漏失时，排出凡尔一直不能打开，悬点不能卸载（图1-10）。吸入部分和排出部分同时漏失时的示功图是分别漏失时的图形的迭合，近似于椭圆形（图1-11）。

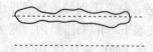

图1-10 吸入部分严重
漏失的示功图

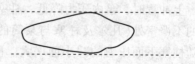

图1-11 吸入部分与排出部分
漏失的示功图

3.2.3 柱塞遇卡

柱塞在泵筒内被卡死在某一位置时，在抽汲过程中柱塞无法移动而只有抽油杆的伸缩变形，图形形状与被卡位置有关。图 1－12 为柱塞卡在泵筒中部时的实测示功图。

上冲程中，悬点载荷先是缓慢增加，将被压缩而弯曲的抽油杆柱拉直，到达卡死点位置后，抽油杆柱受拉而伸长，悬点载荷以较大的比例增加。下冲程中，先是恢复弹性变形，到卡死点后，抽油杆柱被压缩而发生弯曲。所以，在卡死点之前后悬点以不同的比例增载或减载，示功图出现两个斜率段。

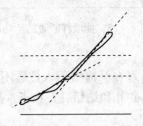

图 1－12 活塞卡在泵筒中部的示功图

3.2.4 带喷井的示功图

具有一定自喷能力的抽油井，抽汲实际上只起诱喷和助喷用。在抽汲过程中，游动凡尔和固定凡尔处于同时打开状态，液柱载荷基本加不到悬点。示功图的位置和载荷变化的大小取决于喷势的强弱及抽汲液体的黏度。图 1－13 和图 1－14 为不同喷势及不同黏度的带喷井的实测示功图。

图 1－13 喷势强、油稀带喷的示功图　图 1－14 喷势弱、油稠带喷的示功图

3.2.5 抽油杆断脱

抽油杆断脱后的悬点载荷实际上是断脱点以上的抽油杆柱质量，只是由于摩擦力，才有上下载荷线不重合。图形的位置取决于断脱点的位置。图 1－15 为抽油杆柱在接近中部断脱时的示功图。

抽油杆柱的断脱位置可根据下式来估算：

$$L = \frac{hC}{bq_{r}g} \tag{1-6}$$

式中：L 为自井口算起的断脱点位置，m；C 为测示功图所用动力仪的力比，N/mm；h 为示功图中线至基线的距离，mm；q_{r} 为每米抽油杆柱的质量，kg；

b 为抽油杆在液体中的失重系数；g 为重力加速度，m/s^2。

断脱位置比较低的示功图，与有些带喷井的示功图往往是一样的。但带喷井泵效高、产量大，而断脱的井，产量却等于零。

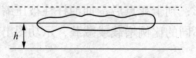

图 1 – 15   抽油杆断脱的示功图

3.2.6   其他情况

油井结蜡、出砂以及活塞在泵筒中下入位置不当，都会反映在示功图上。如图 1 – 16 及图 1 – 17 为出砂井和结蜡井，在正常抽油时所测得的示功图。

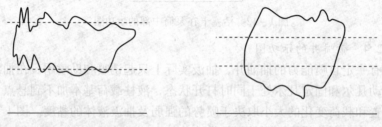

图 1 – 16   出砂井的示功图   图 1 – 17   结蜡井的示功图

图 1 – 18 为管式泵活塞下得过高，在上冲程中活塞全部脱出工作筒的油井所测得的示功图。由于活塞脱出工作筒，在上冲程中悬点突然卸载。图 1 – 19 为防冲距过小，活塞在下死点与固定凡尔相撞的示功图。由于泵的工况条件比较复杂，在解释示功图时，必须全面了解油井情况（井下设备、管理措施、目前产量、液面、气油比……，以及以往的生产情况等），才能对泵的工作状况和产生不正常的原因做出判断。

前面所讲的示功图分析，往往只能对泵的工作状况做某些定性分析，而无法做出定量的判断。在深井快速抽汲的条件下，由于泵的工作状况（活塞负荷的变化）要通过上千米的抽油杆柱传递到地面上，在传递过程中，因抽油杆柱的变形、振动、惯性等因素，使载荷的变化复杂化了。因此，地面示功图的形状很不规则，往往对泵的工作状况无法做出准确的推断。

在 20 世纪 30 年代曾用井下动力仪直接测量泵的示功图，以便对泵的工作状况做出判断。这样，可消除分析中的许多不定因素，大大地简化了解释工作。然而仪器使用量大，工艺比较麻烦，因而未能推广，只用于一些专门的研究。80 年代以来广泛地利用数学方法将地面示功图转换成泵示功图进行分析的计算机诊断技术，大大地提高了抽油泵工况分析水平。

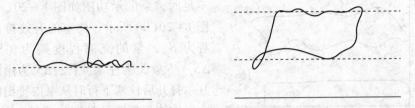

图1-18 管式泵活塞脱出工作筒的
示功图

图1-19 活塞在下死点与固定凡尔相撞的
示功图

3.3 井下示功图及其分析

把地面示功图或悬点载荷与时间的关系用计算机进行数学处理之后，由于消除了抽油杆柱的变形、杆柱的黏滞阻力、振动和惯性等的影响，将会得到形状简单而又能真实反映泵工作状况的井下示功图。根据深井泵的工作状况，地面示功图难以对抽油泵的工况作出定性分析，如果应用井下示功图，就很容易对影响深井泵的各种影响因素作出定性分析，而且还可以求得柱塞冲程和有效排出冲程，从而可以计算出泵排量和油井产量。

在理想情况下(油管锚定，没有气体影响和漏失等)，泵的示功图为矩形[图1-20(a)]，长边表示柱塞冲程，短边表示液体载荷。油管未锚定时，泵的示功图将变成平行四边形[图1-20(b)]，其长边的长度表示柱塞相对于泵筒的冲程长度。图1-21和图1-22分别为抽管锚定和未锚定时，泵正常工作的典型实际示功图。

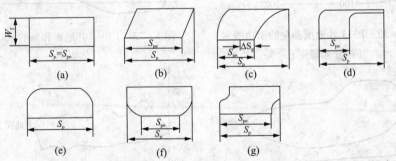

W_f—液柱载荷；S_p—柱塞冲程；S_{pe}—有效排出冲程；ΔS_g—游动凡尔打开后柱塞下行时
从泵内排出的自由气体体积折算的柱塞位移量
(a)—想情况下泵的示功图；(b)—油管未锚定时泵示功图；
(c)—油管锚定且只有气体影响时泵示功图；(d)—油管锚定且供液不足时泵示功图；
(e)—油管锚定且排出部分漏失时泵示功图；(f)—油管锚定且固定凡尔漏失时泵示功图；
(g)—油管锚或封隔器未能有效油管时泵示功图

图1-20 几种典型情况下井下泵功图

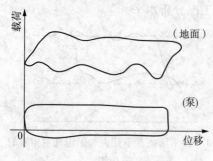

图 1 – 21　T566 井地面和泵
的示功图（油管锚定）

当油管锚定而只有气体影响或供液不足时，泵的示功图如图 1 – 20（c）和图 1 – 20（d）所示。柱塞的有效排出冲程为 S_{pe}，泵的充满程度则为（S_{pe} — ΔS_g）$/S_p$。S_p 为柱塞冲程；ΔS_g 为用游动凡尔打开后柱塞下行时从泵内排出的自由气体体积折算的柱塞位移量。图 1 – 23 为典型的受气体影响的井，经计算机处理后的示功图。

当油管锚定而只漏失存在时的示功图如图 1 – 20（e）和图 1 – 20（f）所示。图 1 – 24 和图 1 – 25 分别为固定阀漏失和游动阀漏失的实际井的示功图。

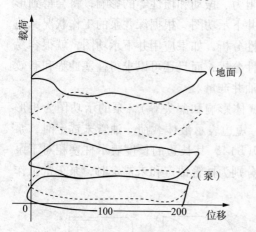

图 1 – 22　P333 井地面和泵的示功图
（油管未锚定）

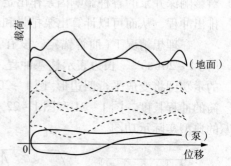

图 1 – 23　P3 – 1 井地面和泵的示功图
（气体影响）

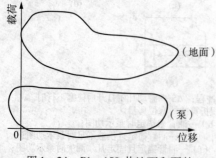

图 1 – 24　P1 – 150 井地面和泵的
示功图（固定阀漏失）

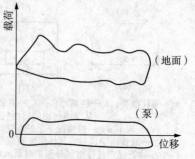

图 1 – 25　W3 – 11 井地面和泵的
示功图（游动阀漏失）

4　有杆抽油其他装置

实现抽油机井举升液体的装置除了抽油泵外，还包括抽油机、抽油杆等常规有杆抽油装置。常规有杆抽油装置主要由三部分组成：一是地面驱动设备即抽油机，由游梁－连杆－曲柄(四连杆)机构、电动机、减速箱等组成；二是井下抽油泵，包括吸入阀、泵筒、柱塞和排出阀等组成；三是连接地面抽油机和抽油泵的抽油杆柱，由一种或几种直径的抽油杆和接箍组成。另外还包括用于悬挂抽油泵并作为液体排出通道的油管柱、油套环空以及井口装置等。

以游梁式抽油装置为例，其工作示意图如图1－26所示，用油管把泵的泵筒下到井筒内液面以下，在泵筒下部装有只能向上打开的吸入阀(固定阀)。用直径16～25mm的抽油杆柱把柱塞从油管内下入泵筒。柱塞上装有只能向上打开的排出阀(游动阀)。最上面与抽油杆相连接的杆称光杆，它穿过三通和盘根盒悬挂在驴头上。借助于抽油机的曲柄连杆机构的作用，把动力机(电动机或天然气发动机)的旋转运动变为光杆的往复运动，用抽油杆柱带动泵的柱塞进行抽油。

4.1　抽油机

有杆泵采油的地面驱动设备除了常用的游梁式抽油机外，还包括链条式抽油机、皮带式抽油机、塔式抽油机、无游梁式抽油机等，其中游梁式抽油机是目前最广泛应用的抽油装置。

4.1.1　游梁式抽油机

1. 结构原理

目前国内外应用最为广泛的是游梁式抽油机(俗称磕头机)。游梁式抽油机主要由游梁－连杆－曲柄(四连杆)机构、减速机构、动力设备(电动机)和相辅助装置等四部分组成。如图1－26所示。游梁式抽油机工作时，经皮带轮、皮带把电动机的高速旋转运动传递给减速器的输入轴，经减速后由低速旋转的曲柄通过四连杆机构带动游梁作上下往复摆功，游梁前端圆弧状的驴头经悬绳器带动抽油杆柱作上下往复直线运动。游梁式抽油机根据结构形式不同，主要分为常规型(普通型)、前置型和变型。

1) 常规型游梁抽油油机

常规型游梁抽油油机是目前油田使用最广的一种抽油机。其结构特点是支架位于游梁的中部，驴头和曲柄连杆分别位于游梁的两端，曲柄轴中心基本位于游梁尾轴承的正下方，上下冲程运动的时间相等(见图1－27)。

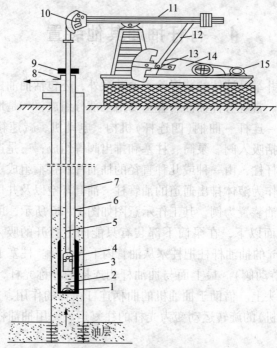

图1-26 抽油装置示意图

1—吸入阀；2—泵筒；3—柱塞；4—排出阀；5—抽油杆；6—油管；7—套管；8—三通；
9—盘根盒；10—驴头；11—游梁；12—连杆；13—曲柄；14—减速箱；15—动力机

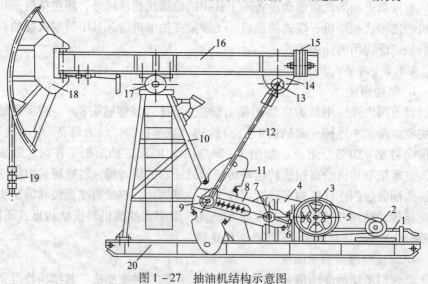

图1-27 抽油机结构示意图

1—刹车装置；2—电动机；3—减速箱皮带轮；4—减速箱；5—输入轴；6—中间轴；7—输出轴；
8—曲柄；9—连杆轴；10—支架；11—曲柄平衡块；12—连杆；13—横梁轴；14—横架；
15—游梁平衡块；16—游梁；17—游梁轴；18—驴头；19—悬绳器；20—底座

2）前置型游梁抽油油机

前置型游梁抽油油机基本结构与常规型相同，只是支架轴和连接连杆与游梁的横梁轴互换了位置（如图1－28所示）。其主要结构特点是支架位于游梁的一端，驴头和曲柄连杆位于另一端。在相同曲柄半径下，前置型的冲程长度明显大于常规型，抽油机的规格尺才较常规型小巧。这类抽油机上冲程运行时间小于下冲程运行时间，从而降低了上冲程的运行速度、加速度和动载荷。前置型多为重型长冲程抽油机，除采用机械平衡方式外，还有采用气动平衡方式。

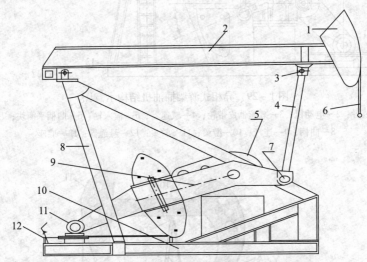

图1－28 前置型游梁抽油油机结构示意图

1—驴头；2—游梁；3—横梁；4—连杆；5—减速器；6—悬挂器；7—曲柄；8—支架；
9—曲柄；10—底座；11—电动机；12—刹车装置

3）变型游梁抽油油机

变型游梁抽油油机是为改善抽油机性能、适应节能和长冲程等需要发展而来的，目前常用的有异相式抽油机（曲柄偏置抽油机）、双驴头抽油机、矮型异相曲柄平衡抽油机。

异相式抽油机又称曲柄偏置抽油机，它的平衡重心线与曲柄中心线有一个相位夹角，可使峰值扭矩降低。当驴头在右，曲柄顺时针转动时，上冲程比下冲程慢，改善了悬点的承载性能（见图1－29）。

双驴头抽油机如图1－30所示，该抽油机的结构特点是去掉了普通游梁式抽油机横梁尾轴，依靠一个后驴头装置通过驱动钢丝绳使横梁与连杆相连接。该抽油机冲程长，可达5m，节能好，适用于中、低黏度原油和高含水期采油；动载荷小，工作稳定，易启动。缺点是驱动绳辫子易磨损。

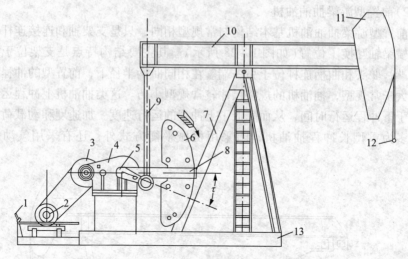

图 1-29　异相式游梁抽油机结构示意图

1—刹车装置；2—电动机；3—减速器皮带轮；4—减速器；5—输入轴；6—曲柄平衡块；7—支架；
8—曲柄；9—连杆；10—游梁；11—驴头；12—悬绳器；13—底座

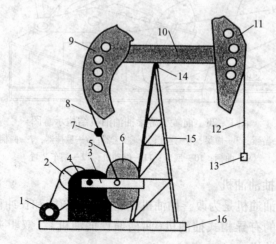

图 1-30　双驴头游梁式抽油机结构示意图

1—电动机；2—皮带轮；3—曲柄；4—减速箱；5—连杆；6—平衡重；7—横梁；8—驱动绳辫子；
9—后驴头；10—游梁；11—前驴头；12—绳辫子；13—悬绳器；14—中轴；15—支架；16—底座

矮型异相曲柄平衡抽油机如图 1-31 所示，其结构特点是以一个异形驴头取代了游梁的功能，四连杆机构非对称循环，平衡重中心线与曲柄中心线存在 10°的相位夹角。整机质量轻，高度矮，成本低，能耗低，效率高。悬点在右，顺时针转动时，上冲程比下冲程慢，因而可降低上冲程动载荷，减小曲柄轴峰值扭矩。但该类型抽油机由于上行慢、下行快的特点，不适用于稠油井生产。

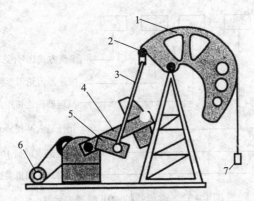

图1-31 矮型异相曲柄平衡抽油机结构示意图

1—驴头；2—横梁；3—连杆；4—配重臂；5—曲柄；6—电动机；7—悬绳器

2. 平衡方式

由于游梁式抽油机上冲程时驴头需提起抽油杆柱和液柱，发动机要付出很大能量，而下冲程时抽油杆柱依靠自重就可以下落，不但不需要发动机付出能量，反而对发动机做功，这样就使发动机载荷极不均匀，影响四连杆机构减速箱和发动机的效率和寿命，因此必须加装平衡装置。游梁式抽油机的平衡分为机械平衡和气动平衡两种方式，其特点见表1-9。

表1-9 游梁式抽油机平衡方式比较

平衡方式		优　点	缺　点	适用范围
机械平衡	曲柄平衡	1. 结构简单 2. 制造容易 3. 可避免在游梁上造成过大的惯性力	1. 消耗金属多 2. 调整较困难	重型机
	游梁平衡	1. 平衡方式简单 2. 可减小连杆、曲柄轴受力，可减小曲柄的弯曲力矩 3. 简化曲柄轴结构	1. 高冲次时惯性大 2. 抽油机大时平衡效果不好，安装调节不便	小型机
	复合平衡	兼有曲柄平衡和游梁平衡的特点		中型机
气动平衡		1. 质量轻、节约钢材 2. 调整方便，平衡效果好 3. 改善抽油机受力状况	1. 结构复杂，制造质量要求高 2. 故障率相对较高	重型长冲程机

3. 抽油机规格代码和型号表示法

按照我国SY/T 5044—2003游梁式抽油机系列标准，游梁式抽油机型号表示法如下：

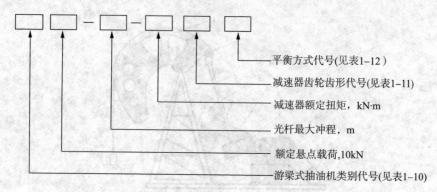

图 1－32　游梁式抽油机型号表示法

示例：额定悬点载荷为 80kN，光杆最大冲程为 3m，减速器额定扭矩为 37kN·m 的游梁式抽油机，减速器采用点啮合双圆弧齿轮，平衡方式为曲柄平衡，其型号为 CYJ8－3－37HB。

表 1－10　游梁式抽油机类别与代号对应表

代　号	CYJ	CYJQ	CYJY	CYJS
平衡方式	常规型	前置型	异相型	双驴头型

表 1－11　抽油机减速器齿形与代号对应表

代　号	H	不标"H"
平衡方式	点啮合双圆弧齿形	渐开线齿形

表 1－12　抽油机平衡方式与代号对应表

代　号	Y	B	F	Q
平衡方式	游梁平衡	曲柄平衡	复合平衡	气动平衡

4.1.2　无游梁式抽油机

为了减轻游梁式抽油机的质量，扩大有杆抽油设备的使用范围以及改善其技术经济指标，国内外研制了许多不同类型的无游梁式抽油机。无游梁式抽油机的主要特点是多为长冲程和慢冲数，这种特点对深层抽油和稠油尤为适宜，下面介绍几种国内正在推广使用的无游梁式抽油机。

1. 链条式抽油机

（1）工作原理。电动机经皮带传动和减速后驱动链轮旋转，使轨迹链条在垂直布置的主动链轮和上链轮间运转，轨迹链条上的特殊链节与往返架上的滑块中的主轴销相联，使往返架随轨迹链条上下往返运行，往返架体的上横梁连接着绕过天车轮的钢丝绳，带动抽油杆往返运动，从而带动抽抽泵抽油。往返架下横梁连接着绕过平衡链轮、并固定在机架上的平衡链条，使平衡缸里的柱塞往返运动，实现储能和放能的平衡作用。

常见的链条式抽油机型号有 LCJ12 – 5 – 13HQ 和 LCJ12 – 6 – 13HQ，其结构如图 1 – 33 所示。

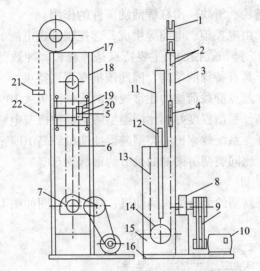

图 1 – 33　链条式抽油机结构示意图

1—天车滑轮；2—上钢丝绳；3—上链轮；4—往返架；5—特殊链节；6—轨迹链条；7—主动链轮；
8—减速箱；9—皮带传动；10—电动机；11—平衡气缸；12—平衡柱塞；13—平衡链条；14—平衡链轮；
15—油底壳；16—底座；17—机架；18—滑块；19—滑块；20—主轴销；21—悬绳器；22—光杆

（2）主要结构。链条式抽油机主要由六大系统组成：

①动力传动系统。由电动机、皮带轮、皮带、减速器、联轴器、刹车、下链轮等组成。由电动机提供动力，通过皮带轮和减速器的减速，把电动机的高速旋转变为减速箱输出轴的低速旋转，通过联轴器带动下链轮低速运动。

②换向系统。由上下链轮、轨迹链条、往返架等组成。往返架由滑块、滑杠、托架、滚轮等组成。滑块上的主轴销与轨迹链条上的特殊链节组装在一起，随轨迹链条绕两个链轮回转，在两链轮之间时，滑块上的主轴销随特殊链节拉动滑缸托架，使托架上的滚轮沿导轨上下滚动，往返架上下平动。当主轴销、特殊链节绕过链轮时，滑块一边带动滑杠上下平动，一边在滑缸上左右滑动，因而将主轴销、特殊链节的圆周运动变为往返架的上下往复直线运动。

③平衡系统。由平衡缸、平衡活塞、平衡链轮、储能气包、压缩机等组成。用压缩机向储能气包中充入一定压力的空气，下冲程时，往返架通过平衡链条和平衡链轮带动平衡活塞向上运动，使压缩气缸和储能气包中的空气储存能量；上冲程时，储能气包中空气进入平衡气缸，向下推动平衡活塞，通过平

31

衡链条和平衡链轮向下拉动往返架，帮助电动机对悬点做功。

④悬重系统。由机架、天车滑轮、悬绳器和钢丝绳等组成，起支撑载荷，连接往返架和抽油杆柱等作用。

⑤润滑系统。由底座、油底壳、小油包和齿轮油泵等组成，起润滑链条、导向轮、导轨、链轮、滑块、滑杠等活动部件的作用。

⑥电控系统。由电控柜、电缆等组成，起控制输送电能的作用。

（3）主要特点。链条式抽油机主要特点是冲程长，冲数低，适用于深井和稠油井开采。由于具有特殊的结构，因此该机有下列特点：

①动载荷小，悬点静载荷能力比常规型游梁抽油机大10%以上；

②机械效率高，平衡程度好，比同类型游梁抽抽机节电约30%以上；

③运动特性好，系统效率比同类型游梁抽油机约高10%；

④结构紧凑，比同类型游梁抽油机节约钢材约60%。

2. 宽带式抽油机

宽带抽油机是新型的无游梁式抽油机，结构示意图如图1-34所示。

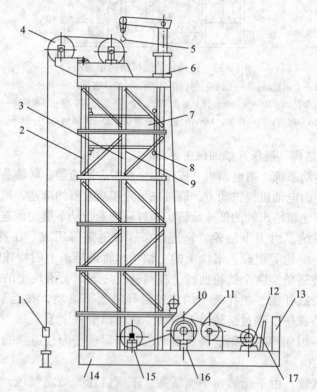

图1-34　宽带式抽油机结构示意图

1—悬绳器；2—支架；3—宽带；4—天车；5—吊钩；6—起吊装置；7—平衡块；8—安全装置；9—十字平衡梁；10—滚筒；11—减速箱；12—电动机；13—电控箱；14—底座；15—惰轮；16—行程控制器；17—刹车

主要结构特点：

（1）宽带式抽油机冲程长、冲次低，尤其适用于深井、稠抽开采。

（2）与常规型抽油机相比，它采用柔性宽带和特殊滚筒传动方式，省去了游梁、驴头、曲柄、连杆等部件，设计新颖，结构紧凑，布局合理，体积小，质量轻，尤其适宜于海洋采油。

（3）可不停机无级调节工作冲程。

（4）采用直接平衡，效果恒定。

（5）运动特性好，与常规型抽油机相比，扭矩减少 50%，动载荷减少 1/2 ~ 1/3，实际承载能力增加。

（6）采用同步自动控制换向，整机运行平稳、噪声低、节电达 10% ~ 35%。

4.2　抽油杆柱

4.2.1　抽油杆柱

在抽油装置中抽油杆柱是中间部分。多根抽油杆通过接箍连成抽油杆柱，上面通过光杆和悬绳器与抽油机相连，下接抽油泵的柱塞。其作用是将地面抽油机的悬点往复运动传递给井下抽油泵。

抽油杆是将抽油机的动力和运动传递给抽油泵进行抽汲的部件。在抽油过程中，抽油杆柱承受不对称循环交变载荷的作用，而且工作介质不同程度地含有腐蚀介质，工作环境极端恶劣，因此，抽抽杆主要失效形式是疲劳断裂或腐蚀疲劳断裂，而抽油杆的疲劳强度和使用寿命决定和影响有杆抽油设备的最大下泵深度和排量。

根据化学成分，抽油杆可分为碳钢抽油杆、合金钢抽油杆以及玻璃钢抽油杆等类型。合金抽油杆在强度和抗腐蚀性能方面优于碳钢抽油杆，而玻璃钢抽油杆抗腐蚀性能优于碳钢和合金钢抽油杆。根据抽油杆在杆柱中起的作用，抽油杆又可以分为光杆、抽油杆和加重杆。

4.2.2　光杆

光杆是抽抽杆柱上部一根特殊的抽油杆，其表面光滑，通过井口密封盘根。上端通过悬绳器和绳辫子与抽油机驴头相连，驴头在下死点时，光杆伸入盘根盒以下的长度称为光杆冲程，盘根盒以上到悬绳器之间光杆的长度称为方入，光杆的方入要大于光杆冲程。

光杆工作条件比抽油杆更恶劣，除抽油杆的工作条件外，上冲程时裸露在野外大气中，下冲程时浸在井液中，因此光杆既受大气腐蚀，又受井液腐蚀，不出油时还要承受高温，在悬挂抽油杆柱时还要承受方卡子的预应力，刮伤形成疲劳源，因此光杆与上部抽油杆合理匹配的面积比 1.84 ~ 2.44。抽油光杆与抽油杆一样，按照不同的强度和使用条件分为 C 级、D 级和 K 级 3 个等级。

杆体表面不允许有深度大于 0.1mm 的横向缺陷及深度大于 0.15mm 的纵向缺陷；C 级和 K 级光杆的热处理硬度为 HRC 16 ~ 22，D 级光杆为 HRC 22 ~ 28；光杆分为普通型和镦粗型两种。普通型光杆两端均为相同的抽抽杆螺纹，杆体直径大于两端螺纹最大外径，其优点是两端可以互换，当一端磨损严重时，可掉头继续使用。一端镦粗型光杆是光杆的一端镦粗并加工出抽油杆螺纹，另一端不镦粗并加工成普通螺纹，其特点是镦粗端螺纹连接性能好，但两端不能互换使用。

4.2.3　抽油杆

常用的抽油杆主要有钢制抽抽杆（简称抽油杆）、玻璃纤维抽油杆、空心抽油杆三种类型。

钢制抽油杆结构简单，制造容易，成本低，直径小，有利于在油管中上下行运动，主要用于常规有杆泵抽油方式，连接井下抽油泵柱塞与地面抽油机，抽油杆结构如图 1 - 35 所示，为两头带结箍的钢圆柱体。常见的抽油杆直径有四种，分别为 ϕ16mm（5/8in），ϕ19mm（3/4in），ϕ22mm（7/8in），ϕ25mm（1in）。常规抽油杆基本参数见表 1 - 13。

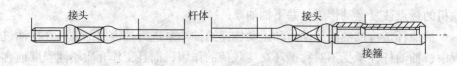

图 1 - 35　抽油杆示意图

表 1 - 13　常规抽油杆基本技术参数

		公称直径/mm(in)	16(5/8)	19(3/4)	22(7/8)	25(1)
抽油杆		截面积/cm²	2.01	2.84	3.80	4.91
		长度/mm	8000	80000	80000	80000
		质量(不带接箍)/kg	12.93	18.29	24.50	31.65
		每米平均质量(带接箍)/(kg/m)	1.665	2.350	3.136	4.091
	螺纹	长度/mm	29	35	35	45
		每英寸螺纹数	10	10	10	10
	方形段	方形边长/mm	22	27	27	32
		长度/mm	38	38	·38	38
		加大过渡部分长/mm	22	22	22	22
接箍		外径/mm	38 ± 0.4	42 ± 0.4	46 ± 0.4	55 ± 0.4
		长度/mm	80 ± 1	80 ± 1	80 ± 1	100 ± 1
		单个质量/(kg/个)	0.44	0.53	0.62	1.12

　　玻璃纤维抽油杆主要特点是耐腐蚀、质量轻，有利于降低抽油机悬点载荷，同时节约能量，弹性模量小，适用于含腐蚀性介质严重的油井和深井抽油，但成本高，且抗弯、抗压性能差。使用玻璃钢抽油杆可以降低抽油井悬点载荷，减小能耗，增加抽油泵下泵深度，在抽油井参数与井下杆柱等相互配合下可降低抽油机负荷和加深泵挂，并能实现超行程工作，提高抽油泵泵效。

　　空心抽油杆由圆钢管制成，两端为联接螺纹，成本较高，适用于高含蜡、高凝固点的稠油井，有利于热油循环，热电缆加热等特殊抽油工艺，还可通过空心通道向井内添加化学药品。

　　另外还有连续抽油杆，钢丝绳抽油杆、不锈钢抽油杆、非金属带状抽油杆等特殊用途的抽油杆。

4.2.4　加重杆

　　抽油杆柱在向下运动时，由于原油通过游动阀阻力作用向上顶托活塞，使与泵连接处的几根抽油杆受到压缩力作用易产生弯曲，而长时间的弯曲拉直运动会加速这部分抽油杆的疲劳破坏。为减轻或避免抽油杆柱因受压作用发生的弯曲，从而改善抽油杆柱的工作状况，提高抽油杆的工作寿命和抽油泵效，使在泵以上几十米的杆柱直径加粗，称为加重杆。加重杆是两端带抽油杆螺纹的实心圆钢杆，一端车有吊卡颈打捞颈，杆身直径有 $\phi35mm$、$\phi38mm$、$\phi51mm$ 三种，结构如图 1-36 所示。

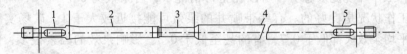

图 1-36　加重杆示意图

1—扳手方；2—吊卡颈；3—打捞颈；4—杆身；5—扳手方

参 考 文 献

[1]　王鸿勋，张琪. 采油工艺原理[M]. 东营：石油工业出版社，1989.

[2]　沈迪成，艾万诚，盛曾顺，等. 抽油泵[M]. 北京：石油工业出版社，1994.

[3]　万仁浦. 采油工程手册(精要本)[M]. 北京：石油工业出版社，2003.

[4]　曲占庆，王卫阳. 采油工程[M]. 东营：中国石油大学出版社，2009.

第二章　抽油泵泵效的主要影响因素分析

抽油井生产过程中，实际产量 Q 一般都比理论产量 Q_t 要低，实际排量与理论排量的比值叫泵的容积效率，即我们常说的泵效，见公式（2-1）。泵效的高低，从整体上反映了抽油泵性能的好坏。

$$\eta_p = \frac{Q_{实}}{Q_{理}} \tag{2-1}$$

式中：$Q_{实}$ 为泵实际排量，m^3/d；$Q_{理}$ 为泵理论排量，m^3/d。

$Q_{理}$ 计算表达式为：

$$Q_{理} = 1440 \times A_p \times S \times N \tag{2-2}$$

式中：N 为冲次，n/min；A_p 为柱塞截面积，m^2；S 为光杆冲程，m。

由于抽油泵在井下几百米到几千米深处工作，抽汲的液体含砂、蜡并有腐蚀性，工作环境复杂恶劣，所以在正常情况下，若泵效为 0.7~0.8，就认为泵的工作状况是良好的。有些带喷井的泵效可能接近或大于1。矿场实践表明，平均泵效大都低于 0.7，有的甚至低于 0.3。影响泵效的因素很多，但从深井泵工作的三个基本环节（柱塞让出体积，液体进泵，液体从泵内排出）来看，可归结为以下三个方面。

（1）抽油杆柱和油管柱的弹性伸缩。根据抽油泵的工作特点，抽油杆柱和油管柱在工作过程中因承受着交变载荷而发生弹性伸缩，使柱塞冲程小于光杆冲程，所以减小了柱塞让出的体积。

（2）气体和充不满的影响。当泵内吸入气液混合物后，气体占据了柱塞让出的部分空间，或者当泵的排量大于油层供油能力时液体来不及进入泵内，都会使进入泵内的液量减少。

（3）漏失影响。柱塞与泵筒的间隙及阀和其他连接部件间的漏失都会使实际排量减少。只要保证泵的制造质量和装配质量，在下泵后一定时期内，漏失的影响是不大的，但当液体有腐蚀性或含砂时，将会由于腐蚀和磨损使漏失迅速增加。另外泵内结蜡和沉砂会使阀关闭不严，甚至被卡，从而影响泵的正常工作。

1　气体和充不满对泵效的影响

油田能量低、动液面低或高气液比的油井，井下抽油泵往往是在低于饱和压力下生产，上冲程随柱塞向上运动，脱出的自由气随原油一起进泵，挤占了泵内空间，减少了进泵液量；同时柱塞向上运动时泵内压力下降，部分溶解于液体的溶解气分离出来；另外柱塞下死点时，固定阀和游动阀之间存在一定的余隙，泵内压力下降使得余隙中的油气混和物以及进泵的游离气也会出现膨胀现象；除此之外，由于原油其本身成分的复杂性，原油中的一些成份在沉没压力下处于过饱和状态，泵内压力下降时，引起这些液态组分向气态转化，成为凝析气，产生气蚀。泵腔内游离气和凝析气共同占据泵腔的部分体积，降低泵的充满系数，从而降低泵效。

对于含气油井，由于气体在泵腔内膨胀和压缩，抽油泵阀球往往存在开启滞后现象，当在泵腔内的气体影响严重，所占据的体积足够大时，整个上、下冲程中只是腔内气体膨胀和压缩，吸入阀和排出阀打不开，出现"气锁"现象。气锁时还常会发生"液压冲击"，造成有杆抽油系统的振动，并加速损坏；气蚀造成的瞬间真空对局部泵腔产生冲击力，加速抽油泵损坏。

另外对于低沉没度供液能力差，或黏度较高的油井吸入阻力大，如果抽油泵的工作参数过大，理论排量远远大于地层的供液能力，造成供油跟不上，液体充不满泵，从而影响抽油泵充满系数。

1.1　抽油泵充满系数

通常采用充满系数 β 来表示气体对泵影响的程度：

$$\beta = \frac{V_1'}{V_p} \tag{2-3}$$

式中：V_p 为上冲程活塞让出的容积，m^3；V_1' 为每冲程吸入泵内的油（液体）体积，m^3。

充满系数 β 表示泵在工作过程中被液体充满程度，β 愈高，则泵效愈高。

1.2　气体对充满系数的影响

1.2.1　游离气对进泵液量影响

在一定沉没度条件下，油、气、水进泵过程中由于各种阻力作用造成能量损耗，会产生明显的压降，形成 A、B、C 三个低压区，如图 2-1 所示。上冲程过程中，由于存在 A 低压区，部分溶解气在此进行分离出来，随液体一起进泵。进入泵内的原油在泵腔内存在 B、C 两个低压区，当泵腔内的压力低于原油饱和压力时，溶于液体中的气体就会从液体中分离出来。进泵游离气以及泵腔内溶解出的气体占据泵腔的部分有效空间，这样势必会影响液体的进泵量，降低抽油泵充满系数。

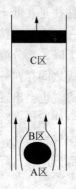

图 2-1　低压区示意图

1.2.2　凝析气气蚀的影响

原油中的各类成分，在一定的沉没度下处于过饱和状态，当活塞上行，泵腔内的压力降低时，部分成分由液态向气态转变，液体被气化，形成油雾；而下冲程泵阀被打开瞬间，又出现高压状态，气化的液体又被液化，周围液体涌向原来被油雾占据的空间，形成瞬时真空，这种现象称为气蚀现象。

原油气蚀产物与原油逸出溶解气有明显区别。原油气蚀产物主要是原油成分中沸点在一定范围的烃类，气蚀发生时，这些成雾状的烃类分子之间吸引力较大，一般是多个烃类分子成团状结构结合在一起。原油逸出溶解气是在压力变小时，碳链长度较小的烃类挣脱长链烃类分子的束缚进入低压空间，一般以单个分子形态存在。

泵腔发生气蚀现象时，油雾占据抽油泵内有效空间，从而影响抽油泵充满系数。朱杰等人以 W153 井为例分析了泵腔内原油的气蚀作用对泵效影响，该井在油藏条件下，原油的溶解油气比 R 为 45m³/m³（标准状况下），泵径 D 为 44mm，冲程 S 为 4.0m，冲次 N 为 5.0n/min，理论排量 Q 为 43.8m³，原油含水 f_w 为 70%，泵的沉没度为 435m，泵挂深处流体的温度为 72℃。根据井口计量产量，得到泵效 η 为 45%。根据计算，进泵原油的体积为 $V_{油} = Q\eta(1 - f_w) = \pi r^2 l \times 0.45 \times 0.3 = 0.135Q$；假设溶解气完全从原油中分离出来，则分离出的溶解气在标准状况下的体积 $V_{气标} = 0.135Q \times R = 0.135\pi r^2 l \times 45 = 6.075Q$，那么根据克拉伯龙方程可以得到气体在沉没度条件下能分离出的气体体积为 0.1785Q，即分离出的气体最能占据整个泵腔体积的 17.85%。据通常情况下，对于该井的油藏条件，因泵固定凡尔来不及关闭造成的泵漏失量最多对泵效造成的影响为 12%，冲程损失最多对泵效造成的影响为 10% 左右，而该井实际泵效为 45%，由此朱杰等人得出还有 15% 的容积效率损失正是泵腔发生气蚀作用所造成的。因此除溶解气对泵充满系数影响外，泵腔内发生气蚀作用也是影响泵充满系数的主要原因。

1.2.3　气体膨胀压缩对泵阀开启的影响

对于含气油井，由于气体的膨胀和可压缩性，造成抽油泵阀启闭滞后。上冲程柱塞上行时，由于泵腔余隙中气体的膨胀，使得压力降低缓慢，当泵腔压力与阀球质量对阀座产生的压力之和始终高于泵的吸入压力时，固定阀不能打开，即泵在上冲程发生"气锁"；下冲程柱塞下行时，由于气体压缩，压力上升缓慢，当泵的排出压力始终低于油管内的液柱压力和阀球重量对阀座产生的压力之和时，游动阀不能打开，即泵在下冲程发生"气锁"。对于高油气比井，抽油泵在上下冲程均易发生气锁现象，发生"气锁"时，泵无法正常工作。

中原油田某油藏的面积 $13.75km^2$，有抽油机井 75 口，日产液能力 1635t，日产油能力 108t，平均单井日产油 1.74t。由于该区块气油比高（气油比为 $510 \sim 1650m^3/t$），油井经常发生抽油泵"气锁"现象，严重影响油井生产时率。

1.3　工作参数对充满系数的影响

对于低沉没度供液能力差，或黏度较高的油井吸入阻力大，如果抽油泵的工作参数过大，理论排量远远大于地层的供液能力，造成供油跟不上，油还未来得及充满泵筒，而活塞已开始下行，出现所谓充不满现象（图 2 - 2、图2 - 3），从而降低抽油泵泵效。

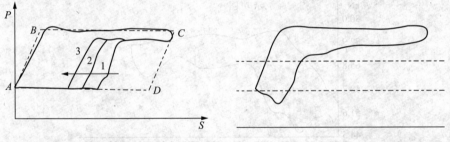

图 2 - 2　充不满示功图　　　　　图 2 - 3　充不满示功图

抽油泵工作参数主要是指泵径、冲程、冲次，抽油泵的工作参数决定泵的理论排量。对于一口油井，当抽油机已选定，并且设备能力足够大时，通过优选泵径、冲程、冲次组合，可以获得较高的泵效。当开发不断深入，同时注水不能及时补充能量，地层能量会逐渐下降，若不及时调整工作参数，往往会出现抽油泵供排不平衡，存在理论排量大于地层的供液能力现象，造成抽油泵充不满。

JS 油田具有地下"小、碎、贫、散"特征，随着油田开发深入，部分油井出现供液能力较差的现象。油田 1373 口油井中，沉没度低于 100m 有 454 口，从统计的工作参数与泵效关系情况来看（表 2 - 1），26 口采用 3 次/min、$\phi32mm$ 工作参数的油井，其平均泵效达到 56.2%，而 63 口采用 6 次/min、$\phi38mm$ 及以上工作参数的油井，其平均泵效只有 21.7%。如 MJZ 油田的 M8、M35 块，2009 年油井开井 13 口，该区块下泵深度为 1200 ~ 1400m，由于地层能量得不到及时补充，油井沉没度均低于 50m，主要采用 $\phi38mm$ 泵径、2.4 ~

3m 的冲程、3~6n/min 的工作参数，泵效均低于 20%，从示功图反映，普遍存在供液不足造成充不满现象，因此工作参数过大是造成泵效较低的主要原因。如 M8-11 井，2010 年 6 月该井下泵深度 1397m，沉没度为 23m，采用 ϕ38mm 泵径、3m 的冲程、6n/min 的工作参数生产，泵效为 23%。从测试的示功图显示存在供液不足现象(图 2-4)。

表 2-1　工作参数与泵效关系(沉没度低于 100m)

工作参数	沉没度/m			合计	平均泵效/%
	50~100	0~50	泵入口处		
6n/min、ϕ38mm 及以上	24	31	8	63	21.7
冲次 6 次/min 及以上	29	37	9	75	38.2
泵径 ϕ38mm 及以上	135	167	51	353	40.1
3n/min、ϕ32mm	26	42	21	89	56.2
总井数	166	215	73	454	

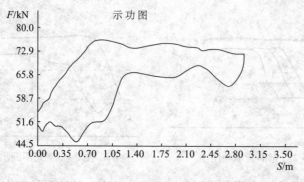

图 2-4　M8-11 井测试示功图情况

1.4　泵充满系数计算方法以及影响因素分析

1.4.1　泵充满系数常用计算方法

常见计算抽油泵充满系数的方法只考虑气体对抽油泵的影响。该计算方法是由俄国学者 A C 维尔诺夫斯基提出的，利用图 2-5 来研究泵充满系数。

$$V_p + V_s = V_g + V_1 \qquad (2-4)$$

式中：V_p 为上冲程末柱塞让出的泵筒体积，m^3；V_s 为余隙体积，m^3；V_1 为每冲程进入泵内液体体积和余隙体积之和，m^3；V_g 为上冲程末泵内气体体积，m^3。

用 R 表示泵内气液比，即：

$$R = V_g/V_1 \qquad (2-5)$$

把式(2-5)代入式(2-4)，得到：

$$V_{1} = \frac{V_{p} + V_{s}}{1 + R} \qquad (2-6)$$

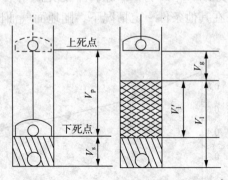

图2-5 气体对泵充满程度影响

由图2-5还可以看出：

$$V_{1}' = V_{1} - V_{s} \qquad (2-7)$$

把式(2-7)代入式(2-6)，得到：

$$V_{1}' = \frac{V_{p} + V_{s}}{1 + R} - V_{s} \qquad (2-8)$$

将式(2-8)代入式(2-3)，同时令余隙比 $K = V_{s}/V_{p}$，得到：

$$\beta = \frac{1 - KR}{1 + R} \qquad (2-9)$$

对式(2-9)进行进一步化简，得到：

$$\beta = 1 - \frac{1 + K}{1 + \dfrac{1}{R}} \qquad (2-10)$$

从式(2-10)可以看出，泵充满系数与泵内气油比、余隙值等参数有直接关系。

1.4.2 充满系数的主要影响因素分析

1. 气油比

抽油泵在运动过程中，随柱塞上行，气体随原油一起进泵，挤占了泵内空间，减少了进泵液量，因此气油比对抽油泵充满系数有直接的影响。根据公式(2-10)可知，泵充满系数与泵内气油比有直接关系，而泵内气油比又与地面气油比有直接关系，关系表达式为：

$$R = \frac{(G_{0} - \alpha P_{s})(1 - f_{w})\gamma P_{0} T_{s}}{(P_{s} + P_{0}) T_{0}} \qquad (2-11)$$

式中：G_{0} 为地面生产气油比，m^{3}/m^{3}；α 为溶解系数，$m^{3}/(m^{3} \cdot MPa)$；P_{s} 为沉没压力，MPa；f_{w} 为含水，%；γ 为进入泵内的气体比例；T_{s} 为泵挂处温度，

41

K；T_0为井口温度，K；P_0为标况压力，0.1MPa。

根据公式(2-10)和式(2-11)，计算了 P_s 为 2MPa、α 为 $4m^3/(m^3 \cdot MPa)$、γ 为 0.2、T_s 为 340K、K 为 0.3 条件下的充满系数与生产气油比关系，从图2-6可以看出，在其他条件一定情况下，随地面气油比增大，充满系数 β 降低。

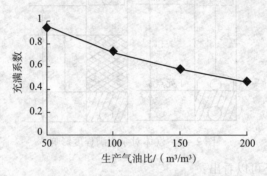

图2-6　充满系数与进泵气油比关系

JS油田大部分油区气油比大于 $50m^3/m^3$，部分高气油比井安装防气锚。随着开发不断深入，沉没度普遍较低，大部分抽油泵泵口压力低于饱和压力，因此部分游离气随液体进入泵内，影响抽油泵泵效。统计分析了其他工况条件相近的 100 口油井泵效与气油比关系，从图2-7可以看出，随油井气油比增大，泵效呈下降趋势，当气油比超过 $200m^3/m^3$ 时，泵效普遍低于40%。并且 YA、HJ 油区气油比超过 $200m^3/m^3$ 时油井经常出现"气锁"现象，造成不出液现象。

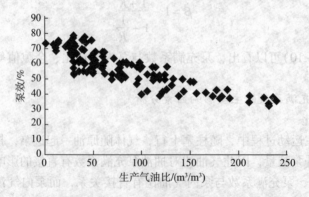

图2-7　在其他条件一定情况下泵效与生产气油比关系

2. 余隙系数

为防止下死点时柱塞撞击固定凡尔，在抽油泵安装时，往往留有一定的防冲距，即防碰距。因此柱塞到达下死点时，固定阀和游动阀之间存在一定的余隙。

下冲程末，泵余隙内压力接近泵排出口液柱压力。上冲程柱塞上行过程时，泵内压力往往要远低于下冲程末泵余隙内的压力。相对于下冲程末泵内状况，由于泵内压力下降，一方面使得余隙内游离气体积的膨胀，根据 PVT 气体动态方程，余隙内原有的气体将膨胀为数十倍体积；另外一方面，部分原先溶于余隙液体中气体被游离出，从而使得余隙内原有的气体体积增大。余隙内气体所占据体积增大，必然会影响进泵液体量，使得进泵液量降低。

蔡道钢，李颖川，牟勇等人对抽汲排液过程中余隙体积中的游离气体的变化以及对泵充满系数的影响进行深入研究，提出了气体对泵影响的充满系数的精确计算公式：

$$\beta = \frac{1 - K[(1 - \lambda)R_i + \Delta C]}{1 + R_i} \qquad (2 - 12)$$

式中：β 为充满系数；R_i 为吸入条件下气液比，m^3/m^3；K 为余隙系数，无因次；ΔC 为溶解度差值；λ 为泵内分离系数，表示随余隙内液体进入泵内的游离气体完全被上一冲程或以前的抽汲冲程采出。

根据公式（2-12），计算了 $R_i = 0.2$，$\lambda = 0.5$，$\Delta C = 0.5$ 时的充满系数随余隙系数变化关系（图2-8），从图2-8看出，随余隙系数增大，充满系数降低，当余隙系数为0.1时，充满系数为0.6，当余隙系数为0.45时，充满系数为0.2，充满系数下降明显。

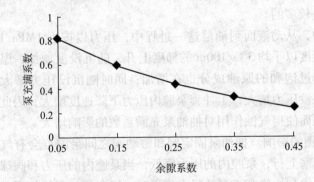

图2-8　在其他条件一定情况下 泵充满系数与余隙系数关系

3. 沉没压力（度）

泵沉没度是抽油泵在动液面以下的深度，已知一口油井的动液面和泵深，可以折算得到抽油泵的沉没压力。

（1）对进泵气液比影响。泵口处压力与饱和压力差值的大小反映了泵吸入口处的气油比的大小，而吸入口处的气油比的大小又会直接影响入泵气油比。

根据公式(2-11)，计算了 G_0 为 100 m³/m³、α 为 4m³/(m³·MPa)、γ 为 0.2、T_s 为 340K 条件下的沉没压力与进泵气油比关系(图2-9)，从图2-9可以看出，随沉没压力增大，进泵气油比降低，从而可以降低气体对泵充满系数的影响，使得泵充满系数增大。

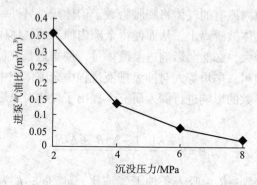

图2-9 在其他条件一定情况下进泵气油比与沉没压力关系

(2)对气蚀作用的影响。当温度和压力变化时，原油中的各成分的物理性质产生较大的变化，例如，常温常压下为液体的正己烷 C_6H_{14}，在原油中处于过饱和状态，一旦压力突然下降，本身就会发生强烈的气蚀作用，由原来的液相转化为气相。朱杰等人在开展泵腔内原油的气蚀作用对泵效影响研究时认为，像正己烷这样在一定压力和温度下处于过饱和状态，而一旦压力下降发生气蚀的成分是较多的。

生产井中，从动液面到油层这一过程中，压力以按近 1MPa/100m 的速度不断递增，温度以平均 3℃/100m 的梯度上升，随沉没度增加，温度和压力不断上升，发生过饱和的原油成分也在增加；同时随沉没压力增大，过饱和量增；另外随沉没压力增大，上冲程泵腔内压力下降速度增大，因此造成的气蚀效应增大，从而使得气蚀作用对抽油泵充满系数的影响增大。

(3)对气锁的影响。抽油泵固定阀和游动阀之间余隙点会有气体聚积。上冲程中，随柱塞上行，泵腔内的压力降低，当泵腔内的压力和阀球重量作用在泵阀上的压力之和始终高于泵的吸入压力时，固定阀球不能打开，泵即发生上冲程气锁，即：

$$P_p + P_g > P_s \tag{2-13}$$

式中：P_p 为泵内压力，MPa；P_g 为阀球重量作用在阀座上产生的压力，MPa；P_s 为沉没压力，MPa。

下冲程中，随柱塞下行，泵腔内的压力增加，当泵出口压力和阀球质量作用在泵阀上的压力之和始终高于泵腔内压力，游动阀球不能打开，泵即发生下冲程气锁，即：

$$P_d + P_g > P_p \qquad\qquad (2-14)$$

式中：P_d 为排出口压力，即油管柱压力，MPa。

下冲程开始时，泵内压力等于沉没压力，当随柱塞下行时，根据克拉伯龙方程，泵内压力表示为：

$$P_p = \frac{P_s S}{S - L} \qquad\qquad (2-15)$$

式中：S 为活塞冲程，m；L 为活塞下行位移，m。

从公式(2-13)~公式(2-15)可以看出，随沉没压力增大，上冲程过程和下冲程过程不易发生气锁。

董世民，李颖川，牟勇等人考虑抽油泵抽汲过程泵腔内自由气体积的膨胀与抽油泵排液过程压缩对充满系数的影响基础上，对抽油泵的沉没压力、抽油泵排出口压力进行了深入研究，得出了抽油泵充满系数的计算公式：

$$\beta = \frac{1}{1+R}\left\{ 1 - \frac{KR}{1 + R\left(\dfrac{P_s}{P_d}\right)^{\frac{1}{n}}}\left[1 - \left(\frac{P_s}{P_d}\right)^{\frac{1}{n}}\right]\right\} \qquad (2-16)$$

式中：P_s 为抽油泵的沉没压力，Pa；P_d 为抽油泵排出口压力，Pa；n 为多变过程指数，$n \approx 1.1$；K 为余隙系数；R 为吸入条件下气液比，m^3/m^3。

根据公式(2-16)，计算了泵径为38mm，冲程为3m，冲次为6n/min等工作条件下充满系数与沉没压力的关系(图2-10)，从图2-10可以看出，沉没度与充满系数有直接关系，在其他条件一定情况下，随沉没压力增大，充满程度增大。

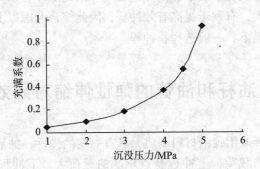

图2-10 充满系数与沉没压力的关系

4 工作参数

(1)泵径。在其他条件一定情况下，随泵径增大，泵的理论排量增大，不利于提高充满程度，易出现充不满现象；但是泵径增大，流体进泵的阻力变小，固定阀和游动阀易打开，泵漏失降低。因此综合考虑以上两方面，对供液能力充足的油井，可以适当增大泵径，以提高油井产量，对供液能力不足或深抽井，不宜选用大泵径。

（2）冲次。在其他条件一定情况下，冲次越大，泵理论排量增大，不利于提高充满程度，易出现充不满现象；同时冲次越大，液体进泵流速增大，摩阻损失越大，不利于提高充满程度；另外随冲次增大，惯性载荷增大，对提高有效冲程是有利的，但杆柱的受力状况变差。因此在排量能满足生产的前提下，一般选择低冲次。

统计了油田工况条件相近的 50 口油井（泵深 1800m，泵径 38mm，冲程 3m）泵效与冲次关系（图 2 - 11），从图 2 - 11 可以看出，随冲次的增加，泵效逐渐降低。当冲次为 6n/min 时，平均泵效为 38.6%，而当冲次为 3n/min 时，泵效为 54.3%。

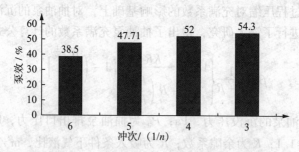

图 2 - 11　工况条件相同情况下泵效与冲次关系

（3）冲程。在其他条件一定情况下，冲程增大，泵理论排量增大，不利于提高充满程度，易出现充不满现象；另外冲次一定，冲程增大，液体进泵流速增大，摩擦损失越大，不利于提高充满程度。因此随冲程增大，泵充满程度降低，但是冲程增大，有利于提高有效冲程，因此综合考虑以上两方面，在排量能满足生产的前提下，一般选择长冲程。

2　抽油杆和油管的弹性伸缩对泵效影响

抽油杆和油管采用碳钢材料制成，具有一定的弹性，抽油机井工作时，抽油机承受不对称的载荷，上冲程悬点承受的载荷大，下冲程悬点承受的载荷小，其中有一部分载荷在上、下冲程中以及杆柱间来回转移，从而引起杆柱和油管柱伸长和压缩。由于弹性伸缩存在，使得柱塞实际发生位移（有效冲程）与抽油机光杆冲程存在一定差别，这样势必会影响柱塞实际让出的体积，从而影响抽油泵泵效。

2.1　活塞有效冲程

抽油泵在运动过程中，抽油杆柱所承受的载荷主要有抽油杆柱重量及活塞以上液柱载荷(总称静载荷)、抽油杆柱和液柱的惯性载荷及抽油杆柱的振动载荷(总称动载荷)等，在这些载荷的综合作用下，抽油杆和油管产生弹性伸缩，而在弹性伸缩影响下，柱塞实际发生位移就叫做柱塞有效冲程。一般对于抽油机井，柱塞有效冲程小于抽油机光杆冲程，两者之间的差值叫做冲程损失，柱塞有效冲程表示为：

$$S_p = S - \lambda \tag{2-17}$$

式中：S 为光杆冲程；S_p 为活塞有效冲程；λ 为总冲程损失。

在不考虑气体、漏失等因素的影响，冲程损失造成的泵效降低的值 η_λ 为：

$$\eta_\lambda = \frac{S - S_p}{S} = \frac{\lambda}{S} \tag{2-18}$$

从公式(2-18)可以看出，活塞有效冲程越小，冲程损失越大，那么由于冲程损失造成的泵效降低的值越大，泵效就越低。

2.2　悬点载荷分析

抽油机运转时，驴头带动抽油杆作上下运动，抽油机悬点受到的载荷主要有杆柱的重力载荷、液体载荷、惯性载荷、振动载荷等。

2.2.1　静载荷分析

静载荷包括抽油杆柱的重力载荷与作用在柱塞上的液柱载荷之和。由于抽油泵在上冲程和下冲程运动规律不同，上冲程和下冲程悬点静载荷也是不同的。

1. 抽油杆柱载荷

上冲程，游动凡尔关闭，抽油杆柱不受管内液体浮力的作用，因此上冲程作用在悬点上的抽油杆柱载荷为它在空气中的重力：

$$W_r = f_r \rho_s g L_p = q_r L_p \tag{2-19}$$

式中：W_r 为抽油杆柱在空气中的质量，N；f_r 为抽油杆截面积，m²(对于钢杆参见表2-2)；ρ_s 为抽油杆密度，kg/m³(钢杆为7850kg/m³)；q_r 为每米抽油杆质量，N/m；g 为重力加速度(9.81m/s²)；L_p 为抽油杆柱长度，m。

下冲程，游动凡尔打开后，油管内液体的浮力作用在抽油杆柱上。所以，下冲程中，作用在悬点上的抽油杆柱载荷为抽油杆柱的重力减去液体的浮力，即它在液体中的质量：

表 2 - 2　钢杆基本参数表

规格	杆径/d_r		截面积，f_s/	每米抽油杆重力，q_r(已考	弹性常数，E_r/
	mm	in	cm^2	虑接箍质量)/(N·m)	10^{-5}kN^{-1}
CYG16	16	5/8	2.01	16.491	2.347
CYG19	19	3/4	2.84	23.789	1.664
CYG22	22	7/8	3.80	32.399	1.241
CYG25	25	1	4.91	42.323	0.961
CYG29	29	1 1/8	6.61	53.561	0.766

$$W'_r = f_r(\rho_s - \rho_1)gL_p \tag{2-20}$$

式中：W'_r 为下冲程作用在悬点上的抽油杆柱载荷，N；ρ_1 为抽汲液体的密度，kg/m^3。

2. 作用在柱塞上的液柱载荷

在上冲程中，由于游动凡尔关闭，作用在柱塞上的液柱引起的悬点载荷为：

$$W_1 = (f_p - f_r)L_p\rho_1g \tag{2-21}$$

式中：W_1 为作用在柱塞上的液柱载荷，N；f_p 为柱塞截面积，m^2。

抽汲含水原油时，抽油杆和液柱载荷计算中所用的液体密度应采用混合液的密度。可按下式来近似计算：

$$\rho_{ml} = f_w\rho_w + (1 - f_w)\rho_o \tag{2-22}$$

式中：ρ_{ml} 为油水混合液密度，kg/m^3；ρ_o 为原油密度，kg/m^3；ρ_w 为水的密度，kg/m^3；f_w 为原油含水率，小数。

在下冲程中，由于游动凡尔打开，液柱载荷通过固定凡尔作用在油管上，而不作用在悬点上。

3. 静载荷

根据以上分析，作用在悬点上的静载荷为：

上冲程：

$$W_上 = W_r + W_1 = f_r\rho_sgL_p + (f_p - f_r)\rho_1gL_p = f_p\rho_1gL_p + (\rho_s - \rho_1)f_rgL_p \tag{2-23}$$

下冲程：

$$W_下 = W_r = f_r(\rho_s - \rho_1)gL_p \tag{2-24}$$

由公式(2-23)、公式(2-24)可看出，柱塞截面积愈大、泵下得愈深、杆柱直径越大，则悬点载荷愈大。因此为了减小液柱载荷，通常不能选用过大的泵，特别是深井中总是选用直径较小的泵。

2.2.2　惯性载荷分析

抽油机运转时，驴头带着抽油杆柱和液柱做变速运动，因而产生抽油杆柱和液柱的惯性力。如果忽略抽油杆柱和液柱的弹性影响，则可以认为抽油杆柱和液柱各点的运动规律和悬点完全一致。所以，产生的惯性力除与抽油杆柱和液柱的质量有关外，还与悬点加速度的大小成正比，其方向与加速度方向相反。

抽油杆柱的惯性力 I_r 为：

$$I_r = \frac{W_r}{g} W_A \tag{2-25}$$

式中：W_A 为悬点加速度，$\mathrm{m/s^2}$。

液柱的惯性力 I_l 为：

$$I_l = \frac{W_r}{g} W_A \varepsilon \tag{2-26}$$

式中：ε 是考虑油管过流断面变化引起液柱加速度变化的系数。

$$\varepsilon = \frac{f_p - f_r}{f_{tf} - f_r} \tag{2-27}$$

式中：f_{tf} 是油管的流断面面积。

悬点加速度在上、下冲程中大小和方向是变化的。因而，作用在悬点的惯性载荷的大小和方向也将随悬点加速度而变化。因假定向上作为坐标的正方向，所以加速度为正时，加速度方向向上；加速度为负时，加速度方向向下。上冲程中，前半冲程加速度为正，即加速度向上，则惯性力向下，从而增加悬点载荷；后半冲程中加速度为负，即加速度向下，则惯性力向上，从而减小悬点载荷。在下冲程中，情况刚刚好相反，前半冲程惯性力向上，减小悬点载荷；后半冲程惯性力向下，将增大悬点载荷。

如果把抽油机悬点的运动近似地用曲柄滑块机构的运动来表示，在 $r/l < 1/4$ 的条件下，加速度的极值在 $\varphi = 0°$ 和 $\varphi = 180°$，即发生在上、下死点处，其值为：

$$W_{\substack{\max \\ \varphi=0°}} = \frac{S}{2} \omega^2 \left(1 + \frac{r}{l}\right) \tag{2-28}$$

$$W_{\substack{\max \\ \varphi=180°}} = \frac{-S}{2} \omega^2 \left(1 - \frac{r}{l}\right) \tag{2-29}$$

将上、下死点处的加速度值代入公式（2-25）和式（2-26）便可求得抽油杆柱和液柱的最大惯性载荷。

上冲程中抽油杆柱引起的悬点最大惯性载荷 I_{ru} 为：

$$I_{ru} = \frac{W_r}{g} \frac{S}{2} \omega^2 \left(1 + \frac{r}{l}\right) = \frac{W_r}{g} \frac{S}{2} \left(\frac{\pi N}{30}\right)^2 \left(1 + \frac{r}{l}\right) = \frac{W_r}{g} \frac{SN^2}{1790} \left(1 + \frac{r}{l}\right) \tag{2-30}$$

取 $r/l = 1/4$ 时，

$$I_{ru} = W_r \frac{SN^2}{1440} \tag{2-31}$$

下冲程中抽油杆柱引起的悬点最大惯性载荷 I_{rd} 为：

$$I_{rd} = \frac{-W_r}{g} \frac{S}{2} \omega^2 \left(1 - \frac{r}{l}\right) = -\frac{W_r}{g} \frac{SN^2}{1790} \left(1 - \frac{r}{l}\right) \qquad (2-32)$$

上冲程中液柱引起的悬点最大惯性载荷 I_{lu} 为：

$$I_{lu} = \frac{W_l}{g} \frac{S}{2} \omega^2 \left(1 + \frac{r}{l}\right) \varepsilon = W_l \frac{SN^2}{1790} \left(1 + \frac{r}{l}\right) \varepsilon \qquad (2-33)$$

下冲程中液柱不随悬点运动，因而没有液柱惯性载荷。

上冲程中悬点最大惯性载荷 I_u 为：

$$I_u = I_{ru} + I_{lu} \qquad (2-34)$$

下冲程中悬点最大惯性载荷 I_d 为：

$$I_d = I_{rd} \qquad (2-35)$$

从公式(2-32)~式(2-35)可以看出，冲次越大、泵挂越深，惯性载荷越大，但是惯性载荷增加会使悬点最大载荷增加，最小载荷减小，使抽油杆受力条件变坏，抽油杆易出现断脱。因此从提高抽油杆使用寿命角度，尽可能减低惯性载荷。

2.2.3　振动载荷分析

抽油杆柱本身是一弹性体，由于抽油杆柱作变速运动和液柱载荷周期性地作用于抽油杆柱，从而引起抽油杆柱的弹性振动，它所产生的载荷亦作用在悬点上。在初变形期末激发起的抽油杆柱的纵向振动可用下面的微分方程来描述：

$$\frac{\partial^2 u}{\partial t^2} = a^2 \frac{\partial^2 u}{\partial x^2} \qquad (2-36)$$

式中：u 为抽油杆柱任一截面的弹性位移（方向向上）；x 为自悬点到抽油杆柱任意截面的距离（方向向下）；a 为弹性波在抽油杆柱中的传播速度，等于抽油杆中的声速；t 为从初变形期算起的时间。

如果坐标原点选在悬点上，该问题便成为求解一端固定、一端自由的细长杆的自由纵振问题。

初始条件：

$$u \mid_{t=0} = 0; \quad \frac{\partial u}{\partial t} \mid_{t=0} = -v \frac{x}{L} \qquad (2-37)$$

边界条件：

$$u \mid_{t=0} = 0; \quad \frac{\partial u}{\partial t} \mid_{x=L} = 0 \qquad (2-38)$$

式中：v 为初变形期末抽油杆柱下端（柱塞）对悬点的相对运动速度（油管下端固定时，为初变形期末的悬点运动速度）；L 为抽油杆柱的长度。

用分离变量法在上述初始和边界条件下获得方程的解为：

$$u(x,\ t) = \frac{-8v}{\omega_0\pi^2}\sum_{n=0}^{\infty}\frac{(-1)^n}{(2n+1)^n}\sin[(2n+1)\omega_0 t]\sin(\frac{2n+1}{2}\frac{\pi x}{L}) \quad (2-39)$$

式中：ω_0 自由振动的圆频率 m/s²，$\omega_0 = \pi a/2L$。

抽油杆柱的自由纵振在悬点上引起的振动载荷 F_v 为：

$$F_v = -Ef_r\frac{\partial u}{\partial x}\Big|_{x=0} = \frac{8Ef_r v}{\pi^2 a}\sum_{n=0}^{\infty}\frac{(-1)^n}{(2n+1)^2}\sin[(2n+1)\omega_0 t] \quad (2-40)$$

式中：f_r 为抽油油杆截面积；E 为钢的弹性模量。

由式（2-40）可以看出，悬点的振动载荷是 $\omega_0 t$ 的周期函数，周期为 2π，式（2-40）简写 $F_v = f(\omega_0 t)$，则 F_v 随 $\omega_0 t$ 的变化情况如图 2-12 所示。

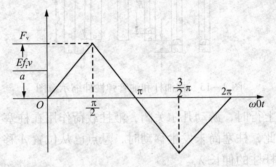

图 2-12　F_v 随 $\omega_0 t$ 的变化情况

由上述可知，初变形期末激发的抽油杆柱的自由纵振在悬点上引起的振动载荷的最大值为：

$$F_{max} = \frac{Ef_r}{a}v \quad (2-41)$$

最大振动载荷发生在 $\omega_0 t = \pi/2$ 及 $5\pi/2$ 等位置处，实际上由于存在阻尼，振动将会随时间衰减，故最大振动载荷发生在 $\omega_0 t = \pi/2$ 处，即：

$$t_m = \frac{\pi}{2\omega_0} = \frac{L}{a} \quad (2-42)$$

式中：t_m 为出现最大振动载荷的时间，s。

2.3　悬点载荷对柱塞有效冲程影响

2.3.1　抽油杆和油管的弹性伸缩量分析

1. 静载荷引起的弹性伸缩量

由于作用在柱塞上的液柱载荷在上、下冲程中交替地由油管转移到抽油杆柱和由抽油杆柱转移到油管，从而引起杆柱和油管柱交替地增载和减载，使杆柱和油管柱发生交替地伸长和缩短（见图 2-13）。

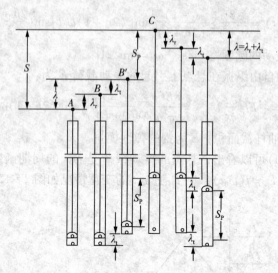

图 2－13 抽油杆和油管弹性伸缩示意图

当驴头开始上行时，游动凡尔关闭，液柱载荷作用在柱塞上，使抽油杆发生弹性伸长。因此，柱塞尚未发生移动时，悬点已从位置 A 移到位置 B，这一段距离即为抽油杆柱的伸长 λ_r。

当悬点位置从 B 移至 B' 时，正是油管由于卸去载荷要缩短一段距离 λ_t 的过程。此时，柱塞与泵筒之间没有相对位移。这段缩短距离使悬点增加了一段无效位移，即从位置 B 移到位置 B'。所以，吸入凡尔仍然是关闭的。

当驴头从位置 B' 移到位置 C 时，柱塞才开始与泵筒发生相对位移，吸入凡尔开始打开吸入液体，一直到上死点 C。由此看出，柱塞有效移动距离（柱塞冲程）S_p，比光杆冲程 S 小 λ，而 $\lambda = \lambda_r + \lambda_t$。

下冲程开始时，吸入凡尔立即关闭，液柱载荷由抽油杆柱逐渐移到油管上，使抽油杆缩短 λ_r，而油管伸长 λ_t。此时，只有驴头下行 $\lambda = \lambda_t + \lambda_r$ 距离之后，柱塞才开始与泵筒发生相对位移。因此，下冲程中柱塞冲程仍然比光杆冲程小 λ 值。

抽油杆柱和油管柱的自重伸长在泵工作的整个过程中是不变的，因此，它们不会影响柱塞冲程。因此静载荷引起抽油杆和油管的弹性伸缩主要由液柱载荷引起，并且引起抽油杆和油管的弹性伸缩使活塞冲程降低。抽油杆和油管的弹性伸缩使柱塞冲程降低，造成柱塞冲程损失。

根据虎克定律，液柱载荷引起的冲程损失 λ_1 的计算公式为：

$$\lambda_1 = \frac{W'_1 L}{E}\left(\frac{1}{f_r} + \frac{1}{f_t}\right) = \frac{f_p \rho_1 L_t g}{E}\left(\frac{L}{f_r} + \frac{L}{f_t}\right) \tag{2-43}$$

如果为多级抽油杆，则

$$\lambda'_1 = \frac{f_p \rho_1 L_f g}{E} \left(\sum_{i=1}^{m} \frac{L_i}{f_{ri}} + \frac{L}{f_t} \right) \tag{2-44}$$

式中：λ'_1 为冲程损失，m；W'_1 为考虑沉没度影响后的液柱载荷，为上、下冲程中静载荷之差，$W'_1 = (P_z - P_i)f_p \approx \rho_1 L_f g f_p$，N；$P_z$ 为泵的排出压力，Pa；P_i 为泵的吸入压力，Pa；f_p、f_r、f_t 为柱塞、抽油杆及油管截面积，m^2；L 为抽油杆柱总长度，m；ρ_1 为液体密度，kg/m^3；E 为钢的弹性模量，2.06×10^{11} Pa；L_f 为液面深度，m；m 为抽油杆柱级数；L_i 为第 i 级抽油杆的长度，m；f_{ri} 为第 i 级抽油杆的截面积，m^2。

由公式（2-44）可以看出，冲程损失与活塞截面积和泵下入深度有直接关系。对于一口油井，使用 CYJ5-1.8-12 型抽油机，泵挂深度为 903.8m，泵径为 56mm，冲程为 1.8m，冲次为 8 次/分，使用 ϕ73mm 油管和 ϕ19mm 抽油杆，原油密度 901kg/m³，油井含水 34%，根据公式（2-44），计算该井冲程损失为 0.389m，活塞有效冲程为 1.411m，从而得到由于冲程损失造成的泵效降低值为 26.1%。因此从计算结果表明，即使泵工作正常，但由于冲程损失，泵效仍然降低很多。

2. 惯性载荷引起的弹性伸缩量

当悬点上升到上死点时，速度趋于零，但抽油杆柱有向下的（负的）最大加速度和向上的最大惯性载荷，使抽油杆柱减载而缩短。所以，悬点到达上死点后，抽油杆在惯性力的作用下还会带着柱塞继续上行，使柱塞比静载变形时向上多移动一段距离 λ'。当悬点下行到下死点后，抽油杆的惯性力向下，使抽油杆柱伸长，柱塞又比静载变形时向下多移动一段距离 λ''。因此，由于惯性载荷作用，使柱塞冲程比只有静载变形时要增加 λ_i：

$$\lambda_i = \lambda' + \lambda'' \tag{2-45}$$

式中：λ_i 为由于惯性载荷的作用，使柱塞冲程增加的数值。

根据虎克定律：

$$\lambda' = \frac{I_{rd}L}{2f_r E} = \frac{W_r S N^2 L}{2 \times 1790 \times f_r E} \left(1 - \frac{r}{l}\right) \tag{2-46}$$

$$\lambda'' = \frac{I_{rd}L}{2f_r E} = \frac{W_r S N^2 L}{2 \times 1790 \times f_r E} \left(1 + \frac{r}{l}\right) \tag{2-47}$$

由于抽油杆柱上各点所承受的惯性力不同，计算中近似取其平均值，即取悬点惯性载荷的一半。

将 λ' 及 λ'' 代入式（2-45），得：

$$\lambda_i = \frac{W_r S N^2 L}{1790 f_r E} \tag{2-48}$$

根据公式（2-48）可以得到，在其他参数不变的情况下，随冲次的增大，

53

惯性载荷增加，惯性载荷引起的冲程增量增大，对提高有效冲程是有利的，但是增加冲次会使悬点最大载荷增加，最小载荷减小，抽油杆在增大的交变载荷下，使抽油杆受力条件变坏，增加了抽油杆疲劳破坏的几率。曲占庆等人在研究深井泵柱塞冲程计算的新方法时，计算了在下泵深度1800m，光杆冲程3m，冲次为10n/min和6n/min下，静载荷、振动载荷与惯性载荷引起的冲程损失情况(见表2-3)，从表2-3可以看出，惯性载荷对有效冲程的影响较小，即使冲次增加为10次，得到的有效冲程也只有0.03m左右，相对于静载荷对有效冲程影响，惯性载荷对有效冲程影响微小。所以，通常并不用增加惯性载荷(快速抽汲)的办法来增加柱塞冲程来提高泵效。

表2-3　载荷引起的冲程损失计算情况

项　目	冲程损失						
冲次/ (n/min)	静载荷/m	振动载荷/m			惯性载荷/m		
	整个冲程	上冲程	下冲程	整个冲程	上冲程	下冲程	整个冲程
10	0.542	0.0389	0.0389	0.0778	0.0325	0.0325	0.0654
6		-0.0383	-0.0383	-0.0766	0.0209	0.0209	0.0418

3. 振动载荷引起的弹性伸缩量

在上冲程静变形结束后，液柱开始随抽油杆柱做变速运动，于是引起抽油杆柱的振动。在下冲程静变形结束后，也会发生类似现象。由于抽油杆柱本身的振动而产生的附加载荷，使抽油杆柱在运动过程中发生周期性的伸长和缩短，从而影响泵效。

在上冲程末抽油杆柱本身的振动恰好使抽油杆发生缩短时，将使柱塞有效冲程增加；相反，则减小柱塞冲程。抽油杆柱本身振动的振幅愈大，则上述变化愈明显。根据理论分析和实验表明：抽油杆柱本身振动的相位在上下冲程中几乎是对称的，即如果上冲程末抽油杆柱伸长，则下冲程末抽油杆柱缩短；反之亦然。因此，不论上冲程还是下冲程，抽油杆振动引起的伸缩对柱塞冲程的影响都是一致，即要增加都增加，要减小都减小。至于究竟是增加还是减小，将取决于抽油杆柱自由振动与悬点摆动引起的强迫振动的相位配合。对于不同的 S 和 N 组合，抽油杆振动引起的伸缩对柱塞冲程的影响是不同的，对于一定井深的油井，有一个冲程、冲次配合不利区，如 API 计算方法中，对于 F_0/SKr 在 0.05 ~ 0.1 时，N/N_0' 为 0.275 ~ 0.35 范围为不利配合区，其中 F_0/SKr 为无因次液柱载荷，N/N_0' 为无因次冲次(冲次与抽杆固有频率之比)，即随着冲次的增加，塞柱冲程损失将增加，柱塞有效冲程将下降；而当 N/N_0' 大于 0.35 时，柱塞有效冲程将随着冲次的增加而增加。从表2-3计算结果可以看出，3m 冲程和 10n/min 组合有利于增加柱塞冲程，而 3m 冲程和 6n/min 组合降低柱塞冲程。但是不论增加或降低活塞冲程，相对于静载荷引起的冲程损失，振动载荷引起的抽油杆弹性伸缩对有效冲程影响是非常小的。

2.3.2　活塞有效冲程的主要影响因素分析

从以上悬点载荷对杆管弹性伸缩量影响分析看出，相对于静载荷产生的冲程损失对活塞冲程损失的影响，惯性载荷和振动载荷引起的弹性伸缩对活塞冲程影响较小的。因此活塞有效冲程主要为静载荷引起的弹性伸缩造成的冲程损失有关，主要影响因素有：

1. 泵径

根据公式（2-44），在其他参数不变的情况下，随泵径的增大，液柱载荷增加，液柱载荷引起的冲程损失增加，有效冲程降低。因此单一地增加泵径，会使得冲程损失增加，抽油泵容积效率降低。因此在工作参数能满足生产要求的前提下，为降低冲程损失，通常现场选择较小的抽油泵来提高泵效，特别是深井中总是选用直径较小的泵。当泵径超过某一限度（引起的 $\lambda \geq S/2$）之后，泵的实际排量不但不会因增大泵径而增加，反而会减小；当 $\lambda \geq S$ 时，则活塞冲程等于零，使泵的实际排量等于零。

2. 冲程和冲次

在其他参数不变的情况下，随冲程的增加，有效冲程变大，即冲程的利用率也随之变大，因此，在其他影响参数一定的情况下，泵容积效率增大。冲次与惯性载荷增加有直接关系，随冲次的增大，惯性载荷增加，惯性载荷引起的冲程增量增大，对提高有效冲程是有利的，但是增加冲次会使悬点最大载荷增加，最小载荷减小，抽油杆在增大的交变载荷下，使抽油杆受力条件变坏，增加了抽油杆疲劳破坏得几率。同时相对于静载荷对有效冲程影响，惯性载荷对有效冲程影响微小。因此，通常并不用快速抽汲的办法来增加柱塞有效冲程来提高泵效。

因此在工作参数能满足生产要求的前提下，同时在设备工艺允许的基础上，通常现场尽可能选用长冲程、低冲次，同时避开冲程、冲次配合不利区。

3. 动液面深度

从公式（2-44）可以看出，在其他参数一定的情况下，随动液面深度增大液柱载荷引起的冲程损失增加，有效冲程降低。因此在保证泵挂深度不变，通过优化工作参数，增加沉没度，降低动液面深度，从而降低冲程损失，提高抽油泵充满系数。

4. 下泵深度

根据公式（2-44），在其他参数不变的情况下，随下泵深度增大，液柱载荷引起的冲程损失增加，有效冲程降低，同时根据公式（2-33），随下泵深度增大，悬点惯性载荷增大，有效冲程增大。但是在其他条件相同情况下，液柱静载荷引起的冲程损失要远高于惯性载荷引起的冲程增量，并且随下泵深度增大，惯性载荷增加，使抽油杆受力条件变坏，增加了抽油杆疲劳破坏的几率。因此随下泵深度增大，对提高泵效和生产都是不利的。

统计分析了 JS 油田 1300 余口生产井情况，平均泵挂深度为 1600m 左右，其中泵深超过 2000m 的有 222 口，主要分布在 HZ、XZ、SN 等油区，其中有 71 口井泵效低于 30%（表 2-4）。根据公式（2-44），计算了沉没度为 100m、ϕ38mm 泵径、3m 冲程、3n/min 冲次时的冲程损失与泵挂深度关系（图 2-14），从图 2-14 可以看出，随泵挂深度增大，冲程损失增大，当泵深达到 2000m 时，抽油杆的冲程损失为 18.6% 左右。

表 2-4　泵深与泵效分布情况

泵深/m	<500	500~1000	1000~1500	1500~2000	2000~2500	2500~3000
井数/口	1	66	534	514	215	7
泵效 <30% 的井数/口	0	3	35	121	66	5

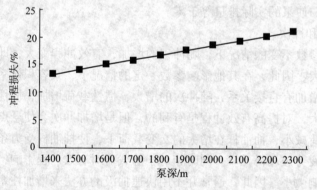

图 2-14　其他参数一定情况下冲程损失与泵挂深度关系

另外统计分析了油田工况条件相近的 89 口油井泵深与泵效关系（图 2-15），从图 2-15 看出在其他工况条件一定的情况下，随泵挂深度增大，泵效呈下降趋势。如统计的 HZ 油田，油井开井 28 口，其中 24 口井泵深大于 2000m，主要采用 ϕ32mm 泵径、2.1m 的冲程、3n/min 的工作参数（表 2-5），同于由于供液能力比较差，动液面较深，目前有 12 口井的泵效低于 30%。

表 2-5　HZ 油田泵深与泵效分布情况

项目	泵深范围/m				总井数
井数/口	<2000	2000~2200	2200~2400	>2400	
泵深井数/口	6	8	6	8	28
泵效低于30%井数/口	0	4	3	5	12

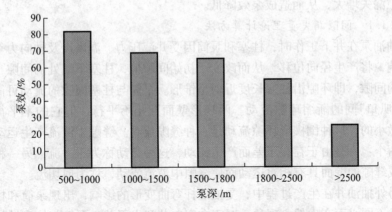

图 2 - 15　工况相同情况下泵效与泵深度关系

3　抽油泵漏失对泵效的影响

抽油泵漏失主要包括吸入部分漏失、排出部分漏失以及其他连接部件漏失。吸入部分漏失主要为固定凡尔滞后关闭或关闭不严造成的漏失，另外受泵内压力影响，固定凡尔不能及时打开造成容积效率损失（相当于泵漏失）；排出部分漏失主要为柱塞与泵筒间隙漏失、游动阀凡尔滞后关闭或关闭不严造成的漏失，另外受泵内压力影响，游动凡尔不能及时打开，造成容积效率损失（相当于泵漏失）；其他连接部件漏失主要为油管丝扣、泵的连接部分及泄油器密封不严造成的漏失。

在不考虑气体、冲程损失等因素的影响，泵漏失造成的泵效降低的值 η_l 为：

$$\eta_l = 1 - \frac{q_j}{Q} - \frac{q_f}{Q} \tag{2-49}$$

式中：η_l 为泵效；q_j 为柱塞与泵筒间隙漏失量，m^3/d；q_f 为阀球启闭滞后引起的漏失；Q 为泵理论排量，m^3/d。

3.1　柱塞与泵筒间隙漏失对泵效的影响

抽油泵在运动中，柱塞相对于泵筒作往复运动，为降低柱塞运动阻力，在地面组装时通常留有一定间隙，因此在上冲程井液在向地面排液过程中时，在柱塞两端液力差的作用下，井筒中有少量井液通过柱塞与泵筒的环间隙流回泵筒内，形成柱塞与泵筒的环隙漏失。少量液体漏失可以起到一定的润滑作用，提高抽油泵寿命。实际现场中由于动液面加深、泵筒的腐蚀、磨损等原因会造

57

成间隙漏失增大，从而造成泵效降低。

3.1.1　间隙漏失量理论计算方法

抽油泵在井下工作时，柱塞和泵筒因受井液压力、温度以及轴向力等因素的影响，将产生径向位移，从而改变了初始间隙值，柱塞下端处的间隙小于上端处的间隙，即环隙沿柱塞长度近似呈锥形。泵筒与柱塞间隙的流动可简化为"倒喇叭口"间的渐缩环隙流动。两环形壁面互相不平行，但它的不平行度是十分微小的，这种倒楔形环隙流动是一种缝隙流动。缝隙中液流产生运动的原因有两个：一是由于存在压差而产生流动，这种流动称为压力流，另一种是由于组成缝隙的壁面具有相对运动而使缝隙中液流流动，称为剪切流。

另外抽油井在生产过程中，受抽油杆弯曲变形的影响，出现泵筒和柱塞的轴心线不同心而产生偏心现象。对于在定向井和水平井，泵筒与柱塞轴线处于不平行的现象显著。当泵筒和柱塞发生偏心时，泵筒与柱塞间隙变化会影响间隙漏失量，还会导致柱塞和泵筒两端发生偏磨而影响抽油泵寿命。

假设：柱塞与泵筒的相对速度为 V_0，柱塞与泵筒之间形成间距为 δ 的缝隙，柱塞外壁与泵筒内壁不平行，δ 在轴线方向上为变量，因为 δ 值较小，因此它的不平行度是十分微小的，缝隙中液流基本上呈平行层流运动，液流受到黏性力的控制，流动比较稳定。

如图 2 - 16 所示，建立空间坐标系，z 轴垂直于柱塞圆柱面，x 轴与液体流动方向一致，则速度分量 $v_y = 0$，$v_z \approx 0$，$v_x = v$。在重力场的情况下，质量力 $f_x = f_y = 0$，$f_z = -g$。

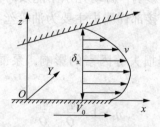

图 2 - 16　缝隙流动示意图

由流体力学中不可压缩实际流体的运动微分方程（通常称为纳维 - 斯托克斯方程，即 N - S 方程）：

$$\begin{cases} f_x - \dfrac{1}{\rho}\dfrac{\partial p}{\partial x} + \nu\left(\dfrac{\partial^2 v_x}{\partial x^2} + \dfrac{\partial^2 v_x}{\partial y^2} + \dfrac{\partial^2 v_x}{\partial z^2}\right) = \dfrac{\partial v_x}{\partial t} + v_x\dfrac{\partial v_x}{\partial x} + v_y\dfrac{\partial v_x}{\partial y} + v_z\dfrac{\partial v_x}{\partial z} \\[2mm] f_y - \dfrac{1}{\rho}\dfrac{\partial p}{\partial y} + \nu\left(\dfrac{\partial^2 v_y}{\partial x^2} + \dfrac{\partial^2 v_y}{\partial y^2} + \dfrac{\partial^2 v_y}{\partial z^2}\right) = \dfrac{\partial v_y}{\partial t} + v_x\dfrac{\partial v_y}{\partial x} + v_y\dfrac{\partial v_y}{\partial y} + v_z\dfrac{\partial v_y}{\partial z} \\[2mm] f_z - \dfrac{1}{\rho}\dfrac{\partial p}{\partial z} + \nu\left(\dfrac{\partial^2 v_z}{\partial x^2} + \dfrac{\partial^2 v_z}{\partial y^2} + \dfrac{\partial^2 v_z}{\partial z^2}\right) = \dfrac{\partial v_z}{\partial t} + v_x\dfrac{\partial v_z}{\partial x} + v_y\dfrac{\partial v_z}{\partial y} + v_z\dfrac{\partial v_z}{\partial z} \end{cases} \quad (2-50)$$

根据上述特定条件简化得：

$$\begin{cases} -\dfrac{1}{\rho}\dfrac{\partial p}{\partial x} + \nu\left(\dfrac{\partial^2 v}{\partial x^2} + \dfrac{\partial^2 v}{\partial y^2} + \dfrac{\partial^2 v}{\partial z^2}\right) = v\dfrac{\partial v}{\partial x} \\[2mm] -\dfrac{1}{\rho}\dfrac{\partial p}{\partial y} = 0 \\[2mm] -g - \dfrac{1}{\rho}\dfrac{\partial p}{\partial z} = 0 \end{cases} \qquad (2-51)$$

在缝隙内的油液以速度 v 运动，而流体又粘在壁面上且缝隙的 z 轴向尺度很小，所以缝隙流动必然存在很大的速度梯度 $\partial v/\partial z$。由连续性方程又可得 $\partial v/\partial x \approx 0$，而 $\partial v/\partial y$ 很小，可忽略不计，则式(2-50)中第一式可化简为：

$$\dfrac{\partial p}{\partial x} = \mu\dfrac{\mathrm{d}^2 v}{\mathrm{d}z^2} \qquad (2-52)$$

式(2-52)关于 z 的二次积分可得：

$$v = \dfrac{1}{\mu}\dfrac{\mathrm{d}p}{\mathrm{d}x}\dfrac{z^2}{2} + C_1 z + C_2 \qquad (2-53)$$

式中：μ 为井液动力黏度，积分常数 C_1 及 C_2 可用边界条件求得。将 $z=0$、$v=V_0$ 代入上式得 $C_2 = V_0$。将 $z=\delta_x$，$v=0$ 及 $C_2 = V_0$ 代入得 $C_1 = -\dfrac{1}{2\mu}\dfrac{\mathrm{d}p}{\mathrm{d}x}\delta_x - \dfrac{V_0}{\delta_x}$。将 C_1 和 C_2 代入上式，可得缝隙中流速 v 的公式为：

$$v = -\dfrac{1}{2\mu}\dfrac{\mathrm{d}p}{\mathrm{d}x}(\delta_x - z)z + V_0\left(1 - \dfrac{z}{\delta_x}\right) \qquad (2-54)$$

当 $V_0 = 0$ 时，即固定壁面所形成的缝隙中流速为：

$$v = -\dfrac{1}{2\mu}\dfrac{\mathrm{d}p}{\mathrm{d}x}(\delta_x - z)z \qquad (2-55)$$

图 2-17 是柱塞与泵筒偏心配合的示意图，图 2-18 为垂直于 x 轴的任一截面图。设 z 轴垂直于柱塞柱面，x 轴为沿柱塞轴方向，柱塞下端间隙为 δ_1，上端间隙为 δ_2，即泵筒和柱塞间缝隙为渐缩环隙，渐缩楔形夹角 α；沿柱塞长度方向任意一点 x 处，其间隙 $\delta_x = \delta_2 - x\tan\alpha = \delta_2 - x(\delta_2 - \delta_1)/l$。

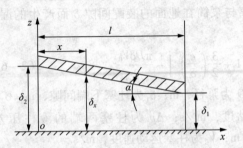

图 2-17　柱塞与泵筒偏心配合示意图

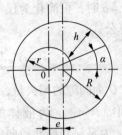

图 2-18　柱塞与泵筒偏心配合
沿垂直于 x 轴的任意截面图

在缝隙很小的情况下，缝隙宽度 $h = (R - r) + e\cos\theta = \delta_x + e\cos\theta$。因 $dQ = vRd\theta dz$，且由式（2-54）可得漏失量 Q 的计算公式为：

$$Q = \int_0^{2\pi} \int_0^h R\left[-\frac{1}{2\mu}\frac{dp}{dx}(h - z)z + V_0\left(1 - \frac{z}{h}\right)\right]dzd\theta$$

$$= -\frac{\pi D \delta_x^3}{12\mu}\frac{dp}{dx}\left[1 + \frac{3}{2}\left(\frac{e}{\delta_x}\right)^2\right] - \frac{\pi D \delta_x V_0}{2} \tag{2-56}$$

因此，柱塞上下压差 Δp 为：

$$\Delta p = \int_0^l \left\{ \frac{12\mu}{\pi D[1 + 3/2 \cdot (e/\delta_x)^2]\delta_x^3}\left(Q + \frac{\pi D \delta_x V_0}{2}\right)\right\}dx \tag{2-57}$$

令 $\varepsilon_x = \dfrac{e}{\delta_x} = \dfrac{e}{\delta_2 - z\tan\alpha}$，则 $dx = \dfrac{e}{\varepsilon_x^2 \tan\alpha}d\varepsilon_x$，代入式（2-64）整理得：

$$\Delta p = \frac{4\mu Q l}{\pi D e^2(\delta_2 - \delta_1)}\ln\left(\frac{e^2/\delta_1^2 + 2/3}{e^2/\delta_2^2 + 2/3}\right) + + \frac{2\sqrt{6}\mu V_0 l}{e(\delta_2 - \delta_1)}\left[\arctan\left(\frac{\sqrt{6}\, e}{2\,\delta_1}\right) - \arctan\left(\frac{\sqrt{6}\, e}{2\,\delta_2}\right)\right] \tag{2-58}$$

因此，偏心环隙漏失量 Q 的精确计算公式为：

$$Q = \frac{\pi D e^2(\delta_2 - \delta_1)}{4\mu l \ln\left(\dfrac{e^2/\delta_1^2 + 2/3}{e^2/\delta_2^2 + 2/3}\right)}\Delta p - \frac{\sqrt{6}\,\pi D e V_0}{2\ln\left(\dfrac{e^2/\delta_1^2 + 2/3}{e^2/\delta_2^2 + 2/3}\right)}\left[\arctan\left(\frac{\sqrt{6}\, e}{2\,\delta_1}\right) - \arctan\left(\frac{\sqrt{6}\, e}{2\,\delta_2}\right)\right]$$

$$\tag{2-59}$$

由于在推导公式（2-59）时，假设 $\delta_1 \neq \delta_2$，$e \neq 0$，因此公式（2-59）不适用 $\delta_1 = \delta_2$，$e = 0$ 的情况，且不易直观反映出间隙和偏心量的大小对漏失量 Q 的影响。针对这些情况，考虑到公式（2-57）中 $1 + 1.5(e/\delta_x)^2$ 项在 $\delta_1 \leqslant \delta_x \leqslant \delta_2$ 的范围内变化不大，$1 + 1.5(e/\delta_x)^2 \approx 1 + 1.5e^2/(\delta_1\delta_2)$。则漏失量 Q 的近似计算公式为：

$$Q = \frac{\pi D \delta_1^2 \delta_2^2 \Delta p}{6\mu l(\delta_1 + \delta_2)}\left[1 + \frac{3}{2}\frac{e^2}{\delta_1\delta_2}\right] - \frac{\pi D \delta_1\delta_2 V_0}{\delta_1 + \delta_2} \tag{2-60}$$

当偏心量 $e = 0$ 时，公式（2-60）可简化为同心环形漏失量的计算公式；当 $\delta_1 = \delta_2 = \delta$ 时，可简化为仅考虑柱塞与泵筒在地面的装配间隙 δ 而产生的漏失量计算公式：

$$Q = \frac{\pi D \delta^3 \Delta p}{12\mu l}\left[1 + \frac{3}{2}\left(\frac{e}{\delta}\right)^2\right] - \frac{\pi D \delta V_0}{2} \tag{2-61}$$

式中：Q 为间隙的漏失量，m^3/s；D 为泵径，m；δ_1 为柱塞下端间隙，m；δ_2 为上端间隙，m；μ 为液体的运动黏度，m^2/s；Δp 为柱塞两端的液柱压差，MPa；e 为泵筒和柱塞径向偏移量，m；V_0 为柱塞运动速度，m/s。

3.1.2　间隙漏失主要影响因素分析

1. 间隙值

间隙漏失量与柱塞和泵筒的间隙量有直接关系，根据公式(2−61)，计算了柱塞长度为1.3m、偏心距为0.005mm、柱塞速度为0.4m/s时的漏失量与间隙值关系(图2−19)，从图2−19可以看出，随间隙值增大，间隙漏失量增大。

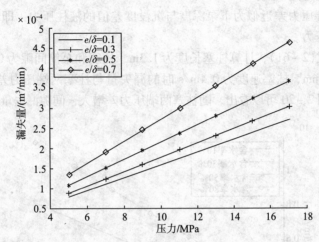

图2−19　间隙漏失量与间隙值以及柱塞两端压力差的关系

为降低柱塞往复运动阻力，同时允许少量液体漏失可以起到一定的润滑作用，在地面组装时通常留有一定间隙，按中石化行业标准SY/TJ 5059—2009，抽油泵柱塞和泵筒配合间隙分为Ⅰ、Ⅱ、Ⅲ级标准，同时要求在此配合间隙下最大漏失量情况，见表2−6。

表2−6　柱塞于泵筒配合间隙范围以及配合间隙最大漏失量

级别	柱塞于泵筒间隙范围/mm	配合间隙最大漏失量(压差10MPa)/(mL/min)					
		32	38	44	56	70	83
Ⅰ	0.02~0.07	100	120	140	175	280	330
Ⅱ	0.07~0.12	500	595	690	875	1410	1670
Ⅲ	0.12~0.17	1420	1690	1955	2490	4010	4750

实际上抽油泵在地面上按相应等级的标准配装以后，在井下工作时由于受井液压力、温度和轴向力等因素影响，间隙量会发生变化。另外随抽油泵的不断工作，液体中的腐蚀性以及含砂、垢等杂质对柱塞或泵筒的磨损增大，造成间隙增大，从而使得柱塞和泵筒间隙漏失量增大。

温升对柱塞与泵筒间隙的影响可以用以下公式表示：

$$\Delta\delta_t = (D\alpha_1 - d\alpha_2)\Delta t \qquad\qquad (2-62)$$

式中：$\Delta\delta_t$ 为热胀后柱塞与泵筒间隙的变化值，mm；D 为热胀前的泵筒内径，mm；d 为热胀前的柱塞外径，mm；α_1 为泵筒材料的线膨胀系数（若泵筒用铬钢，取 $\alpha_1 = 11.8 \times 10^{-6} 1/℃$）；$\alpha_2$ 为柱塞材料的线膨胀系数（若柱塞用碳钢，取 $\alpha_2 = 12.2 \times 10^{-6} 1/℃$）；$\Delta t$ 为温度变化值，℃。

2. 柱塞两端压力差

柱塞两端压力差近似为下泵深度与沉没度差值的液柱压力，即动液面深度的折算液柱压力。

根据公式(2-61)，计算柱塞长度为 1.3m、柱塞和泵筒间隙为 0.05mm、偏心距为 0.005mm、柱塞速度为 0.4m/s 时的漏失量与柱塞两端压力差的关系(图2-20)，从图2-20可以看出，随柱塞两端压力差增大，间隙漏失量增大。

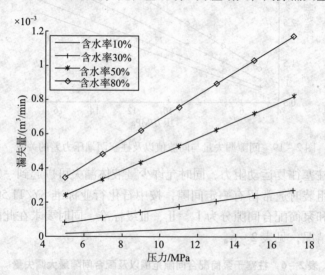

图 2-20　间隙漏失量与柱塞两端压力差的关系

根据相关研究人员开展的柱塞两端压力差对间隙漏失影响实验究结果表明，在其他参数一定的情况下，随柱塞两端压力的增大，间隙漏失量增大，对于 I 级泵，压力为 20MPa 时的间隙漏失量是压力为 10MPa 时的间隙漏失量的 2 倍左右，见表2-7。

表 2-7　间隙漏失量与柱塞两端压力差关系

级别	柱塞与泵筒间隙/mm	间隙漏失量/(mL/min)					
		$\Delta p = 10$	$\Delta p = 12$	$\Delta p = 14$	$\Delta p = 16$	$\Delta p = 18$	$\Delta p = 20$
I	0.027	40.1	46.5	53.1	66.6	72.5	79.8
II	0.085	251.5	302.5	346.8	400.1	450.5	503.6
III	0.123	319.7	386.2	445.6	512.7	572.5	647.3

3. 工作参数的影响

从公式(2-61)可以发现，间隙漏失量与泵径和运动速度有直接关系，随泵径增大，柱塞与泵筒的间隙漏失增大，随柱塞运动速度增大，柱塞与泵筒的间隙漏失减少。而根据抽油泵运动规律，柱塞运动速度又与柱塞冲程和冲次有关，见公式(2-63)，因此在其他参数不变的情况下，随冲程或冲次的增大，间隙漏失减少。

$$V_{\mathrm{p}} = \frac{2 \times S \times N}{60}$$　　　　　(2-63)

式中：S 为柱塞长度，m；N 为冲次，n/min。

由于工作参数又与泵的容积体积有关，泵间隙漏失对泵效的影响的计算公式为：

$$\eta = 1 - \left[\frac{\pi De^3 g \Delta H}{12\mu} \frac{1}{l} - \frac{1}{2} \pi De V_{\mathrm{p}} \right] \frac{1}{360\pi D^2 SN\rho}$$　　　(2-64)

对公式(2-64)进一步化简，得到：

$$\eta = 1 - \left[\frac{e^3 g \Delta H}{4320\mu l DSN\rho} - \frac{e}{720 D\rho} \right]$$　　　　(2-65)

因此，根据公式(2-65)可以发现，随泵径或冲程或冲次的增大，泵间隙漏失对泵效的影响是减小的。

3.2　阀球启闭滞后对泵效的影响

3.2.1　阀球运动规律描述

抽油泵在整个工作过程中，阀球的启闭是非常频繁的，由于受流体性质、作用于阀上的诸多作用力、阀的尺寸大小、流体流动状态、阀罩结构以及柱塞运动速度等诸多因素影响，阀球的运动轨迹是相当复杂的，因此国内外相关研究者对抽油泵泵阀的运动也进行了相关的研究。

前苏联于1950年对抽油泵阀球的运动规律进行了台架模拟实验。实验研究结果表明，阀球不仅存在垂直的直线运动，而且还有绕阀座中心线的公转和复杂的自转。

国内对抽泵阀的运动规律开展许多研究，万国强等人通过计算机仿真模拟，表明初期阀球由于克服开启压差，存在滞后开启，阀球升程达到最大升程时，阀球与阀罩碰撞后反弹，阀球上升高度和速度在一段时间内出现跳跃式波动，但波动幅度逐渐减弱，最终在接近阀罩顶部某一高度进入稳定状态。下冲程由于浮力和流体作用力减慢了阀球的下落速度，存在泵阀关闭滞后的现象。

葛占玉等人针对泵阀开启初期的奇点问题，考虑魏氏效应对泵筒内液体连续流条件的影响以及泵阀运动的动力特性，建立了泵阀运动数学模型，研究表明，固定阀在启闭过程中，阀球是绕阀座的一个支撑点边旋转边打开的，直至阀球接触到阀罩以后，阀球才离开阀座，进入悬浮阶段，在悬浮阶段，阀球处于一种不停的波动状态，阀球有绕阀球座轴心线的公转和极其复杂的自转运动，球落座也是绕着阀座支撑点一边旋转一边关闭的，同时受运动特性影响，泵阀存在滞后关闭现象。

韩秀花等人开展了室内模拟抽油泵运动装置实验研究，研究表明，在抽油泵在倾角 $0° \sim 15°$ 工作时，球阀是沿着凡尔罩内壁螺旋上升或下降运动，在抽油泵在倾角超过 $15°$ 工作时，球阀是向倾斜方向作翻滚运动，存在滞后关闭现象。

因此从以上诸多研究表明，抽油泵泵阀在运动过程中，由于凡尔受泵腔内的压力场和流场的影响，柱塞的运动和凡尔的开关不能完全同步，造成凡尔滞后开启或关闭现象。下冲程末、上冲程初阶段，柱塞运动速度相对较小，过阀流体流速也较小，当游动阀球重力大于其受到的浮力与向上的流体作用力后，游动阀球开始下落，柱塞从上冲程开始到游动阀球完全关闭所用的时间为游动阀球关闭滞后时间。游动阀球关闭后，随着柱塞上行，泵筒内的压力开始下降，当泵筒内外压差足以克服阀球自重时，固定阀球开启，从游动阀球关闭到固定阀球完全开启所用的时间为固定阀球滞后打开时间。同理，从下冲程开始到固定阀球完全关闭所用的时间为固定阀球关闭滞后时间，从固定阀球关闭到游动阀球完全开启所用的时间为游动阀球滞后打开时间。

泵阀球漏失与启闭滞后与时间关系为：

$$q_f = \frac{N \times t}{60} Q_{理} \qquad (2-66)$$

式中：q_f 为阀球启闭滞后引起的漏失量，m^3/d；N 为冲次，n/min；t 为泵阀启闭滞后时间；$Q_{理}$ 为泵排量 m^3/d。

从公式 $(2-66)$ 可以看出，阀球启闭滞后时间越长，启闭滞后造成的漏失量就越大，从而对抽油泵泵效影响就越明显。

3.2.2 阀球启闭时间计算方法研究

借鉴已有的阀球运动规律研究成果，对固定阀和游动阀的滞后打开和关闭时间的计算方法进行分析。为了便于模型建立，假设：①泵筒内流体阻力及惯性力对阀球无作用；②泵筒内各点的流体压力、密度均相同；③忽略阀球公转与自转对其运动的影响。

1. 游动阀球滞后关闭

上冲程开始，此时固定阀未开启，游动阀在重力、流体的浮力等作用下作回落运动，回落时间即为游动阀滞后关闭时间。由于泵阀中心轴线与重力存在着斜角，而阀罩与阀球之间存在着运动间隙，在重力、浮力的作用下，阀球沿着近地侧的阀罩面斜向运动。阀球碰到阀座后没有完全关闭，需经过一定的转动才完全关闭，如图 2-21 所示。因此，阀球滞后关闭 t_{cd} 的表达式：

$$t_{cd} = t_{oy} + t_{ly} \tag{2-67}$$

式中：t_{oy} 为游动阀球沿着近地侧的阀罩面斜向运动时间；t_{ly} 为游动阀球转动时间。

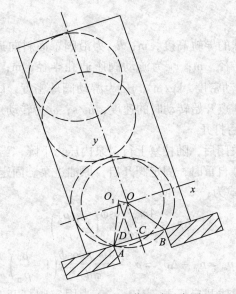

图 2-21 阀球回落运动示意图

根据阀球回落运动规律以及阀罩结构情况（图 2-21 所示），t_{oy} 和 t_{ly} 计算表达式为：

$$h_{oy} = h_y - h_{ol} = h_y - \left(\sqrt{r_y^2 - (AC - e)^2} - \sqrt{r_q^2 - AC^2} \right) = h_y - \left(\sqrt{r_{qy}^2 - (r_{dy} - e)^2} - \sqrt{r_{qy}^2 - r_{dy}^2} \right) \tag{2-68}$$

$$t_{oy} = \sqrt{\frac{2h_{oy}}{g\cos\phi(1 - \rho_v/\rho_{qg})}} = \sqrt{\frac{2\left[h_y - \left(\sqrt{r_{qy}^2 - (r_{dy} - e)^2} - \sqrt{r_{qy}^2 - r_{dy}^2} \right) \right]}{g\cos\phi(1 - \rho_v/\rho_{qy})}} \tag{2-69}$$

$$\omega = \frac{v'\cos(\angle O_1AD)}{r_{qy}}$$

$$= \frac{\sqrt{2\left[h_y - \left(\sqrt{r_{qy}^2 - (r_{dy} - e)^2} - \sqrt{r_{qy}^2 - r_{dy}^2} \right) \right]g\cos\phi(1 - \rho_v/\rho_{qy})} \cos\left(\frac{r_{dy} - e}{r_{qy}} \right)}{r_{qy}} \tag{2-70}$$

$$t_{ly} = \frac{\theta}{\omega} = \frac{\arccos\left(\dfrac{\overline{AD}}{r_{qy}}\right) - \arccos\left(\dfrac{\overline{AC}}{r_{qy}}\right)}{\omega}$$

$$= \frac{r_{qy}\left(\arccos\left(\dfrac{r_{dy} - e}{r_{qy}}\right) - \arccos\left(\dfrac{r_{dy}}{r_{qy}}\right)\right)}{\sqrt{2\left[h_y - \left(\sqrt{r_{qy}^2 - (r_{dy} - e)^2} - \sqrt{r_{qy}^2 - r_{dy}^2}\right)\right]g\cos\phi\left(1 - \rho_v/\rho_{qy}\right)\cos\left(\dfrac{r_{dy} - e}{r_{qy}}\right)}}$$

$$(2-71)$$

式中：h_y 为游动阀球的导轨高度，m；h_{oy} 为沿阀罩面斜向近似自由落体高度，m；r_{qy} 为游动阀球半径，m；r_{dy} 为游动阀座通孔半径，m；e 为泵筒与柱塞间隙，m，ρ_v 为流体运动密度，kg/m³；ρ_{qy} 为游动阀球密度，kg/m³；ϕ 为泵倾斜角，度；v' 为到达 O 点开始转动时的速度，m/s；ω 为转动角速度，rad/s。

2. 固定阀球滞后打开

上冲程游动阀关闭后，随柱塞上行，泵内压力下降，当泵内与固定阀吸入口的压差能克服阀球自重时，固定阀开启，原油进泵。固定阀球开启压差 Δp_{os} 和泵内压力 p_{os} 表达式为：

$$\Delta p_{os} = \frac{4m_q g\cos\phi}{\pi d_{dg}^2}\left(1 - \frac{\rho_v}{\rho_{qg}}\right) \qquad (2-72)$$

$$p_{os} = p_{in} - \Delta p_{os} = p_{in} - \frac{4m_q g\cos\phi}{\pi d_{dg}^2}\left(1 - \frac{\rho_v}{\rho_{qg}}\right) \qquad (2-73)$$

式中：Δp_{os} 为固定阀球开启压差，MPa；p_{os} 为固定阀打开时泵内压力，MPa；p_{in} 为泵入口压力，MPa；d_{dg} 为固定阀座的通径，m；m_{qg} 为固定阀球质量，kg。

利用流体力学相关理论和质量守恒定律，进泵流体连续性方程为：

$$A_p(L_s + y_z)\frac{d\rho}{dt} + \rho A_p\frac{dy_z}{dt} = A_d K_v\sqrt{\frac{2(p_{in} - p)}{\rho_v}}\rho_v \qquad (2-74)$$

式中：$y_z = \dfrac{2S}{t_0}t$，$t_0 = \dfrac{60}{N}$，y_z 为在 t 时刻柱塞的位移，m；S 为柱塞冲程，m；t 为柱塞运动时间，s；t_0 为柱塞运动周期，s；N 为冲次，n/min；A_p 为泵筒截面积，m²；L_s 为防冲距，m；ρ 为在 t 时刻泵内流体的平均密度，kg/m³；K_v 为流量系数；A_d 为阀座通孔面积，m²；p 为泵内流体压力，MPa。

游动阀关闭后，当泵内压力与固定阀吸入口的压差不足以克服阀球自重时，固定阀不能开启，式(2-74)右边项为零。当 $t = t_{cd}$ 时，$\rho = \rho_{out}$，根据公式(2-74)，求得泵筒内气液混合流体的密度变化关系：

$$\rho = \frac{\rho_{out}(L_s t_0 + 2S t_{cd})}{L_s t_0 + 2St} \qquad (2-75)$$

式中：ρ_{out} 为泵出口处油管内液体密度，kg/m³。

把泵内的流体等效为理想状态下的气体以及不可压缩的液体,则流体的密度与压力之间的关系为:

$$\rho = \frac{\rho_1 V_1 + \rho_0 V_2}{V'_1 + V_2} = \frac{\rho_1 V_1 + \rho_0 V_1 / R}{p_0 T / p T_0 \cdot V_1 + V_1 / R} = \frac{\rho_1 + \rho_0 / R}{p_0 T / p T_0 + 1 / R} \qquad (2-76)$$

式中:V_1 为标准大气压下的气体体积,m^3;V_2 为不可压缩液体的体积,m^3;V_1' 为泵内压力 p 下的气体体积,m^3;p_0 为标准大气压强,取 0.1MPa;R 为气油比,m^3/m^3;T_0 为井口温度;T 为泵内温度,K;ρ_0 为原油密度,kg/m^3;ρ_1 为标准大气压下的气体密度,为 1.293kg/m^3。

当 $\rho = \rho_{out}$,$p = p_{out}$ 时,ρ_{out} 的表达式为:

$$\rho_{out} = \frac{\rho_1 + \rho_0 / R}{p_0 T / p_{out} T_0 + 1 / R} \qquad (2-77)$$

式中:p_{out} 为泵出口处油管内液体压力,MPa。

联立公式(2-75)~式(2-77),得到泵内压力的解析式为:

$$p = \frac{p_0 T / T_0}{\left(\dfrac{p_0 T}{p_{out} T_0} + \dfrac{1}{R} \right) \dfrac{L_s t_0 + 2St}{L_s t_0 + 2St_{cd}} - \dfrac{1}{R}} \qquad (2-78)$$

将 $p = p_{os}$ 代入式(2-78),得到固定阀滞后开启时间 t_{os} 表达式为

$$t_{os} = \left(\frac{L_s t_0}{2S} + t_{cd} \right) \left(\frac{p_0 T / p_{os} T_0 + 1 / R}{p_0 T / p_{out} T_0 + 1 / R} - 1 \right) \qquad (2-79)$$

3. 固定阀球滞后关闭

下冲程开始,此时游动阀未开启,固定阀受重力、流体的浮力等作用力的作用下回落运动,固定阀球滞后关闭时间 t_{ld} 的计算方法的推导过程与游动阀球滞后关闭 t_{cd} 相同。

$$t_{og} = \sqrt{\frac{2h_{og}}{g\cos\phi(1 - \rho_v / \rho_{qg})}} = \sqrt{\frac{2\left[h_g - \left(\sqrt{r_{qg}^2 - (r_{dg} - e)^2} - \sqrt{r_{qg}^2 - r_{dg}^2} \right) \right]}{g\cos\phi(1 - \rho_v / \rho_{qg})}} \qquad (2-80)$$

$$t_{lg} = \frac{\theta}{\omega} = \frac{\arccos\left(\dfrac{\overline{AD}}{r_{qg}} \right) - \arccos\left(\dfrac{\overline{AC}}{r_{qg}} \right)}{\omega}$$

$$= \frac{r_{qg}\left[\arccos\left(\dfrac{r_{dg} - e}{r_{qg}} \right) - \arccos\left(\dfrac{r_{dg}}{r_{qg}} \right) \right]}{\sqrt{2\left[h_g - \left(\sqrt{r_{qg}^2 - (r_{dg} - e)^2} - \sqrt{r_{qg}^2 - r_{dg}^2} \right) \right] g\cos\phi(1 - \rho_v / \rho_{qg})} \cos\left(\dfrac{r_{dg} - e}{r_{qg}} \right)} \qquad (2-81)$$

$$t_{ld} = t_{og} + t_{lg} \qquad (2-82)$$

式中：h_g 为固定阀球的导轨高度，m；h_{og} 为沿阀罩面斜向近似自由落体高度，m；r_{qg} 为固定阀球半径，m；r_{dg} 为固定阀座通孔半径，m；ρ_v 为流体运动密度，kg/m³，ρ_{qg} 为固定阀球密度，kg/m³；t_{og} 为固定阀球沿着近地侧的阀罩面斜向运动时间，s；t_{1g} 为固定阀球转动时间，s。

4. 游动阀球滞后打开

下冲程游动阀球关闭后，随柱塞下行，泵内压力上升，当泵内与排出口之间的压差能克服阀球自重时，游动阀球开启，原油被排出泵。游动阀球开启压差 Δp_{1s} 和泵内压力 p_{1s} 表达式为：

$$\Delta p_{1s} = \frac{4m_{qy}g\cos\phi}{\pi d_{dy}{}^2}\left(1 - \frac{\rho_v}{\rho_{qy}}\right) \qquad (2-83)$$

$$p_{1s} = p_{out} + \Delta p_{1s} = p_{out} + \frac{4m_{qy}g\cos\phi}{\pi d_{dy}{}^2}\left(1 - \frac{\rho_v}{\rho_{qy}}\right) \qquad (2-84)$$

式中：Δp_{1s} 为游动阀球开启压差，MPa；p_{1s} 为游动阀打开时泵内压力，MPa；m_{qy} 为游动阀球质量，kg；ρ_{qy} 为游动阀球密度，kg/m³；d_{dy} 为游动阀座通孔直径，m。

利用流体力学相关理论和质量守恒定律，流体排出泵筒的连续性方程为：

$$A_p(L_s + y_z)\frac{d\rho}{dt} + \rho A_P\frac{dy_z}{dt} = -A_d K_v\sqrt{2\frac{(p - p_{out})}{\rho_{out}}\rho_{out}} \qquad (2-85)$$

固定阀球关闭后，当泵内压力上升不足以克服游动阀排出口压力以及阀球自重时，游动阀不能开启，式(2-85)右边项为零。将边界条件 $t = t_0/2 + t_{1d}$ 时，$\rho = \rho_{in}$，根据公式(2-76)，求得泵筒内气液混合流体的密度变化关系：

$$\rho = \frac{\rho_{in}(L_s t_0 - 2St_{1d})}{L_s t_0 + St_0 - 2St} \qquad (2-86)$$

式中：ρ_{in} 为泵入口处原油密度，kg/m³。

根据公式(2-76)，当 $\rho = \rho_{in}$，$p = p_{in}$ 时，ρ_{in} 的表示式为：

$$\rho_{in} = \frac{\rho_1 + \rho_0/R}{p_0 T/(p_{in} T_0) + 1/R} \qquad (2-87)$$

联立式(2-86)、式(2-76)、式(2-87)，得到压力的解析式为：

$$p = \frac{p_0 T/T_0}{\left(\dfrac{p_0 T}{p_{in} T_0} + \dfrac{1}{R}\right)\dfrac{L_s t_0 + St_0 - 2St}{L_s t_0 - 2St_{1d}} - \dfrac{1}{R}} \qquad (2-88)$$

将 $p = p_{1s}$ 代入式(2-88)，可得游动阀的开启滞后时间 t_{1s} 表达式：

$$t_{1s} = \left(\frac{L_s t_0}{2S} - t_{cd}\right)\left[1 - \frac{p_0 T/(p_{1s} T_0) + 1/R}{p_0 T/(p_{in} T_0) + 1/R}\right] \qquad (2-89)$$

3.2.3 阀球启闭滞后的影响因素分析

1. 井斜角的影响

随泵挂处井斜角增大，阀球重量垂直轴向分力减小。这样阀球回落时，不利阀球自重克服浮力与向上的流体作用力回落，阀球回落时间增大；而阀球打开时，有利于泵入口压力克服泵内压力和阀球自重打开。根据阀球滞后关闭时间计算公式(2-67)、公式(2-69)、公式(2-71)、公式(2-71)、公式(2-80)、公式(2-81)、公式(2-82)、公式(2-89)，计算了泵出口压力 16MPa、入口压力 2MPa、防冲距 0.6m、冲次 3n/min、冲程 2.1m、阀球密度 7850kg/m³、原油密度 800 kg/m³ 时泵倾角与阀球的滞后回落时间以及启闭滞后时间的关系，从图 2-22、图 2-23 可以看出，随泵倾角增大阀球的滞后回落时间以及启闭滞后时间增大，当井斜角大于 30°后，增加幅度明显增大。

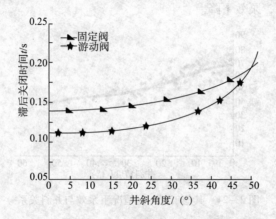

图 2-22 阀球滞后关闭时间与井斜角关系

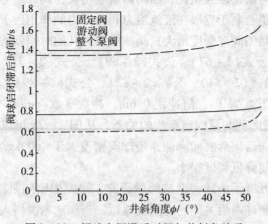

图 2-23 阀球启闭滞后时间与井斜角关系

　　韩秀花等人通过开展室内模拟深井泵在倾斜工作状态实验研究表明，阀球的开启与关闭依赖于固定凡尔和游动凡尔前后腔压差和球阀的重力，在斜井中，常规抽油泵的阀球在室内漂浮大，出现阀球滞后现象明显。在当抽油泵倾角超过15°，当柱塞到达顶点开始下冲程时球阀是向倾斜方向作翻滚运动，球阀滞后关闭，滞后关闭程度随井斜角增大而增大；当大于40°后，由于球阀沿轴线方向的重力进一步减小，关闭时难以准确恢复到阀座中，要依赖柱塞至下冲程时液力推动才能关闭，严重时出现抽油泵失效。

　　梁君等相关技术人员通过对辽河油田某些区块抽油泵倾斜角与泵漏失量以及泵效关系进行研究，研究表明，常规抽油泵当下泵位置（造斜段）井斜角大于40°时，从现场测试的功图分析，存在泵启闭滞后，漏失量大现象，平均泵效只有25%。另外相关研究人员分析了JS油田187口泵倾斜角大于30°油井的泵效与泵倾角关系（图2－24），通过分析发现，在其他工况相同情况下，随泵挂处井斜角增大，泵效下降。

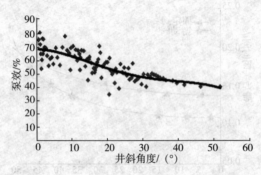

图2－24　其他工况相同情况下泵效与井斜关系

　　2. 泵阀密度的影响

　　阀球的重力与阀密度成正比，随阀球密度增大，阀球重力增大，因此，随阀球密度增大，越有利于克服在液流阻力和上浮力的作用后下降，阀球滞后回落时间降低；但是随阀球密度增大，阀球滞后打开的时间就增加。根据阀球滞后关闭时间计算公式（2－67）、公式（2－69）、公式（2－71）、公式（2－79）、公式（2－80）、公式（2－81）、公式（2－82）、公式（2－89），计算了泵出口压力16MPa、入口压力2MPa、防冲距0.6m、冲次3次/min、冲程2.1m、泵倾角45°时启闭滞后时间与泵阀密度的的关系，从图2－25可以看出，随阀球密度增大，阀球的滞后回落时间降低，当球阀密度大于4000kg/m³时，随阀球密度增大，滞后时间降低幅度很小。

　　张文华等人开展了阀球密度与阀球研究，研究表明随泵阀球密度的影响，阀球重力增大，阀球滞后关闭的时间就越短，当阀球密度增大，阀球在理想状态下回落时间缩短，同比阀球密度为3.8g/cm³，密度为14g/cm³的阀球的回落时间缩短 0.0012s。从而使得阀球滞后关闭的漏失量就小。但是随泵阀球密度增大，上冲程时阀球需要克服的开启压差增大，从而消耗的油流阻力增大，因此不能选择过大的阀球密度。

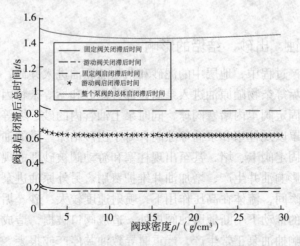

图 2-25　阀球启闭滞后时间与阀球密度关系

3. 泵沉没压力

在其他参数一定的情况下，随泵沉没压力的增大，上冲程时，固定阀球易克服泵内压力和阀球的重力作用打开阀球，使得固定阀球开启滞后时间降低；下冲程开始时泵内压力近似为泵入口压力，随泵沉没压力的增大，游动阀球易克服泵出口处压力和阀球重力，使得游动阀球开启滞后时间降低。

根据阀球滞后关闭时间计算公式（2-67）、公式（2-69）、公式（2-71）、公式（2-79）、公式（2-80）、公式（2-81）、公式（2-82）、公式（2-89），计算了泵出口压力 16MPa、入口压力 2MPa、防冲距 0.6m、冲次 3n/min、冲程 2.1m、阀球密度 7850kg/m³、原油密度 800kg/m³ 时沉没压力与阀球的启闭滞后时间的关系（图 2-26），从计算结果（图 2-26）可以看出，随泵沉没压力增大，阀球启闭滞后时间明显降低。

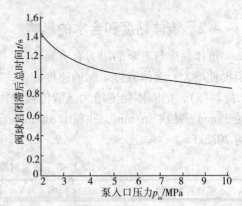

图 2-26　阀球启闭滞后时间与泵沉没压力关系

4　其他因素对泵效的影响

4.1　腐蚀、出砂、结垢的影响

　　油井在生产过程中，地层中的泥砂和杂物随原油进入井筒，随抽油泵抽汲运动，泥砂和垢等杂物随原油进入泵筒，部分泥砂和垢等杂物因重力逐步沉积在固定阀以及固定阀罩内堵塞阀球，同时泵上油管内的砂、垢等杂物因重力作用下沉积至阀罩以及柱塞和泵筒环隙间，对于出砂结垢严重的油井，泥砂和垢等杂物易造成固定阀卡、堵，甚至出现柱塞和游动阀被砂埋的现象，缩短抽油泵使用寿命，影响油井生产，增加油井维护费用。另外原油进泵过程中，阀口在刚刚开启的瞬间，流体在高压作用下，喷射速度较大，砂、垢等杂质在这种很大的喷射力的推动下不断地磨蚀阀口处，造成阀口破损，造成泵阀关闭不严或者刺漏，影响抽油泵正常生产，严重时导致油井停产或报废。

　　抽油泵通常采用普通的不锈钢泵阀(6Cr18Mo)材料，由于井下流体介质的化学作用，油井中都不同程度地存在腐蚀，对于富含 CO_2、H_2S 等腐蚀介质的油井，由于腐蚀作用，抽油泵等井下工具会产生剧烈的腐蚀或侵蚀，易出现抽油泵损坏或刺漏，导致油井停产。如 HQ 区块富含 CO_2、H_2S 等腐蚀介质，某一油井在检泵时发现阀座刺一道槽，其密封面因腐蚀加磨损产生麻点，该阀座仅使用 95 天。

4.2　流体黏度和含水的影响

　　流体黏度与进泵的阻力有直接关系，随流体黏度增大，液体流过固定阀摩阻损耗增大，液体流过泵阀的速度变慢，从而影响泵充满系数。相关测试表明（表 2-8），随液体黏度增大，液体流过固定阀摩阻增大，当排量 10m³/d、泵径 38mm、冲次 3n/min、冲程 1.8n/min、黏度为 30mPa·s 时，测试摩阻损耗为 20.8kPa。

表 2-8　黏度对摩阻影响情况

实验测试参数	黏度/mPa·s	测试摩阻/kPa	计算流量系数
排量 10m³/d	1	1.05	0.08
泵径 38mm	10	11.7	0.15
冲次 3n/min	20	18.3	0.24
冲程 1.8m	30	20.8	0.6

上冲程初期，与低黏度原油相比，高黏度原油使得泵阀向上运动的黏滞阻力增大，影响泵阀的运动速度，泵阀滞后打开现象更显著。同样，下冲程初期，与低黏度原油相比，高黏度原油使得流体对阀球的黏滞阻力增大，阀球的下落加速度变小，阀球波动的衰减速度变快，泵阀滞后关闭现象更显著，从而影响泵容积效率。

在其他参数相同的情况下，随含水增大，原油黏度降低，流体对阀球的黏滞阻力降低，因此泵充满系数增大。另外随含水增大，入泵气体体积量降低，气体对泵的影响程度降低。

4.3 抽油泵材质与处理工艺的影响

目前常用的抽油泵阀大多采用6Cr18Mo，阀球采用9Cr18Mo的耐磨不锈钢材料制成，Cr在调质结构钢中的主要作用是提高淬透性，使钢经淬火回火后具有较好的综合力学性能，可以在渗碳层中形成含Cr的碳化物，而提高表面层的耐磨性。一般情况下，退火、正火等状态下，钢中铁原子以两种基本形态存在，均为铁素体和渗碳体。当钢中加入少量合金元素时，有可能一部分溶于铁素体内形成合金铁素体；而另一部分溶于渗碳体形成合金渗碳体。溶于铁素体的元素都使其性能发生变化，如硬度得到加强等；溶于渗碳体内的合金元素，增强了Fe和C的亲和力，从而提高其稳定性。因此热处理工艺以及材质对泵阀的使用可靠性和寿命有较大的影响，抽油泵在井下受高温高压液流的喷射、阀球对阀座撞击等作用下，若泵阀的材质和处理工艺达不到要求，容易造成泵阀磨损，尤其对于出砂、结垢、腐蚀严重的油井，易造成泵阀关不严，严重时出现刺漏，使得抽油泵失效。

5 提高抽油泵泵效主要措施

5.1 采用井下油气分离和井口放套管气装置

一是对于一般含气的抽油井，适当增加沉没度，降低进泵气油比，从而提高泵的充满系数，但要增大沉没度必会增加下泵深度，从而增大冲程损失。二是对于高含气井，在泵的吸入口处安装井下油气分离装置，在进泵前把自由气分离出来，降低进泵气油比；三是利用井口放气流程，将套管中的气体定时导入地面输油管线。

5.2 改善泵的结构和材质

一是针对定向斜井、油井出砂、结垢、深井等特殊情况，改进泵的结构，研制特殊类型抽油泵，如斜井泵、防砂卡泵、抽稠泵、深井泵等。二是提高泵的抗磨、抗腐蚀性能，采用耐磨材料加工成的泵可减轻砂磨引起的漏失，采用耐腐蚀的材料加工成的泵可防止受腐蚀引起漏失和破坏。

5.3 使用油管锚和减载装置

一是采用油管锚将油管下端固定，则可消除油管伸缩，对于深井还可消除由于内压引起的油管螺旋弯曲，从而降低冲程损失。二是通过加装减载器、抽油杆增油短节等装置来降低悬点载荷，从而减少冲程损失。

5.4 选择合理的工作制度

一是选择合理工作方式。当抽油机已选定，并且设备能力足够大时，在保证产量的前提下，应以获得最高泵效出发点来调整参数。在保证泵的理论排量不变，改变各个参数的大小时，泵的充满系数、冲程损失以及漏失量都会变化，因此泵效也改变，但如果选用合理的参数，在同一理论排量下，可达到较高的泵效。二是确定合理的下泵深度和沉没度。在其他参数一定的情况下，下泵深度越小，冲程损失越小；下泵深度越大即沉没度越大，泵吸入口处的沉没压力越高，气体影响越小；下泵深度越大，间隙漏失就越大，因此选择合理的下泵深度和合理的沉没度，可达到较高的泵效。

参 考 文 献

[1] 张琪. 采油工艺原理[M]. 东营：石油工业出版社，1989.

[2] 曲占庆，王卫阳. 采油工程[M]. 东营：中国石油大学出版社，2009.

[3] 朱杰，杨德林，夏幼红. 气体、气蚀与沉没压力的关系[J]. 断块油气田，2001，8(1)：56~58.

[4] 崔长国，马玉生，尚素芹，等. 抽油泵泵阀刺漏机理研究与对策[J]. 石油机械，2001，29(3)：41~43.

[5] 胡学惠，仲卫芳，刘海英，等. 原油气蚀对泵效的影响研究[J]. 油气田地面工程，2008，27(8)24~26.

[6] 狄敏燕，杨海滨，李汉周，等. 江苏油田抽油泵泵效影响因素分析[J]. 复杂油气藏，2009，2(2)：68~71.

[7] 李顺平，李华斌，吕瑞典，等. 防气抽油泵防气原理研究[J]. 石油矿场机械，2008，37(5)：100~103.

[8] 蔡道钢，李颖川，牟勇. 气体影响抽油泵充满系数的精确算法[J]. 石油机械，2005，33(10)：61~63.

[9] 杨晓辉，刘超. 有杆抽油系统合理沉没度与泵效关系浅析[J]. 中国石油和化工标准与质量，9月(上)：132~133.

[10] 狄敏燕，杨海滨，李汉周，等. 有杆抽油泵充满程度计算研究[J]. 复杂油气藏，

2011，4(4)：73～76.

[11] 胡学惠，仲卫芳，刘海英，等．原油气蚀对泵效的影响研究[J]．油气田地面工程，2008，27(8)：24～26.

[12] 朱杰，崔朝轩，兑晋豫，等．原油在泵腔内的气蚀作用是影响泵效的主要原因[J]．内蒙古石油化工，2000，26(2)：188～192.

[13] 朱杰，杨德林，夏幼红．气体、气蚀与沉没压力的关系[J]．断块油气田，2001，8(1)：56～58.

[14] 蒲海龙，都亚军，周登西，等．提高抽油机井生产效率的泵挂管柱研究[J]．内蒙古石油化工，2008，(11)：131～132.

[15] 辜志宏，彭慧琴，耿会英．气体对抽油泵泵效的影响及对策[J]．石油机械，2006，34(2)：64～66.

[16] 赵可．肇293区块油井合理运行参数探索与研究[J]．科技与企业，2012(8)：136～137.

[17] 万国强，于大川．有杆抽油泵固定阀阀球运动规律模拟分析[J]．西南石油大学报(自然科学版)，2013，35(4)：166～171.

[18] 韩秀花，崔振华，金仁贤．倾斜状态下深井泵工作特性试验[J]．大庆石油学院学报，1994，18(4)：61～65.

[19] 葛占玉，鲁延丰．抽油泵泵阀的运动规律研究[J]．石油大学学报，1995，19(1)：66～69.

[20] 冯国弟．抽油泵寿命的可靠性预测方法研究[D]．河北：燕山大学硕士学位论文，2012.

[21] 刘邦．阀球运动特性对抽油泵柱塞失效的影响[J]．石油机械，1994，22(7)：34～38.

[22] 李凌川，李明忠，王卫阳，等．基于FLUENT的有杆泵抽油流场数值研究[J]．当代化工，2013，42(8)：1181～1184.

[23] 肖小红．斜井有杆抽油系统优化设计研究[D]．北京：中国石油大学硕士学位论文，2011.

[24] 陶景明，李循迹，崔振华．抽油泵泵阀运动规律的测试研究[J]．石油机械，1989，17(6)：12～15.

[25] 屈成亮．定向井抽油泵水力分析与实验研究[D]．黑龙江：东北石油大学硕士学位论文，2011.

[26] 李俊杰，隋德生，蒋凤君，等．抽油泵阀开启压差的计算方法[J]．石油机械，1998，26(7)：42～44.

第三章　降低抽油泵漏失的措施

对于稠油、高含砂、斜井、深井、注聚等复杂开采条件，改进抽油泵结构和材质是降低抽油泵漏失的主要措施，因此为满足复杂开采条件(稠油、高含砂、斜井、深井、注聚)开采要求，近年来国内相继研制了一批特殊类型抽油泵及抽油泵组件。

1　国内常用特殊类型抽油泵

1.1　防砂卡抽油泵

在出砂抽油井中，往往出现砂粒磨损柱塞和泵筒，造成漏失加剧，泵效下降，抽油泵寿命降低，严重时甚至使泵卡死。针对不同的出砂井井况，研制出了各类防砂泵。

1.1.1　长柱塞防砂卡抽油泵

胜利石油管理局采油工艺研究院研制的长柱塞防砂卡抽油泵(以下简称防砂泵)用于出砂油井提液，具有环空沉砂和长柱塞短泵筒两个特点。防砂泵的结构如图3-1所示，它主要由上出油接头、上接头、导向环、挡砂圈、内泵筒、泵外管、柱塞、下出油阀、进油阀、双通接头、下接头等零部件组成。内泵筒与泵外管间的环空为沉砂通道，沉砂通过下接头进入沉砂尾管。下接头的剖面简图如图3-2所示。它有沿径向的进油通道和沿轴向的沉砂通道，两个通道互不相通。下接头接沉砂尾管。

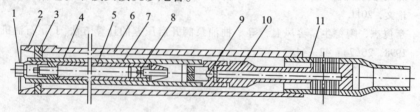

图3-1　长柱塞防砂卡泵结构示意图

1—上出油接头；2—上接头；3—导向环；4—挡砂圈；5—内泵筒；6—泵外管；7—柱塞；
8—下出油阀；9—进油阀；10—双通接头；11—下接头

76

由于采用了长柱塞短泵筒结构，柱塞外露于泵筒，泵筒上部的挡砂圈起密封作用，防止沉砂进入柱塞与泵筒之间的间隙，砂粒只会通过内泵筒与泵外管之间的环空，经下接头的沉砂通道沉入泵下尾管中，因此，停抽时可防止柱塞及抽油杆的砂埋。

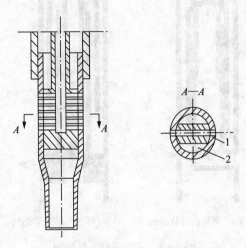

图 3 - 2　下接头沉砂管剖面示意图
1—沉砂通道；2—进油通道

当柱塞上行时，在压力差作用下，上部液体会沿间隙下行，所以下部泵筒与柱塞之间的砂粒不会进入密封段，只有直径小于密封间隙的砂粒随泄漏的液体进入密封段。柱塞下行时，柱塞下部的压力大于上部的压力，下部的液体会沿间隙上行，砂粒不会从上部进入柱塞与泵筒之间的密封段，同时下部的砂粒也不会进入泵筒，而只有部分粒径细小的砂粒进入。细小的砂粒不会使柱塞与泵筒间产生较大的摩擦力，从而达到防止砂卡，减轻泵的磨损，延长泵的使用寿命的目的。

1.1.2　三管式防砂抽油泵

孙宝福等人研制了三管式防砂抽油泵，主要由外管、中管、内管（柱塞）、进油阀（固定阀）、出油阀（游动阀）、进油三通等部件组成，图 3 - 3（a）为带沉砂外管结构，图 3 - 3（b）为不带沉砂外管结构。

由三个管镶套而成，中管固定在油管中，外管和内管通过出油阀与抽油杆柱连接在一起，并由抽油杆柱带动外管和内管上下移动。中管内外表面都经过硬化处理，中管相当于外管的柱塞，同时相当于内管的泵筒。三管之间间隙较大，能使较大粒度的砂粒自由通过，有效防止砂卡；且砂粒通过时不易磨损泵筒和柱塞表面，延长抽油泵的使用寿命。三管式防砂抽油泵是利用大间隙原则，使砂粒顺利通过泵筒与柱塞之间的间隙而防止砂卡。

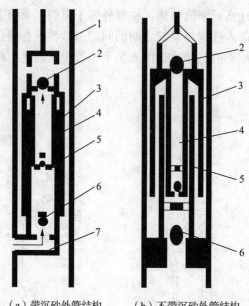

（a）带沉砂外管结构　　（b）不带沉砂外管结构

图 3 - 3　三管防砂泵结构图

1—沉砂外管；2—出油阀；3—外管；4—内管（柱塞）；5—中管；6—进油阀；7—进油三通

1.1.3　柔性金属泵

柔性金属泵由泵筒、密封段、中心杆、压套、浮动阀座、半球、导向块、固定阀球、固定阀座等几部分组成（图 3 - 4）。柱塞结构采用软密封的形式，强开强闭，能够有效防止气锁，同时还具有良好的抗砂性能。

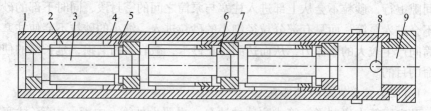

图 3 - 4　柔性金属泵结构图

1—泵筒；2—密封段；3—中心杆；4—压套；5—浮动阀座；6—半球；
7—导向块；8—固定阀球；9—固定阀座

上冲程时，柱塞固定组件（中心杆、半球、导向块）上行，浮动阀座与半球接触形成多级密封，并带动浮环组件（密封段、压套、浮动阀座）上行，密封段与泵筒之间形成多级密封形成抽力，固定阀开启，井液进入泵筒内柱塞下腔。下冲程时，柱塞固定组件（中心杆、半球、导向块）下行，浮环组件（密封段、压套、浮动阀座）相对上行，浮动阀座与半球离开形成通道，同时固定阀关闭，柱塞下井液通过导向块与泵筒之间、浮动阀座与半球之间、压套与中心杆之间的环形流道，越过单级密封单元上行，之后逐级上行进入油管内。柔性金属泵具有以下特点：

(1)柱塞采用完全独立的多级密封单元结构，强开强闭，具有防气锁功能。

(2)柱塞密封单元与中心杆及杆柱之间处于游离状态，杆柱的偏心力作用于导向块，由导向块承受偏磨，可有效消除井下泵密封单元的偏磨。

(3)单级密封单元采用非接触式弹性间隙密封，密封单元结构短，不易砂卡。

(4)在柱塞上端设计为锐角，最大限度减少沉降砂粒进入密封间隙的可能性，能够进入密封间隙的砂的粒径均小于或接近密封间隙值，配合柔性密封间隙，可以有效避免卡泵。

1.1.4　组合防卡抽油泵

许家勤等研制的组合柱塞防卡抽油泵主要由泵筒总成、固定阀总成和组合柱塞等三部分组成，其中泵筒总成和固定阀总成与常规抽油泵大致相同，这里只介绍组合柱塞，其结构如图3-5所示。

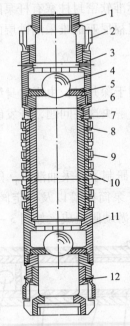

图3-5　组合防卡抽油泵组合柱塞结构图

1—上出油接头；2—浮动刮垢环；3—上游动阀罩；4—游动阀球；5—游动阀座；6—接头；
7—柱塞体；8—支承环；9—浮动金属密封环；10—软密封环；11—下游动阀罩；12—下出油接头

柱塞的密封段由两种密封环组合而成，柱塞上行程时，游动阀关闭，固定阀开启，柱塞上端为液柱压力，下端为沉没压力，软密封环在液柱压力作用下，自动张开，紧贴泵筒内壁形成密封，使泵筒与柱塞的间隙漏失为零。金属密封环为开口弹性金属环，在液柱压力的作用下，也紧贴泵筒内壁，下端面压紧在支承面上，形成支撑和密封，金属密封环耐磨性好，而且具有弹性，能自动补偿磨损量。因此，该泵在工作过程中，不会因磨损而增大间隙漏失量，从而能始终维持较高的泵效。柱塞下行程时，固定阀关闭，游动阀开启，柱塞下端的压力高于上端的压力，金属密封环和软密封环在上下压差的作用下同时收缩，下行摩擦阻力减小。由于组合柱塞的金属密封环和软密封环均有一定的弹性，能径向收缩，因此，柱塞在工作过程中，若有砂粒或杂质进入柱塞与泵筒之间的间隙，对柱塞外圆表面产生挤压力时，柱塞的密封环发生收缩，直径减小，避开固体杂质，防止砂卡和垢卡。

1.1.5 可用于重质油砂层采油的有杆泵

美国 Harbison - Fischer 公司开发成功一种适用于重质油砂层采油的有杆泵。它采用串联的两个柱塞，其下部的金属喷涂柱塞，可将产液中的砂粒分离出来，消除柱塞和泵筒间的磨损；而其上部的软密封柱塞可以让未分离的砂粒通过。因此可很好发挥每个柱塞的作用，使其长期保持密封，延长使用寿命。这种新型泵的柱塞可与现有标准软密封柱塞有杆泵配套，并可配备耐腐蚀泵零件，并已成功地用于美国加里福尼亚最难采油砂层的开采。

1.2 深井抽油泵

当前普通管式抽油泵应用于深井时，由于自身结构的制约，普遍存在泵效低、检泵周期短等问题，为了解决这些问题，开发研制了适用于深井的特殊抽油泵。

1.2.1 深采抽油泵

中国船舶重工集团 388 厂研制了深采抽油泵，该泵分为泵筒总成和柱塞总成两部分。泵筒总成由泵筒、泵筒接箍以及固定阀组成；柱塞总成由上游动阀、柱塞加长管、柱塞以及下游动阀组成，如图 3 - 6 所示。

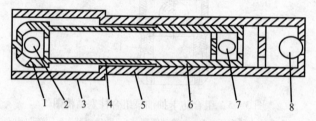

图 3 - 6 深采抽油泵结构示意图

1—上游动阀罩；2—上游动阀；3—油管；4—柱塞加长管；5—泵筒；6—柱塞；
7—下游动阀；8—固定阀

下行程时，柱塞下行，固定阀在液柱的压力作用下关闭，上、下游动阀打开，柱塞下部泵腔内液体排至油管内。上行程时，柱塞在抽油杆的带动下上行，上、下游动阀关闭，柱塞下部泵腔体积增大，压力下降，固定阀在沉没压力作用下打开，油套环空内液体进入泵腔。

常规管式抽油泵的上游动阀罩在工作过程中需要进入泵筒内，受泵筒尺寸的限制，上游动阀罩承载面积无法加大，其承载能力限制了泵的下井深度。深采抽油泵设计了一根柱塞加长管，保证上游动阀罩在工作过程中不进入泵筒内，同时加大上游动阀罩的承载面积，提高其承载能力，从而增大下泵深度。

1.2.2 超深油井抽油泵

渤海石油装备制造有限公司研制了超深油井抽油泵，超深油井抽油泵（如图3-7）主要由拉杆、滑块、柱塞、游动阀阀球、游动阀阀座、厚壁泵筒、油管、油管接箍、固定阀阀球、固定阀阀座等组成，其工作原理与常规管式抽油泵相同。

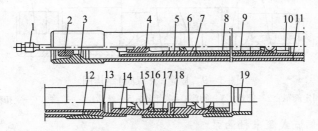

图 3-7 超深油井抽油泵

1—拉杆；2—滑块；3—上接头；4—阀罩；5—闭式阀罩；6—游动阀阀球；7—游动阀阀座；
8—柱塞；9—厚壁泵筒；10、17—支座管塞；11—油管；12—油管接箍；13—下接头；14—泵筒阀罩；
15—固定阀阀球；16—固定阀阀座；18—油管加长接箍；19—变扣接头

该结构泵筒上部悬浮，下部通过泵筒接箍固定，柱塞上部的泵筒内外液体连通，柱塞上部泵筒内外无压差，避免了泵筒内涨所产生的漏失现象。该结构能够在加深泵挂的条件下，保证抽油泵的间隙漏失不会有较大增加。作用在固定阀副上的液柱重力通过泵筒接箍作用在外管上，泵筒不承受液柱重力，改善了泵筒受力状况。

该泵采用双闭式阀罩结构（见图3-8），在柱塞的下部连接2个闭式阀罩，或在柱塞的上下部各连接1个闭式阀罩，同时在柱塞开口阀罩内不装阀球，使柱塞开口阀罩只起液体流过通道作用，不再承受阀球撞击力，改善了柱塞开口阀罩的受力状况，降低了柱塞开口阀罩的断裂事故发生几率。

该泵固定阀通过采用双阀结构（见图3-9），同时在螺纹连接处打销钉的方法，减小了抽油泵深抽时固定阀阀副承受的冲击力，提高螺纹的连接可靠性，从而进一步降低阀座的零件（泵筒阀罩下部接头）螺纹松脱、漏失失效、固定阀刺漏、泵下尾管掉落等事故发生的概率，提高了抽油泵固定阀工作可靠性。与此同时，阀副选用两种配置结构：一副采用高铬不锈钢，即阀球用9Cr18Mo，阀座用6Cr18Mo；一副采用硬质合金（YG13：硬度为88HRA，弯曲强度为2200 MPa）结构。保证了在一套阀球、阀座、丝堵失效状况下，另一套阀副能正常工作，减少了阀副损坏概率。当抽油泵使用环境较差时，为了进一步减少阀副损坏概率，两套阀副也可全部采用硬质合金。

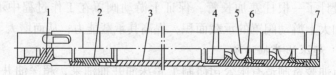

图 3 - 8　柱塞双闭式阀罩结构图

1—开口阀罩；2—柱塞接头；3—内螺纹柱塞；4—闭式阀罩；5—阀球；6—阀座；7—支座管塞。

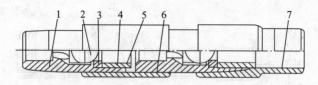

图 3 - 9　固定阀（双阀）结构图

1—固定阀罩；2—阀球；3—阀座；4—销钉；5—丝堵；6—接箍；7—变扣接头

1.2.3　侧流式深采抽油泵

中国船舶重工集团388厂研制了侧流式深采抽油泵，该泵结构如图3 - 10。柱塞为实芯结构，中心无过油通道，两端不需装游动阀。用侧流阀替代了游动阀，侧流阀罩上设计有两个互不连通的油流通道，一个通道与泵筒和过桥管间的环形通道相连通；另一个通道与柱塞下部的泵腔相连通。两个通道通过侧流阀的开启和关闭而连通和隔断。

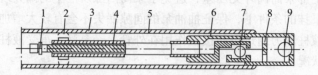

图 3 - 10　流式深采抽油泵结构图

1—拉杆；2—扶正环；3—过桥管；4—泵筒；5—柱塞；6—侧流阀罩；7—侧流阀；
8—进油阀罩；9—进油阀

上冲程时，柱塞上行，柱塞下方泵腔体积增大，压力下降，侧流阀在泵上油管内液柱的压力下关闭，进油阀在沉没压力作用下打开，井下油液进入柱塞下方泵腔内。下冲程时，柱塞下行，柱塞下方泵腔体积减小，压力增大，进油阀在自身重力和腔室压力的作用下关闭，侧流阀在腔室压力的作用下打开，柱塞下方泵腔内液体通过侧流阀排至泵筒和过桥管间的环形通道，进入抽油泵上方油管内。

侧流式深采抽油泵采用了侧流阀结构来取代常规的游动阀，在排油时，油流不需通过柱塞内孔进入泵上油管内，而是通过侧流阀和泵筒与过桥管间的环形通道进入油管，使得设计空间较大，具备以下特点：

（1）可以选用大直径拉杆。由于不再需要拉杆与泵筒间的油流通道，因此所选用拉杆直径只要略小于泵筒内径即可，使得拉杆的强度得到大幅度提高。

（2）柱塞可以设计为实芯加强结构。由于不再需要柱塞组件内孔的油流通道，因此柱塞可以设计为实芯结构，上、下游动阀也可以取消，这就使得柱塞组件的强度大幅度提高。

（3）泵筒采用过桥管结构，使得液柱压力和尾管重力作用在过桥管上，减少了泵筒承受的载荷，避免了泵筒的变形。因而可通过加深泵挂，增加抽油泵的沉没度来提高泵在抽汲过程中的充满系数，提高泵效。

（4）由于不再受尺寸限制，增大了排油通道面积，使得流动阻力大为降低。

1.3 斜井抽油泵

常规管式抽油泵在大斜度井段生产时存在以下两方面的问题：（1）管杆偏磨严重；（2）泵阀关闭滞后，抽油泵漏失严重，泵效偏低。为了解决这些问题，开发研制了适用于斜井的特殊抽油泵。这些抽油泵主要采用旋转柱塞、导向阀罩、强制启闭泵阀等措施，降低管杆偏磨、泵阀关闭滞后等对泵效的影响。

1.3.1 防砂卡斜井泵

防砂卡斜井泵主要由长柱塞、泵筒（由工作部分和加长部分及沉砂外套构成）、上下接头、泄油器、固定阀罩、带螺旋进液通道的固定阀座接头等组成。上冲程时，游动阀关闭，固定阀打开，液流由带螺旋进液通道的固定阀座接头侧孔进入，通过固定阀总成、泄油器进入泵筒下腔；下冲程时，固定阀关闭，游动阀打开，泵筒下腔液流经过柱塞内孔从游动阀流出进入油管，完成了一次抽油过程。

防砂卡斜井泵具有以下特点：

（1）泵上安装偏心泄油器，保证清洁作业。在泵筒与固定阀主体之间安装销式泄油器，当油井检泵作业时，起出抽油杆柱和柱塞后，向油管内投入配套撞击杆，砸断空心泄油杆，油管内的液体通过泄油流道流入套管，从而达到泄油的目的，确保在起管柱作业中井场清洁。

（2）防砂卡、寿命长。该泵长柱塞上部始终露在泵筒的外面，消除了普通泵存在的砂埋柱塞或抽油杆等现象。借助于挡砂圈的作用，能有效地防止细粉砂粒进入柱塞与泵筒之间的密封间隙，减少柱塞和泵筒的磨损，延长泵的使用周期。

（3）提高泵效。在阀罩内壁增加了能限制阀球径向位移的导向筋，在任何角度下，阀球始终对准阀座的中心，使阀及时关闭，大大减轻了抽油泵在倾斜井段工作时固定阀关闭滞后的现象；下冲程时在液力的作用下柱塞产生扭矩而旋转，能有效防止柱塞偏磨，达到提高泵效的目的。

1.3.2 半球型柱塞阀斜井抽油泵

半球型柱塞阀斜井抽油泵主要由泵筒总成、柱塞总成、固定阀总成等组成，结构如图3-11所示。泵阀将传统的球座结构改为导向过流盘、密封阀座和半球形柱塞阀结构，阀罩内设有弹簧。柱塞采用2个游动阀，与固定阀的结构基本相同。

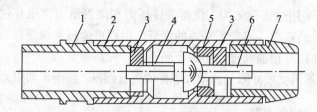

图3-11　斜井抽油泵下游动阀结构示意图

1—双向接头；2—套筒；3—导向过流盘；4—弹簧；5—密封阀座；6—半球形柱塞阀；7—压紧接头

其工作原理与普通抽油泵基本相同。上冲程时，抽油杆柱带着柱塞向上运动，游动阀关闭，在内外压差作用下，井液克服固定阀弹簧力和半球形柱塞阀的重力分力，打开半球阀，进入泵筒，同时油管内液体被泵送到地面。下冲程时，抽油杆柱向下运动，固定阀在弹簧力作用下与阀座闭合。此时导向杆起导向作用，使阀球坐正，防止阀球在重力的径向力作用下偏击旁落，导致泵阀无法关闭或关闭不严而漏失严重。同时游动阀在上下压差作用下被顶开，向井筒内排出液体。

泵筒采用特殊的固体渗硼工艺，而柱塞采用热喷焊镍基合金工艺，组成防腐且耐磨性优越的摩擦副，比常规抽油泵的寿命提高1~2倍。

导向杆将阀球的自由度限制为沿轴向一个方向，解决了抽油泵在斜井中阀球的偏击旁落问题。采用不锈钢弹簧，设计压缩力为10N，使半球形柱塞有效落座，减少启闭滞后漏失。

1.4　注聚合物油井抽油泵及组件

在注聚抽油井中，由于井液见聚后黏度增大，液流从柱塞与泵筒缝隙流过时的阻力增大携砂能力增强，使得柱塞与泵筒之间容易形成半干摩擦，从而使得油井负荷增大，引起偏磨、杆脱、杆断等事故，因此针对不同的注聚井井况研制出了各类注聚合物油井抽油泵及组件。

1.4.1　大流道抽油泵

大流道抽油泵是应用于聚合物驱抽油机井的一种抽油泵(图3-12)。该泵的工作原理与常规管式抽油泵相同,通过对常规管式抽油泵结构尺寸进行改进,以适应注聚合物的抽油井。对常规管式抽油泵主要改进有:

(1)游动阀罩、固定阀罩的改进设计:把原三孔结构改成三个圆弧槽,最大限度地增大出油口面积;增大阀球腔的内径,增加阀球与空腔间的环空面积。由于阀罩球腔加大,使阀罩壁变薄,为增加其强度,阀罩材质由原来的45#钢改为40Cr钢。

(2)上出油接头的改进设计:取消上游动阀组,改成单游动阀;缩小上出油接头内孔的尺寸,与下罩过流面积匹配;同时缩小出油接头外径,增加与泵筒内壁的环空面积,上出油接头出油孔过流面积不变。

(3)缩短柱塞长度:泵柱塞长度由原来的1200mm缩短至900mm。

(4)放大泵间隙:柱塞与泵筒的配合间隙由一级配合间隙改为三级配合间隙。

1.4.2　低磨阻抽油泵

低磨阻抽油泵是依据环型槽降压密封原理设计,主要适用于聚合物驱抽油机井。该泵主要由柱塞、泵筒以及游动阀组成(图3-13),低磨阻泵的泵筒与油管相连,柱塞与抽油杆相连,抽油杆带动柱塞及游动阀运动,下冲程时,游动阀打开,油进入油管内,上冲程时,游动阀关闭,油被举升到地面。

低磨阻泵在柱塞上加工了大量的槽,改变了柱塞与泵筒间隙漏失液体的流道,漏失液体按箭头所指的方向流动,增加了流动的时间,降低了泵的漏失量,提高了泵的容积效率。槽宽、槽间隔、槽深及柱塞与泵筒的间隙根据所抽液体的含聚浓度确定。

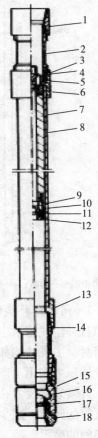

图3-12　大流道抽油泵结构图
1—油管接箍;2,14—加长短节;
3—柱塞上部出油阀罩;4,13—泵筒接箍;
5—上出油阀球;6,11—阀座;7—柱塞;
8—泵筒;9—柱塞下部出油阀罩;
10—下出油阀球;12—阀座接头;
15—固定阀罩;16—固定阀球;
17—固定阀座;18—固定阀接头

85

与常规抽油泵相比具有如下特点：

（1）与同样间隙大小的泵相比减小了漏失量，提高了泵效。

（2）与同样漏失量的泵相比减小了柱塞与泵筒间摩擦力。

（3）利用聚合物流体的粘弹性特征减少了漏失量。

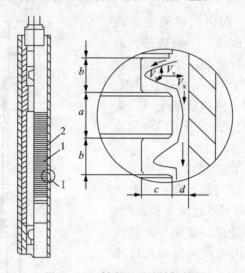

图 3 - 13　低磨阻泵的结构简图

a—槽间距；*b*—槽宽；*c*—槽深；*d*—柱塞与泵筒间的间隙；1—带有环形槽的柱塞；2—泵筒

1.4.3　间隙自补偿柱塞泵

间隙自补偿柱塞泵主要将柱塞的结构与材质进行改进，柱塞与泵筒之间采用弹性密封，主要结构如图 3 - 14 所示。上冲程时，该泵的柱塞弹性元件在被提升的液体压力作用下产生径向变形，减小柱塞与泵筒的间隙。下冲程时，柱塞弹性元件恢复原尺寸，柱塞与泵筒之间的间隙增大，从而实现上冲程时减小柱塞与泵筒的间隙，减少漏失量，下冲程时柱塞与泵筒的间隙增大，降低了柱塞与泵筒间的摩阻。

上冲程，柱塞上行，游动阀关闭，固定阀打开，柱塞上下两端承受整个油管内液柱与泵筒外液柱压力差，柱塞弹性元件在压差作用下，向外膨胀，柱塞与泵筒之间的间隙达到一级泵或二级泵的间隙。下冲程，游动阀打开，固定阀关闭，柱塞上下两端的压力差为零，弹性元件内外压差为零，弹性元件恢复原形，柱塞与泵筒之间的间隙变为五级泵间隙。

该泵柱塞长度为 420mm 的短柱塞，减少柱塞与泵筒间的摩擦阻力；上冲程为一级或二级配合间隙，下冲程为五级配合间隙，提高了抽油泵的泵效，降低了柱塞与泵筒间的摩擦阻力；抽油泵固定阀设计成可捞式固定阀，检泵时不用起油管，只需起出抽油杆和柱塞，更换新的柱塞弹性元件，降低了抽油泵成本，减少了抽油泵检泵作业费用。

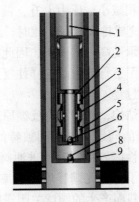

图 3 – 14　间隙自补偿柱塞泵结构图

1—抽油杆；2—柱塞中心管；3，5—金属护套；4—弹性元件；

6—游动阀；7—固定阀；8—泵筒；9—套管

1.5　稠油油井抽油泵及组件

当前普通管式抽油泵在开采稠油时存在着充满程度差、杆柱下行困难、泵效低、生产周期短等问题，不能满足稠油井有杆泵采油技术发展的需要，主要有三个方面的原因：一是常规抽油泵进油通道仅是固定阀的流通面积，对于黏度高、流动性差的稠油来说，过流通道小，使得泵充满程度低，泵效低；二是由于油稠、黏滞力强、造成下行阻力大使得杆柱下行困难；三是由于稠油热采，井下温度高，使得抽油泵组件腐蚀结垢加剧，寿命缩短，导致检泵周期短。为解决这些问题，开发研制了以下用于稠油油藏的特殊抽油泵。

1.5.1　偏置阀式稠油抽油泵

偏置阀式稠油抽油泵主要由上泵筒、上柱塞、出油阀组、偏置进油阀、下泵筒和下柱塞等组成，采用大小柱塞串联结构，利用液力反馈原理增加下行动力，具体结构如图 3 – 15 所示。

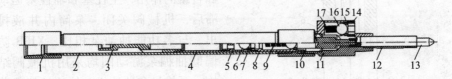

图 3 – 15　偏置阀式稠油抽油泵结构图

1—泵筒接箍；2—上泵筒；3—出油接头；4—上柱塞；5—上游动阀罩；6—上游动阀球；

7—上游动阀座；8—下游动阀罩；9—下游动阀罩弹簧；10—进油接头；11—固定阀体；12—下泵筒；

13—下柱塞；14—固定阀座顶丝；15—固定阀座；16—固定阀球；17—固定阀罩弹簧

上冲程时，抽油杆带动上、下柱塞一起上行，出油阀组关闭，泵腔体积增大，压力下降，偏置进油阀开启，井液在沉没压力的作用下进入泵腔，完成进液过程。下冲程时，泵腔体积减小，压力上升，偏置进油阀在自重和弹簧力的作用下关闭，出油阀开启，完成排液过程。此时，泵外压力低，上柱塞上端面承受高压的面积大于下端面承受高压的面积，因此在面积差和压力差的作用下产生一个向下反馈力，增加了下行动力。这样往复运动一次就完成了偏置阀式稠油抽油泵的一次进、排液过程。

该泵采用大小柱塞串联结构，利用液力反馈原理增加下行动力，有效地解决了下行阻力大、下行困难的问题。进油阀独特的偏心结构，可增大阀球直径，使得进油流道大，吸入性能好；同时，进油阀联接在上、下两泵筒之间，进油流程短，阻力小，提高了泵的充满程度和效率。复位弹簧具有扶正作用，解决了斜井抽油时因泵筒倾斜而产生的阀球关闭滞后和阀球坐不严的问题。上柱塞采用等径刮砂结构，可防止砂卡柱塞、减缓砂磨柱塞和泵筒磨损，延长油井检泵周期。

1.5.2　XJFB 防偏磨抽稠泵

XJFB 防偏磨抽稠泵是一种管式抽油泵，结构示意图见图 3 – 16。该泵泵筒和固定阀总成与普通管式抽油泵相同。泵柱塞总成由主柱塞、辅柱塞、双级机械阀座、连杆总成、上、下扶正体等部分组成。主柱塞和辅柱塞为浮动结构，不与抽油杆连接。柱塞和连杆间为油流通道。辅柱塞除与泵筒形成密封配合副外，还有保护主柱塞及连接在主柱塞上的下机械阀的作用。双级机械游动阀与阀座的配合，应用了普通抽油泵阀球与阀座的线密封结构形式，上下扶正体主要用于扶正辅柱塞和主柱塞。

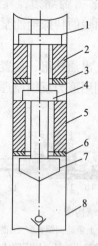

图 3 – 16　XJFB 防偏磨抽稠泵结构图
1—连杆；2—辅柱塞；3—上扶正体；4—上阀座；
5—主柱塞；6—下扶正体；7—下阀座；8—泵筒

下冲程时，抽油杆柱在抽油机驴头的带动下向下运动，由于柱塞和泵筒之间存在摩擦力，柱塞运动滞后，机械阀打开，井液进入泵筒。上冲程时，抽油杆柱向上运动，由于摩擦力和自重的作用，主柱塞和辅柱塞运动滞后，机械阀关闭，泵筒内井液排出。与多功能抽油泵相比，XJFB 防偏磨抽稠泵游动阀均采用机械阀结构，泵排量和抽油机、抽油杆柱载荷的计算同普通抽油泵一样，而多功能抽油泵长柱塞的游动阀仍采用阀球、阀座结构，并且其悬点载荷较同直径的常规抽油泵大，如对于 44/63mm 型泵，其排量为 $\phi44mm$ 抽油泵排量，而抽油机和抽油杆柱载荷相当于 $\phi 63mm$ 抽油泵载荷。

1.5.3　耐高温陶瓷泵

耐高温陶瓷泵主要由：泵筒、陶瓷柱塞、进油阀、大流道高效阀等几部分组成。

耐高温陶瓷泵在柱塞上采用了双游动阀的结构，柱塞上的双游动阀，一组采用硬质合金阀，一组采用了陶瓷阀。采用硬质合金阀，利用其材料比重大，下降速度快，提高了出油阀关闭速度；采用陶瓷阀，利用其耐高温、耐腐蚀和耐磨损的特点，提高泵的工作性能和工作寿命。主要结构优势：

（1）抗高温耐腐蚀陶瓷柱塞采用工业陶瓷作为柱塞的基体材料，在陶瓷中添加了增韧剂，提高了柱塞的强度。

（2）采用大流道高效阀结构，流道面积为普通泵流道的 1.4 倍，大大降低了泵的进油阻力，提高了泵的充满系数。

（3）采用双游动阀，提高泵的工作寿命，防止漏失，提高泵效。

2　高效抽油泵

2.1　常规抽油泵在定向井中应用存在的问题

江苏油田为复杂的小断块油藏，98%的油井采用有杆泵抽油，由于复杂的地面、地下条件，油田绝大多数油井为定向斜井。据 2009 年统计，95% 以上油井为定向斜井，且地层能量普遍较低，同时油井造斜点比较高（平均为 650m），而油田平均泵挂深度为 1780m，因此绝大部分抽油泵处在斜井段生产，其中抽油泵倾斜大于 30°的井数占总井数比例为 35%。这些定向斜井普遍采用常规抽油泵生产，对其泵效统计发现，平均泵效仅为 30.2%，比油田平均泵效低 20%。对常规抽油泵在定向井中的应用状况进行分析，主要存在以下问题：

（1）抽油泵柱塞的上、下游动阀的球室大，在柱塞的往复运动中阀球在球室内漂移量大，使阀球回落滞后，尤其在斜井中使用时，阀球关闭滞后明显，导致阀球漏失严重，泵效降低明显。如 SN 油田 S7－4A 井，泵挂处井斜为 25°左右，结垢出砂等其他现象不明显，测试功图反映存在固定阀球漏失现象（图3－17），在类似情况下，Z191 井泵挂处井斜为 36°左右，测试功图反映存在游动阀球漏失现象（图3－18）；Y36－18 泵挂处井斜为 40°左右，测试功图反映井反映双阀球均存在漏失现象（图3－19）。

（2）常规管式抽油泵结构，易出现间隙漏失量大，柱塞偏磨等现象，主要原因为：①常规抽油泵泵筒，无法消除涨泵效应，导致柱塞与泵筒配合间隙增大，漏失量增加；②在定向井中，由于柱塞易存在偏心现象，柱塞以及上部拉杆会产生偏磨。

（3）抽油泵柱塞上的上游动阀由上接头、阀球、阀座和连接头构成。上接头起出油口和球室两个作用。现场使用时上接头的排液口处在球的撞击、腐蚀和交变载荷的作用下经常发生断脱故障，导致油井检泵周期短。

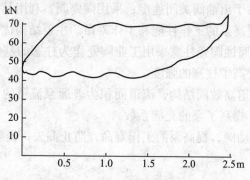

图 3 - 17　S7 - 4A 测试地面示功图

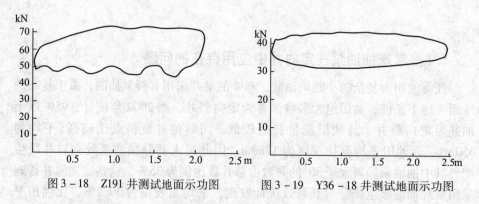

图 3 - 18　Z191 井测试地面示功图　　图 3 - 19　Y36 - 18 井测试地面示功图

因此通过对国内外井下抽油泵的发展状况及应用情况进行调研，结合常规抽油泵在定向斜井中的应用情况及存在的不足，对常规抽油泵结构和材料进行改进，研制了高效泵。

2.2　高效泵的结构特点

2.2.1　高效泵主要结构及工作原理

高效泵主要由外泵体、柱塞和固定阀组成，其中：泵体主要由外管接头、泵外管、泵上接头、泵筒和泵下接头等组成；柱塞由上接头、上阀外壳、导向阀罩、阀球、阀球座、软硬组合柱塞体、连接头和下阀体等组成（图 3 - 20）。

工作原理：泵体与固定阀螺纹连接后随油管下入指定的位置后，柱塞的上接头与抽油杆螺纹连接，从井口下入到泵筒内。上行程时，柱塞在抽油杆的带动下上行，柱塞下部泵腔体积增大，压力下降，上下游动阀在油管液柱压力作用下关闭，固定阀球在沉没压力的作用下打开，油管和套管之间的环形腔内液体进入柱塞下部泵腔内；下行程时，柱塞在抽油杆的带动下下行，柱塞下部泵腔体积减小，压力增大，固定阀球受自身重力和腔室压力的作用关闭，上下游动阀在腔室压力的作用下打开，柱塞下部泵腔内液体逐渐被排至柱塞上方的油管中。

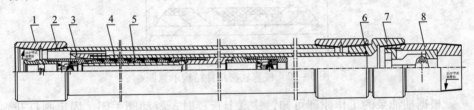

图 3 – 20　高效泵结构示意图

1—泵接头；2—泵外管；3—导向头；4—泵筒；5—柔性组合柱塞；6—O 型密封圈；

7—过泵筒接头；8—固定阀

2.2.2　高效泵的特点及优势

1. 采用柔性连接软硬组合柱塞

软硬密封结合柱塞主要由上下游动阀、上下柱塞体和柔性连接器等几部分组成（图 3 – 21）。其中柱塞体采用软硬密封结合柱塞（一半刚性、一半软柱塞），刚性密封体与软密封体之间采用柔性连接。软柱塞由多个刚性密封体和多个软密封体组成，小段软密封体上的密封件、支撑压环、密封支撑压环和柱塞芯杆有序组合，每个软密封体上的密封件截面为 L 型，安装时开口向上，软密封件采用聚醚醚酮材料（图 3 – 22）。

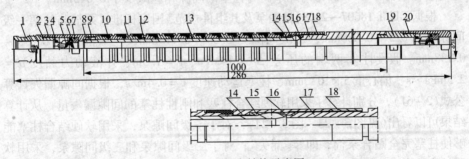

图 3 – 21　柱塞结构示意图

1—上出油罩；2，7，13—O 型密封圈；3—上阀外壳；4—上导向罩；5—阀球；6—阀座；8—中心管；

9—调节支撑环；10—L 型密封圈；11—支撑环；12—密封支撑环；14—上压帽；15—上球支撑；

16—下球支撑；17—下硬柱塞；18—并帽；19—下接头；20—下阀体

相对于常规刚性柱塞结构，主要优势有：

（1）采用柔性连接的软硬组合柱塞，柱塞上行时 L 型软密封件在液力作用下密封件扩张，减少了间隙漏失，柱塞下行时液力平衡密封件收缩，减少柱塞的下行阻力。

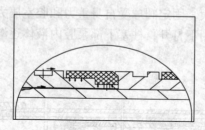

图 3 - 22　柱塞软密封件结构示意图

根据抽油泵的工作原理可知，柱塞上行程时，游动阀关闭，固定阀打开，此时柱塞腔内的压力高于泵筒腔内的压力，这就导致了柱塞内外存在压力差。刚性金属材料（40Cr）在压差作用下的形变量微小，可以忽略不计。软密封体上密封件是聚醚醚酮材料，在压差下作用产生弹性形变，向外膨胀，径向形变量 $\Delta\delta$ 计算方程式：

$$\Delta\delta = \nu \cdot \frac{\Delta p}{E} \cdot l \qquad\qquad (3-1)$$

式中：ν 为柱塞材料的泊松比；E 为柱塞材料的弹性模量，MPa；Δp 为柱塞两端的压差，MPa；l 为密封件的长度，m。

聚醚醚酮材料的泊松比 $\nu = 0.4$，弹性模量 $E = 118$MPa，假设软硬组合柱塞共有 12 个 L 型密封件、密封件长度为 10mm、柱塞两端的压差 14MPa，则每个密封件两端的压差 $\Delta p = 14/12 = 1.33$MPa。根据公式（3 - 1）可以得出柔性柱塞的形变量为 0.045mm，因此泵筒与柱塞的间隙相应减少了 0.045mm。

根据 GB/T 18607—2008《抽油泵及其组件规范》国家标准，泵筒与柱塞一级间隙为 0.025 ~ 0.088mm，二级间隙为 0.05 ~ 0.113mm，三级间隙为 0.075 ~ 0.138mm。假设柱塞两端的压差 $\Delta p = 14$MPa、$l = 1.3$m、井液动力黏度 $\mu = 2.5$mPa·s、偏心量 5×10^{-3}mm、柱塞运动速度 $v = 0.4$m/s，根据间隙漏失计算公式（2 -61），分别计算了采用软硬结合柱塞和刚性柱塞的间隙漏失量，从计算结果可以看出（见图 3 -23 ~ 图 3 -24），对于一级间隙泵，采用软硬结合柱塞能够使柱塞完全贴合泵筒，即"零漏失"；对于二级间隙泵和三级间隙泵，采用软硬结合柱塞存在微小的间隙漏失，比常规刚性柱塞的漏失量要分别降低 40% 和 20% 以上。因此采用软硬结合柱塞可以有效地减小泵筒与柱塞的间隙漏失量。

（2）刚性密封体与软密封体之间采用柔性连接，柔性连接体可转动，可调偏心量，提高柱塞在泵筒中的同心度，从而可以减少间隙漏失量，降低柱塞和泵筒偏磨。

抽油泵在工作中，受抽油杆弯曲变形的影响，柱塞存在一定的倾斜，出现泵筒和柱塞的轴心线不同心，产生偏心现象，尤其对于大斜度井，这种偏心现象更显著。偏心现象会造成间隙漏失量增大，当泵筒和柱塞发生偏心严重时，还会导致柱塞和泵筒偏磨，从而影响抽油泵寿命。

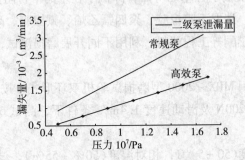

图 3 - 23　常规抽油泵与高效泵的漏失量(二级泵)

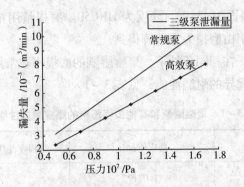

图 3 - 24　常规抽油泵与高效泵的漏失量(三级泵)

软硬结合柱塞采用的柔性连接结构如图 3 - 25 所示，高效泵结构设计时，为了保证柔性柱塞和硬柱塞之间的相对运动，中心管和上压帽之间留有 1.02 ~ 1.03mm 的间隙，间隙在圆柱面的长度约为 16.3mm。根据受力分析，得到柔性连接柱塞相对于硬柱塞可以偏转 3.58°。

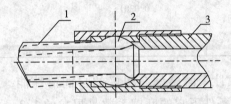

图 3 - 25　柔性连接结构示意图
1—中心管；2—上压帽；3—下硬柱塞

因此柔性连接可以有效地减小偏心量，提高柱塞在泵筒中的同心度，从而可以减少偏心造成间隙漏失量，降低柱塞和泵筒偏磨。尤其对于大斜度定向井，效果更明显。

(3)软密封材料优选耐高温、磨损性能高、磨阻系数低的有机高分子材料(改性聚醚醚酮)。提高了柱塞的寿命，降低了柱塞的下行阻力。

①耐磨损性能。选取丁晴橡胶、聚四氟乙烯、氟橡胶、高分子聚乙烯、玻璃纤维尼龙、聚醚醚酮等工程塑料，利用不同开展磨损测试，检测各种材料的磨耗指数。

实验方案：利用 MPX－2000 型磨损试验机双环形式，按照国标 GB3960—83 标准，在载荷为 200N 及滑动速度 1.4m/s 条件下，测试 6 种工程塑料材料的摩擦磨损性能。

实验条件：温度(50±5)℃，相对湿度(50%~55%)，试验周期2h。正式摩擦测试前，先进行 5min 的磨合。试样在测试前后，清洗去屑，放入烘箱135℃干燥8h，对磨面为45#钢，硬度为 HRC50。磨损量用精度为 0.1mg 的电子天平称量，磨损率由磨损失重计算得到。

实验结果表明：在相同条件下，聚醚醚酮的磨损率在常用的工程塑料中是最低的，表现出了优异的耐磨性能，见表3－1。

表3－1　聚醚醚酮和其他工程塑料的摩擦磨损性能

材料名称	磨损质量/g	磨损率/[$10^{-4}mm^3/(N \cdot m)$]
氟橡胶	1.0819	288.38
丁腈橡胶	0.3112	100.51
聚四氟乙烯	0.2265	49.81
高分子聚乙烯	0.0611	13.65
玻璃纤维尼龙	0.0301	12.14
聚醚醚酮	0.0115	1.71

②润滑性能。改性聚醚醚酮有很好的自润滑性能，摩擦系数小(见表3－2)。在水润滑的条件下它的摩擦系数是尼龙的1/2，可以和聚四氟乙烯(PTFE)相媲美，而且与钢、铜配合使用时不易产生黏着磨损，对配合件磨损小。

表3-2　改性聚醚醚酮和其他工程塑料的摩擦系数

材　料	摩擦系数		
	无润滑	水润滑	油润滑
改性聚醚醚酮	0.10 ~ 0.22	0.05 ~ 0.10	0.05 ~ 0.08
聚四氟	0.04 ~ 0.25	0.04 ~ 0.08	0.04 ~ 0.05
尼龙	0.15 ~ 0.40	0.14 ~ 0.19	0.06 ~ 0.11
聚甲醛	0.15 ~ 0.35	0.10 ~ 0.20	0.05 ~ 0.1

③吸水率。改性聚醚醚酮的吸水率特别低(见表3-3),这是由于其分子链仅由碳氢元素组成,分子中无极性基因的缘故。因此制品即使是在潮湿环境中也不会因吸水而使尺寸发生变化,同时也不会影响制品的精度和耐磨性等机械性能,并且在成型前原料不需要干燥处理。

表3-3　几种常见的工程塑料的吸水率

改性聚醚醚酮/%	尼龙66/%	聚碳酸酯/%	聚甲醛/%	ABS/%	聚四氟乙烯/%
< 0.01	1.5	0.15	0.25	0.20 ~ 0.45	< 0.02

④物理、机械性能和热性能。根据 GB/T 1040.3—2006《塑料拉伸性能的测定》与 GB/T 1633—2000《热塑性塑料维卡软化温度(VST)测定》两项国标规定,我们对改性聚醚醚酮、超高分子量聚乙烯以及改性尼龙等三种材料的物理、机械性能和热性能进行了测定,其具体性能指标见表3-4。

表3-4　种材料的机械与热性能指标

材　料	拉伸强度/MPa	拉伸模量/GPa	维卡软化温度/℃
改性聚醚醚酮	119	6.75	230.3
改性超高分子量聚乙烯	24.5	0.713	81.4
改性尼龙	57.3	2.24	157.5

⑤耐化学药品性能。改性聚醚醚酮具有优良的耐化学药品性能,在一定温度、浓度范围内,许多腐蚀性介质(酸、碱、盐)及有机溶济对它的腐蚀都较小。这是因为超高分子量聚乙烯在分子结构上没有官能团,而且几乎没有支链和双键,以及结晶度高等。但它在浓流酸、浓硝酸、卤烃以及芳香烃等溶剂中不稳定,并且随着温度升高氧化速度加快。

⑥不黏附性。改性聚醚醚酮表面吸附力很小,其抗黏附能力仅次于塑料中不黏性最好的聚四氟乙烯,制品表面不易黏附异物。

⑦耐低温性。改性聚醚醚酮具有非常优良的耐低温性能，在所有塑料中最佳，即使在液态氮温度（−269℃）下，仍有一定抗冲击强度和耐磨性。可以用于低温部件、管道，以及核工业等极低温环境中。改性聚醚醚酮还具有优良的电绝缘性能、减振吸收冲击能大、应力集中小等优点。

从以上室内实验可以看出，改性聚醚醚酮的物理、机械以及热性能指标均优于其他材料，适用于油井特殊的使用环境，可以有效提高柱塞的寿命，降低柱塞的下行阻力。

2. 泵体采用座式双管过桥结构

泵筒下端固定，泵筒上端悬在外管内即形成座式双管结构（图3−26），这种结构消除了泵筒在井筒承受液柱载荷和管柱载荷的影响，保证了泵筒内外的液压始终处于平衡的状态，使柱塞与泵筒原有的配合间隙保持始终不变。另外泵与过桥管间的环空可沉砂，减少砂卡和磨损，同时增大了泵进液阀的流通截面积。

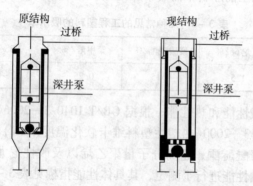

图3−26　常规抽油泵和高效泵泵体结构对比

下面计算分析常规抽油泵和高效泵的泵体结构对间隙影响情况：

假设油井泵挂深度1600m，沉没度200m，泵筒的内外半径分别为19mm和24mm；钢的泊松比 $\nu = 0.3$，钢的弹性模量：$2.1 \times 10^5 \mathrm{MPa}$。

根据常规结构，泵筒内外压差 $\Delta P = \rho g(H_{油管} - H_{沉没度}) \approx 14\mathrm{MPa}$

那么泵筒的径向变形量 δ 为：

$$\delta = \frac{1-\nu}{E} \frac{R_1^2 P_1 - R_2^2 P_2}{R_2^2 - R_1^2} R_1 + \frac{1+\nu}{E} \frac{R_1^2 R_2^2 (P_1 - P_2)}{(R_2^2 - R_1^2) R_1} = 1.8 \times 10^{-4} \mathrm{cm} \quad (3-2)$$

根据高效泵泵体过桥结构，泵筒内外压力平衡，即泵筒内外压差 $\Delta P \approx 0$，因此泵筒的径向变形量接近为零，从而可以降低间隙漏失，同时提高泵寿命。

3. 采用导向阀罩结构以及陶瓷材料阀球

高效泵的泵阀主要由阀罩、阀球、阀座、阀外壳、接头等结构组成（图3−27、图3−28），游动阀和固定阀的阀罩内有四条内筋对阀球起着导向作用，同时阀球采用陶瓷材料。另外高效上游动阀阀外壳按顺序装入阀球座、阀球、导向阀罩，上接头与上阀外壳螺纹连接，通过导向阀罩压紧阀球座，将阀球限制在导向阀罩内运动，因此高效游动阀中的上接头只有一个作用即出油口，见图3-28。

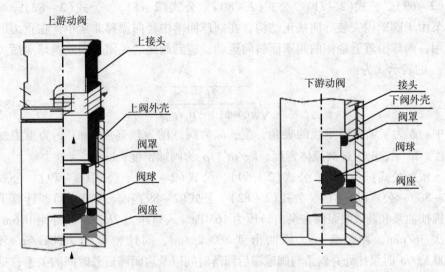

图3-27 高效泵游动阀结构图

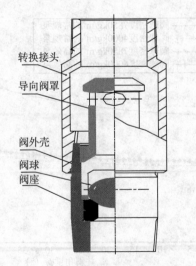

图3-28 高效泵固定阀结构图

相对于常规抽油泵泵阀结构，高效泵的泵阀主要优势有：

（1）采用阀球导向扶正结构，可以减少球阀漂移，使阀球及时回落；同时采用抗腐蚀、抗结垢性能的陶瓷阀球，降低阀球滞后关闭以及关闭不严造成的漏失。

97

在抽油泵泵阀球回落关闭运动中，常规抽油泵由于阀罩与阀球之间存在着较大的间隙，阀球回落过程中存在径向漂移，当抽油泵处于倾斜状态下，阀球沿着近地侧的阀罩面斜向运动，碰到阀座后没有完全关闭，需经过一定的转动时间才完全关闭，常规抽油泵阀球回落时间计算方法见公式（2–67）、公式（2–69）、公式（2–71）、公式（2–80）、公式（2–81）、公式（2–82）。高效泵由于阀罩内安装导向扶正结构，在阀球回落中径向漂移非常小，在重力的作用，阀球沿着近地侧的阀罩面斜向运动，碰到阀座后关闭，因此阀球滞后关闭 t_{cd} 的表示式为：

$$t_{cd} = \sqrt{\frac{2h_0}{g\cos\phi(1 - \rho_v/\rho_q)}} \qquad (3-3)$$

式中：ϕ 为 y 轴与铅垂线的夹角，度；h_0 为阀球的导轨高度，m；g 为重力加速度，m/s^2；ρ_v 为过阀流体密度，kg/m^3；ρ_q 为阀球密度，kg/m^3。

根据公式（2–67）、公式（2–69）、公式（2–71）、公式（2–79）、公式（2–80）、公式（2–81）、公式（2–82）、公式（2–89）和公式（3–3），计算了常规抽油泵和高效泵泵阀在泵出口压力 16MPa、入口压力 2MPa、防冲距 0.6m、冲次 3n/min、冲程 2.1m、原油密度 800 kg/m^3、阀球密度为 7850kg/m^3 和 4000 kg/m^3 时泵挂处井斜角与阀球滞后回落时间以及启闭滞后总时间的关系，见图 3–29 ~ 图 3–31。从图 3–29 ~ 图 3–31 可以看出：

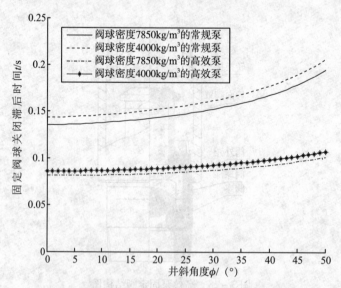

图 3–29　固定阀球关闭滞后时间与井斜角度关系

由于导向扶正作用，对于同一井斜条件下，高效泵滞后关闭时间和启闭滞后总时间均明显比常规抽油泵要低；并且随井斜增大，高效泵滞后关闭时间和启闭滞后总时间增大幅度很小，而常规抽油泵滞后关闭时间启闭滞后总时间增大幅度较大，尤其是当井斜大于40°时增大明显，因此也进一步表明高效泵更适合于大斜度井。

另外从图2-25可以看出，随阀球密度增大，阀球的滞后回落时间降低，当$\rho_g > 4000$ kg/m³ 时，滞后时间降低很小。因此为减少因腐蚀、结垢等原因造成阀球关不严现象，阀球采用密度为4000kg/m³的陶瓷材料。

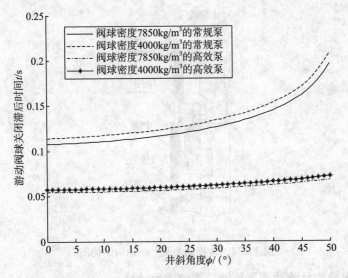

图3-30 游动阀球滞后关闭时间与井斜角关系

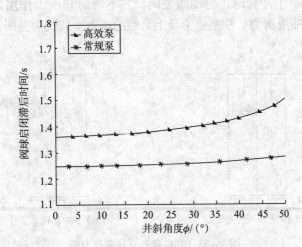

图3-31 泵阀总滞后启闭时间与井斜角关系

（2）采用新型的上游动阀结构，该结构只具有排液口作用，减少阀球撞击造成断脱。

常规抽油泵上游动阀结构如图 3 - 32 所示，该结构上接头起出油口和球室两个作用，在柱塞上下运动中，受到阀球频繁撞击阀罩及柱塞交变载荷作用，而高效泵上游动阀上接头只具有出油口作用，只在下冲程时受到泵腔内油液的冲击力作用。假设在抽油泵的整个结构中，高效泵和常规泵只是阀罩的结构有差异，考虑上接头排液口处管壁最薄，下面通过计算以上两种结构的泵阀罩受力情况，对比分析排液口处应力状况来预测高效泵和常规泵的使用寿命。

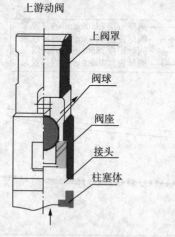

图 3 - 32　常规抽油泵上游动阀结构图

①常规抽油泵游动阀罩排液口等效应力计算。

a. 上冲程。上冲程时，游动阀关闭，在不考虑其他力作用，柱塞受到抽油杆的拉力、油液重力、柱塞重力及上泵腔的压力，其受力见图 3 - 33(a)。

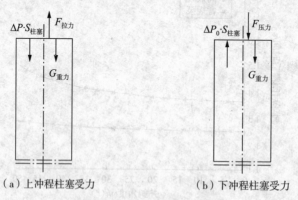

（a）上冲程柱塞受力　　　　（b）下冲程柱塞受力

图 3 - 33　常规抽油泵柱塞受力图

由力的平衡原理知：

$$F_{拉力} = G_{重力} + \Delta p S_{柱塞} \qquad (3-4)$$

其中：$\Delta p = p_{\text{out}} - p_{\text{in}}$；$G_{重力} = G_1 + G_2$；$G_1 = m_1 g = \rho_1 V_1 g$；$G_2 = m_2 g = \rho_l V_2 g$；$G_1$ 为柱塞的质量，N；G_2 为泵筒内液体的质量，N；ρ_1 为柱塞密度，kg/m^3；V_1 为柱塞体积，m^3；$V_1 = \pi(r_1{}^2 - r_2{}^2) \times l$；$r_1$ 为柱塞外半径，m；r_2 为柱塞内半径，m；l 为柱塞长度，m。ρ_l 为油液密度，kg/m^3；V_2 为油液体积，m^3；$V_2 = \pi \cdot r_2{}^2 \cdot h$；$h$ 为出油口到柱塞的距离，m。

假设：$\rho_1 = 7.85 \times 10^3 \ \text{kg/m}^3$；$r_1 = 0.019\text{m}$；$r_2 = 0.0085\text{m}$；$l = 1.306\text{m}$；$\rho_l = 800\text{kg/m}^3$；$h = 200\text{m}$；$p_{\text{out}} = 16\text{MPa}$；$p_{\text{in}} = 2\text{MPa}$；$S_{柱塞} = \pi \cdot r_1{}^2$。

将以上参数代入式(3-4)可得柱塞受到的拉力：

$$F_{拉力} = 1.8593 \times 10^4 \ \text{N} \tag{3-5}$$

从阀罩受力可以看出(图3-34)，上冲程阀罩只受到拉力的作用。由于力的传递性，假设作用于柱塞上的力没有损失，那么作用于柱塞上的力就会作用到阀罩上，数值等于 $1.8593 \times 10^4 \text{N}$。根据阀罩结构，排液孔周围壁面的等效截面积 $S_1 = (\pi \times 0.024 - 0.03) \times 0.025 \ \text{m}^2$，因此上冲程阀罩排液孔受到的等效应力为：

$$(\sigma_a)_\varepsilon = \frac{F_{拉力}}{S_1} = 1.6382 \times 10^7 \ \text{Pa} \tag{3-6}$$

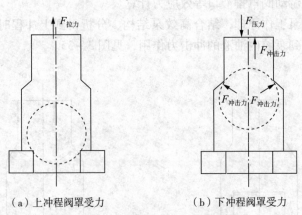

（a）上冲程阀罩受力　　　　（b）下冲程阀罩受力

图3-34　常规抽油泵游动阀罩受力图

b. 下冲程。柱塞受力见图3-33(b)由力的平衡原理知：

$$F_{压力} + G_{重力} = \Delta p_0 \cdot S_{柱塞} \tag{3-7}$$

在下冲程时，泵内压力 p 为17MPa，并且变化不大，下冲程时上泵腔与下泵腔的压力差为：$p - p_{\text{out}}$ 即 $\Delta p_0 = p - p_{\text{out}}$。由于部分油液排出，排出的油液距离为柱塞的行程(2.1m)，所以油液高度为 $h - S$。阀球密度 $\rho_q = 4 \times 10^3 \ \text{kg/m}^3$；阀球半径 $r = 0.011\text{m}$；阀座通径 $d = 0.018\text{m}$；过阀流体密度 $\rho_v = 800 \ \text{kg/m}^3$；阀球质量 $m_q = \rho_q V_q = \rho_q \times 4/3 \cdot \pi \cdot r^3 \ \text{kg}$；出口压力 $p_{\text{out}} = 16\text{MPa}$。

将以上参数代入式(3-7)可得柱塞受到的压力：

$$F_{压力} = 690.8068 \, \text{N} \qquad (3-8)$$

从阀罩受力可以看出(图3-34)，下冲程阀罩受到压力和液流的冲击力的作用。由于力的传递性，假设作用于柱塞上的压力没有损失，那么作用于游动阀罩压上的力可认为是690.8068N。假设同一截面上压力相等，油液对阀罩排液孔周围壁面的压力为 Δp，作用在排液孔周围壁面上的冲击力计算公式为：

$$F_{冲击力} = \Delta p_0 \cdot S_1 = 1135 \text{N} \qquad (3-9)$$

所以作用在排液孔周围壁面上的总力为：

$$F = F_{压力} + F_{冲击力} = 1825.8 \text{N} \qquad (3-10)$$

那么，下冲程阀罩排液孔受到的等效应力为：

$$(\sigma_a)_\varepsilon = \frac{F}{S_1} = 0.1608 \times 10^7 \, \text{Pa} \qquad (3-11)$$

从公式(3-5)、公式(3-6)、公式(3-10)、公式(3-11)计算的结果可以看出：上冲程时排液孔周围受到的力远大于下冲程的力，上冲程时排液孔周围受到的应力远大于下冲程时排液孔周围受到的应力。

②高效泵游动阀罩排液口等效应力计算。

根据抽油泵工作原理，结合高效泵结构，分析得到上冲程时阀罩不受力，下冲程时只受到泵腔内油液的冲击力作用，见图3-35。

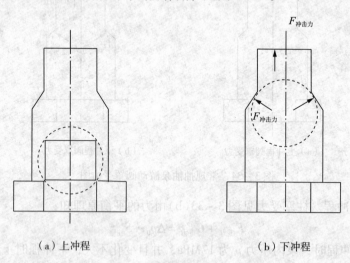

（a）上冲程　　　　　　　　　　（b）下冲程

图3-35　高效泵游动阀罩受力图

在下冲程时，计算得到泵内压力 p 为17MPa，并且变化不大，油液作用在排液孔上的压差 $\Delta P = P - P_{out}$，阀球半径 $r_1 = 0.0095\text{m}$，面积 $A_1 = \pi \times r_1^2$，则作用在排液孔上的等效力为：

$$F_1' = \Delta p_0 \cdot S_1' = 750 \text{ N} \tag{3-12}$$

排液孔的等效截面积 $S_1' = 0.005 \times 0.025 \times 6 \text{ m}^2$，阀罩排液孔口受到的等效应力为：

$$(\sigma_a)'_\varepsilon = \frac{F_1'}{A_1} = 2.9473 \times 10^6 \text{ Pa} \tag{3-13}$$

③疲劳寿命分析计算。

抽油泵结构件属于高周疲劳，建立外载荷与寿命的关系，结合 S - N 曲线对其寿命进行预测分析，依据公式：

$$\sigma_{rN}^m N = \sigma_r^m N_0 = C \tag{3-14}$$

可得：

$$N = \frac{\sigma_{-1}^m}{\sigma_{rN}^m} N_0 = \frac{\sigma_{-1}^m}{(\sigma_a)_e^m} N_0 \tag{3-15}$$

式中　N——应力循环次数；

　　　N_0——循环基数，$N_0 = 10^6$；对于常规抽油泵游动阀罩，主要受柱塞力作用，处于低周疲劳即 $N_0 = 10^4$；

　　　m——材料常数，取阀罩材料为 40Cr，$\sigma_b = 940\text{MPa}$，$\sigma_{-1} = 0.2\sigma_b$，$m = 1.6$；

　　　$(\sigma_a)_e$——阀罩等效应力。

将公式(3-5)、公式(3-13)计算得到的阀罩受到的等效应力代入式(3-14)分别得常规抽油泵游动阀罩、高效泵游动阀罩应力循环次数分别为：

$$\begin{cases} N = 3.9697 \times 10^6 \\ N' = 1.5438 \times 10^8 \end{cases} \tag{3-16}$$

假设抽油泵一分钟内完成 6 个冲程，一个冲程内阀球撞击阀罩的次数为 20 次，则常规抽油泵游动阀罩、高效泵游动阀罩的使用寿命天数分别为：

$$n = \frac{N}{6 \times 60 \times 24} = 500 \text{（天）}$$

$$n' = \frac{N}{6 \times 20 \times 60 \times 24} = 893 \text{（天）} \tag{3-17}$$

从式(3-17)可以看出，高效泵游动阀的使用寿命的明显比常规抽油泵长，因此高效泵要比常规抽油泵耐用很多。

2.3　室内实验评价

通过建立室内模拟装置，测试高效泵和常规抽油泵在不同工作状况下的泵效、漏失量、进泵阻力、半干摩擦力情况，得到结构参数、流体性质以及工作参数对抽油泵的影响规律，从而评价高效泵的效果。

2.3.1　泵效测试

1. 实验装置及方案

主要由模拟抽油机井、泵、升降车和分离计量装置组成(图3-36)。实验介质采用清水,由高处定位水箱提供,通过开启升降车和调节支点来调节高效泵的倾斜角度(0°~90°),倾角为0°表示泵垂直于地面,倾角为90°表示泵水平与地面),抽油泵抽出液体通过计量罐计量。

实验采用0°、20°、28°、30°、40°、45°、60°、80°八种不同的倾角,冲程选用1.8m,冲次采用3n/min,分别测试了常规抽油泵与高效泵在不同倾斜角下的泵效。

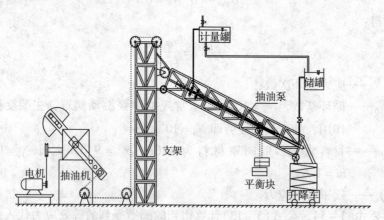

图3-36　室内斜井抽油试验装置示意图

2. 实验结果

根据图3-37可得到:

(1)在其他参数相同情况下,随泵倾斜角度的增加,常效泵、高效泵的泵效降低。

(2)在其他参数相同情况下,普通泵当倾斜角为28°时,泵效开始下降,当倾斜角为45°时,泵效明显下降。高效泵为倾斜角为41°时,泵效开始下降,当倾斜角为60°时泵效明显下降。

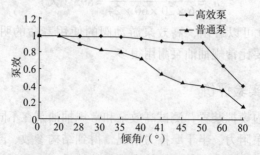

图3-37　高效泵不同倾角对泵效的影响

（3）在相同的参数相同情况下，高效泵比普通泵的泵效高，当泵径为38mm、冲程1.8m、冲次6n/min、倾角30°时，不考虑冲程损失、气体充不满影响，常规抽油泵泵效为84%，高效泵泵效为97%左右。

2.3.2 凡尔局部阻力测试

1. 实验装置及方案

该装置主要模拟现场斜井抽油泵工作情况，当井底流体依次通过固定凡尔，下游动凡尔，上游动凡尔时，采用差压变送器测定流体流过固定凡尔、下游动凡尔、上游动凡尔所克服的阻力，如图3－38所示。

实验介质采用黏度为10mPa·s的聚合物溶液，倾角为30°。分别测试流体流过常规抽油泵和高效泵的固定凡尔、游动凡尔时流量与磨阻损耗关系。

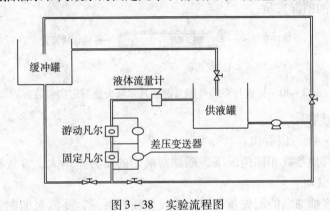

图3－38 实验流程图

2. 实验结果

根据图3－39可得到：

（1）在其他参数相同情况下，随流量增大，固定凡尔、游动凡尔的压降均增大。

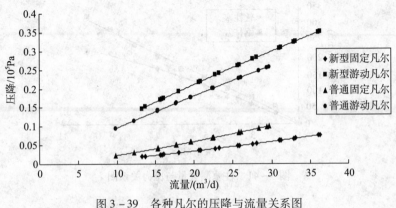

图3－39 各种凡尔的压降与流量关系图

（2）在相同黏度和倾角、流量等条件下，高效泵新型固定凡尔的压降小于常规抽油泵固定凡尔压降，高效泵新型游动凡尔压降稍大于常规抽油泵游动凡尔压降；当流量 $20m^3/d$、黏度为 $10mPa \cdot s$，$30°$ 倾角时，常规抽油泵固定凡尔阻力 6.28kPa，高效泵固定凡尔阻力 3.89kPa；常规抽油泵游动凡尔阻力 18.17kPa，高效泵游动凡尔阻力 19.9kPa。

2.3.3 抽油泵漏失量测试

1. 实验装置

实验装置如图 3 - 40 所示。在实验中，采用注塞泵分别以 $0 \sim 10MPa$ 的压力向泵筒内注入黏度为 $10mPa \cdot s$ 聚合物溶液，不加固定凡尔，只加柱塞，同时将柱塞上的游动凡尔堵死，再通过计量装置分别测得常规抽油泵、高效泵柱塞与泵筒之间的漏失量。

图 3 - 40 柱塞与泵筒环隙及游动凡尔漏失量测定实验装置图

2. 实验结果

从图 3 - 41 可以看出：

（1）在其他参数相同情况下，随柱塞两端的压力差增大，常规抽油泵和高效泵的漏失量均增大。

（2）常规抽油泵的漏失量与压力曲线呈线性关系，高效泵的漏失量与压力曲线呈凸状。

（3）在相同的参数相同情况下，高效泵的漏失量要小于普通泵的漏失量；在压力 10MPa、温度 60℃，倾角为 $30°$，黏度为 $10mPa \cdot s$ 条件下，常规抽油泵的漏失量为 311mL/min，高效泵的漏失量 216 mL/min。

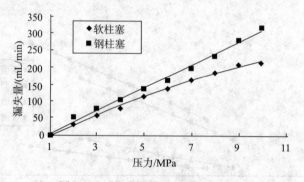

图 3 - 41 柱塞漏失量与压力关系图

2.3.4 抽油泵半干摩擦测试

1. 实验装置

该模拟装置主要由抽油机井、连接管线和斜井井架、高效泵、应力感应器、应力显示仪组成。采用水做润滑介质，平衡罐向泵筒提供润滑液，为避免井口和抽油杆之间的摩擦，泵筒上端为敞口，构成一个循环系统。采用 T3806 - DA 应力显示器进行测量，T3806 - DA 应力显示器采用 SMT 表面贴装技术，采用八位单片微处理器技术，A/D 采用快速高精度三积分原理，A/D 转换速度 >40n/s，内分度数 30 万，精度高、性能稳定可靠。采用单键菜单式滚动显示选择设定的方法，具有标准 RS -232C 串行输出、4 ~20mA 电流环输出和 1 ~5V 电压输出，如图 3 -42 所示。分别测试了高效泵和常规抽油泵在倾角 30°、冲次 6n/min、温度 60℃、黏度 10mPa·s 条件下柱塞与泵筒间的半干摩擦力。

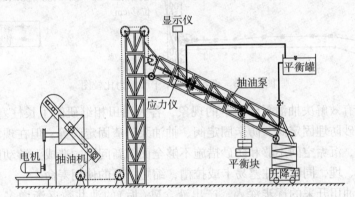

图 3 -42 实验装置示意图

2. 实验结果

从图 3 -43 可以看出：在上冲程，钢柱塞的摩擦力基本与软密封柱塞相等；在下冲程，钢柱塞的摩擦力稍大于软密封柱塞。当倾角 30°、冲次 6n/min、温度 60℃、黏度 10mPa·s 条件下，上冲程时，常规抽油泵的摩擦力为 310N，高效泵的摩擦力为 305N；下冲程时常规抽油泵的摩擦力为 340N，高效泵的摩擦力为 290N。

3 双尾管沉砂抽油泵

3.1 常规抽油泵在出砂井中应用存在的问题

目前油田出砂井使用的抽油泵大部分为管式泵，其固定阀直接连接在泵筒底部。在油井作业过程中，尽管油管与抽油杆在下井前已用蒸汽刺洗干净，仍然不可避免井场上的泥砂和杂物随油管和抽油杆掉入油管内，逐步沉积在固定阀上，堵塞阀球与进液通道，造成固定阀失灵；另外对于出砂的油井，抽油泵抽汲过程中，泵上油管内的砂、垢等杂物易下沉至固定阀罩内堵塞阀球。当油井出砂严重时甚至出现柱塞和游动阀被砂埋的现象，缩短抽油泵使用寿命，影响油井生产，增加油井维护费用。

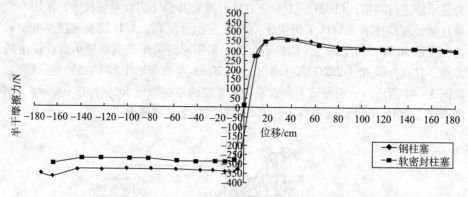

图3-43　两种柱塞半干摩擦力比较图

为了有效解决抽油泵砂垢卡的现象，各大油田相继研制了长柱塞抽油泵、抽油泵沉砂防埋固定阀、防卡固定阀、抽油泵防渣固定阀等。但在现场应用中存在沉砂、沉垢空间不够和防砂措施不够全面等新问题，造成上游动阀和固定阀处易卡、埋，同时长柱塞易卡或拉槽，缩短了泵的使用寿命。

随着油田开采的逐步深入，产出液含砂(垢)的油井数逐渐增多，出砂结垢程度越来越严重，既影响油井正常生产和油井产量，又导致油井频繁作业和地面流程堵塞，增加油井生产成本，因此研制了双尾管沉砂抽油泵。

3.2　双尾管沉砂泵结构组成

双尾管沉砂泵由长柱塞、短泵筒、泵护套、泵接头、泵壳、三通道防砂固定阀、防砂筛管等组成，结构如图3-44所示。三通道防砂固定阀由三通道阀体、防砂阀罩、阀球、阀座、内沉砂管、外沉砂管等组成。

三通道阀体包括外沉砂通道、内沉砂通道、进液通道。采用内外双层尾管沉砂结构，可以将泵固定阀出口处的砂粒、垢块等杂物通过内沉砂通道导入内沉砂管，可将沉淀在柱塞上游动阀处的砂粒等通过外沉砂通道导入外沉砂管中。同时可根据油井出砂情况，调整内外沉砂连接尾管长度。固定阀侧面的进液口外部配置自洁筛网，筛网进液通道采用外窄内宽结构，具有自洁功能。

抽油泵上行程时，柱塞在抽油杆的带动下上行，柱塞下方泵腔体积增大，压力下降，游动阀在油管液柱压力作用下关闭，三通道固定阀的球阀在油套环空液柱压力的作用下打开，流体通过固定阀进入泵筒。抽油泵下行程时，柱塞在抽油杆的带动下下行，柱塞下方泵腔体积减小，压力增大，三通道固定阀球关闭，游动阀球在腔室压力的作用下打开。在泵的往复工作中，沉积在柱塞上游动阀的砂、垢沿外沉砂通道进入到外沉砂管中，沉积在固定阀罩的泥砂、垢沿内沉砂管通道进入到内沉砂尾管中。

3.3 双尾管沉砂泵主要特点结构

（1）采用长柱塞与短泵筒的密封配合结构。柱塞有三分之二往复运动在短泵筒之外，避免了常规抽油泵柱塞上端易沉积垢、砂等问题，这样就大大的减少了柱塞被卡在泵筒里，起到了防卡作用。

（2）采用双尾管沉砂。在抽油泵的往复工作中，沉积在固定阀出口处的砂粒、垢块等杂物通过固定阀下的内沉砂通道导入内沉砂管。沉淀在柱塞上游动阀砂粒通过外沉砂通道导入外沉砂管中。同时可根据油井出砂情况，调整内外沉砂连接尾管长度。

（3）固定球阀采用陶瓷球。陶瓷球可以降低固定阀开启压差和流体通过泵阀压力降，同时陶瓷材料具有抗腐蚀、抗结垢特点。

（4）固定阀侧面的进液口外部配置自洁筛网，筛网进液通道采用外窄内宽结构（图3－45），具有自洁功能，筛网长度与间隙可根据进液量与砂粒的尺寸选择，能有效提高挡砂效果。

以一根长度为2m长的绕丝筛管为例，其直径为85mm，缝宽0.3mm，缝厚1.5mm，筛管棱面共29个。

将绕丝筛管每个棱面上的缝作为矩形来看，则一个缝的面积 $S_1 = 85 \times 3.14/29 \times 0.3 \text{mm}^2$，一根筛管上共有 $N = (2 \times 100)/(0.3 + 1.5) \times 29$ 个矩形，因此，筛管中所有缝的过流面积 S 为：

$$S = N \times S_1 = (2 \times 100)/(0.3 + 1.5) \times 29 \times 85 \times 3.14/29 \times 0.3 = 8896.67 \text{mm}^2$$

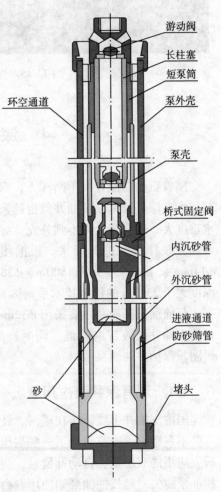

图3－44　双沉砂（垢）泵结构示意图

游动阀
长柱塞
短泵筒
泵外壳
环空通道
泵壳
桥式固定阀
内沉砂管
外沉砂管
进液通道
防砂筛管
砂
堵头

$\phi38\text{mm}$ 泵过流面积 S_p 为：

$$S_p = 3.14 \times 38 \times 38/4 = 1133.54\text{mm}^2$$
$$N = S/S_p = 8896.67/1133.54 = 7.85$$

根据计算表明，一根长度为 2m 的绕丝筛管过流面积是 $\phi38\text{mm}$ 泵过流面积的 7.85 倍。在实际使用中，通常连接 2 根这样的绕丝筛管，防止单根绕丝筛管被大量砂粒、垢粒堵塞后影响泵的进液。

图 3 - 45　绕丝筛管截面示意图

4　深抽泵研制

随着石油勘探开发不断深入，深井的数量越来越多，同时随开发难度的不断加大，深层致密油藏油井数也越来越多，这部分油井由于油藏渗透率低，注水难度大，地层能量得不到补充，导致动液面不断加深，为确保有效开采，通常加大泵挂深度进行开采。根据相关行标，对于有杆泵井，国内各油田将 $\phi44\text{mm}$ 泵下入深度大于 1800m、$\phi38\text{mm}$ 泵下深度大于 2200m、$\phi32\text{mm}$ 泵下入深度大于 2300m 的机抽技术系列称为深抽工艺。

目前油田深抽井主要采用 $\phi32\text{mm}$ 的常规抽油泵，由于载荷大，泵漏失大，目前深抽井泵效普遍较低，同时检泵周期较短(不到 1 年)。针对油田现状，研制了深抽井油油泵。

4.1　现有深井泵应用状况

国内深抽井主要分布在塔河、辽河、中原等油田，针对深抽对生产造成的一些不利影响，研究应用了一些耐压、降低漏失量的特殊抽油泵，如塔河油田研究应用的双层泵、自动补偿泵、侧流泵等，这些深井泵能在一定程度上减少抽油泵漏失，延长抽油泵油使用寿命，但效果并不明显。深抽泵在应用中存在的主要问题：

(1)由于泵挂深度大，造成杆管冲程损失大，同时由于油套内外液柱压差大，造成泵漏失大，从而导致了抽油泵效下降，产液量降低。

（2）由于泵挂深度大，造成悬点载荷以及曲柄轴扭矩大，所需的抽油设备能力增大，在其他工况条件相同运行，机采效率偏低。

（3）由于泵挂深度大，抽杆载荷大，抽杆、活塞凡尔罩等部位断脱现象明显；同时载荷的中性点上移，下行弯曲程度加重，造成杆管偏磨加重，检泵周期降低。

4.2　深抽泵主要结构

深井泵主要由泵体、柱塞、长泵筒等组成（见图3－46）。泵主体采用双管结构，同时泵筒的内筒中段安装了扶正结构，消除使用长泵筒带来的弹性弯曲。

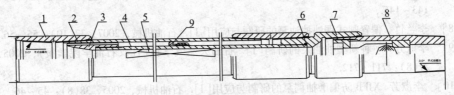

图3－46　深井泵结构示意图

1—接箍；2—油管短节；3—泵上接头；4—泵筒；5—柱塞；6—扶正环；

7—锁紧帽；8—泵下接头；9—固定阀

4.3　深抽泵结构特点

4.3.1　泵体采用双管结构

泵筒下端固定，泵筒上端悬在外管内形成座式双管结构，这种结构消除了泵筒在井筒承受液柱载荷和管柱载荷的影响，保证了泵筒内外的液压始终处于平衡的状态，避免了油管内产生的扩张力对泵筒的影响，使柱塞与泵筒原有的配合间隙保持始终不变，减少泵与柱塞配合的间隙漏失。另外泵与过桥管间的环空可沉砂，减少砂卡和磨损的发生，同时增大了泵进液阀的流通截面积。

4.3.2　采用长泵筒结构

在其他参数一定情况下，抽油杆的冲程损失与冲程长度成反比，因此采用长泵筒结构，实现长冲程，可以有效地降低液柱载荷和杆柱载荷对冲程损失的影响，增加抽油杆有效冲程，从而可以有效地提高泵效。

4.3.3　泵内安装了扶正结构

深井泵在运行过程，受悬点载荷影响，长泵筒易存在弹性弯曲，从而造成泵筒内壁偏磨，影响泵的使用寿命。对泵筒的内筒中部安装了扶正结构，可以在一定程度上消除载荷对长泵筒带来的弹性弯曲，避免泵筒内壁偏磨，从而可以有效地提高泵的使用寿命。

参 考 文 献

[1] 张琪. 采油工程原理和设计[M]. 山东：石油大学出版社. 2000.

[2] 姜东. 等径刮砂柱塞防砂泵的研究与应用[J]. 石油机械，2001，29(7)：28～30.

[3] 孙宝福，王志明. 三管式防砂抽油泵优化设计[J]. 石油机械，2007，35(9)：116～118.

[4] 许家勤，高宏. 组合柱塞防卡抽油泵的设计[J]. 石油机械，2005，33(6)：50～51.

[5] 尚朝辉. 预防柱塞偏磨的新型抽油泵柱塞自旋器[J]. 石油机械，2007，35(8)：71～73.

[6] 王洪海. 间隙自补偿柱塞泵的研制[D]. 大庆石油学院，2007.

[7] 尤洪军. 耐高温防砂抽油泵在汽驱井组中的应用[J]. 钻采工艺，2008，31((3)：143～145.

[8] 李兰竹. 偏置阀式稠油抽油泵的研制与应用[J]. 石油机械，2007，37(10)：55～56.

[9] 李淑芳. 一种新型抽油泵的研制[J]. 石油天然气学报(江汉石油学院学报)，2005，27(8)：711～712.

[10] 李淑芳. XJFB 防偏磨抽稠泵的研制与应用[J]. 石油机械，2005，38(8)：45～46.

[11] 许朝旭. 抽油井液压补偿泵的研究[J]. 石油钻采工艺，2006，28(6)：52～55.

[12] 司高峰. 喇嘛甸油田抽油泵防断上罩柱塞的研制及应用[J]. 科协论坛，2007，9(下)：33～35.

[13] 龚家勇. 高强度抽油泵阀罩的研制与应用[J]. 石油机械，2007，35(6)：40～42.

[14] 焦丽颖. 采用半球形柱塞阀的新型斜井抽油泵[J]. 石油机械，2003，31(6)：35～37.

[15] 闫铎. 防砂卡斜井泵在下二门油田出砂井中的应用[J]. 石油地质与工程，2007，21(1)：66～89.

[16] 李顺平. 防气抽油泵防气原理研究[J]. 石油矿场机械，2008，37(5)：100～103.

[17] 朱之锦. 封闭式负压抽油泵的研制与应用[J]. 石油矿场机械，2006，35(3)：110～112.

[18] 吴非. 双筒式小直径抽油泵深抽采油技术[J]. 特种油气藏，2006，13(6)：74～76.

[19] 严光烈. 压差补偿双作用管式抽油泵[J]. 石油机械，1991，19(2)：45～47.

[20] 田汝珉. 抽油泵泵筒表面硬化技术[J]. 油气田地面工程，1996，15(3)：52～53.

[21] 孙能福. 特种渗硼技术在抽油泵泵筒内表面上的应用[J]. 石油机械，1996，24(1)．47～48.

[22] 石成刚. 陶瓷功能梯度涂层的防垢机理研究[J]. 石油机械，2006，34(9)：10～12.

[23] 王扬. 抽油泵整体泵筒激光表面淬火[J]. 哈尔滨工业大学学报，1999，31(4)：40～42.

[24] 王扬. 油田抽油泵泵筒内表面激光改性机器人的研制[J]. 机器人 ROBOT，1999，21(5)：352～354.

[25] 符寒光. 自蔓延高温合成技术在石油工业中的应用展望[J]. 石油机械，2001，29(7)：48～51.

[26]　娄晖. 抽油泵泵筒柱塞摩擦副配对试验研究[J]. 石油机械，2002，30(8)：7～10.

[27]　付路长. 抽油泵摩擦副高含水期耐磨性试验研究[J]. 石油机械，2004，32(1)：7～9.

[28]　王旱祥. 抽油泵泵筒与柱塞摩擦副材料选配的试验研究[J]. 流体机械，2004，32(2)：6～9.

[29]　姚文席. 抽油泵摩擦磨损试验机的主机设计[J]. 石油机械，2005，33(10)：5～7.

[30]　张炜. 深采抽油泵的应用[J]. 石油矿场机械，2004，33(增刊)：81～82.

[31]　杨延陆. 超深油井抽油泵研制及应用[J]. 石油机械，2009，37(9)：76～77.

[32]　胡桢. 抽油泵摩擦磨损试验机的主机设计[J]. 石油矿场机械，2010，39(8)：35～37.

第四章　减少气体效影响的措施

对于气油比高的油井，采用有杆泵生产时气体对油井的影响比较明显，主要表现在：泵筒充不满液体，泵效低，影响油井产量；严重情况下，泵筒内气体重复压缩和膨胀，造成固定凡尔和游动凡尔无法打开，形成气锁，油井不出油。在油田生产现场，应用井下油气分离器（简称气锚）是减少气体对抽油泵泵效的影响最有效的方式。

1　井下油气分离器分气原理

气锚作为井下油气分离装置，基本分气原理是建立在油气密度差的基础上，为了更有效利用气油比重差，使油气分离得更加彻底，各油田设计了多种不同结构的气锚，但就其分离原理，主要还是五个方面：分别是滑脱效应，离心效应，捕集原理，碰撞辅助分离原理、边界层辅助分离原理。

1.1　滑脱效应

在油井中，气泡的速度是由两部分合成的，一方面，油在不断地向上流动，携带着气泡向上运动，另一方面，气泡和油流之间还存在相对运动，即滑脱速度。

重力分离型分离器正是利用气泡的滑脱来实现油气分离的。以国内最早使用的简单重力分离型气锚为代表，其分气原理是利用油气密度的差异，使油气产生滑脱，小气泡向上运动聚积形成大气泡，经气锚上部孔眼排出，原油向下运动，经内管进入抽油泵，分气原理如图 4 - 1 所示。分气过程可分为四个步骤。

第一步骤：气泡在套管内随液流上升时，由于油气密度差，使油气产生滑脱，气泡上升速度等于液体上升速度加气泡在静止液体中上升速度。因此气泡上升速度较液体上升速度快，进行气泡首次分离。

第二步骤：气泡在气锚进液孔附近进行二次分离。当气泡到达气锚进液孔附近时，液流要流向气锚进液孔，流动方向发生改变，气泡上升速度及方向也将改变，分为垂直速度和水平速度。液体比气泡更容易进入气锚，而且液体中

114

气泡能否进入气锚将取决于垂直分速与水平分速的比值。垂直分速愈大，水平分速愈小，则气泡越不容易进入气锚。

因此越靠近气锚的气泡，水平分速愈大，越容易被液流带入气锚。气泡直径愈小，垂直分速愈小，越容易被液流带入气锚。

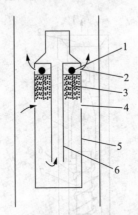

图 4-1　利用滑脱效应的分气原理图
1—排气阀；2—排气孔；3—气帽；4—进液孔；5—外壳；6—吸入管

第三步骤：进入进液孔的气泡，在进液孔附近进行三次分离。当油气刚进入气锚时，液体流向是近似水平的，而气泡有向上的上浮速度，因此在液流速度低的域内有一部分气泡将上浮到气锚顶部，从气锚上的孔眼进入到套管环形空间，其余气泡便被液体带至气锚环形空间下部。

第四步骤：气泡在气锚环形空间进行四次分离。这时气泡速度是液流下行速度减去气泡上浮速度，所以气泡并不是都以与液流相同的速度向下流动并进入中心管，而有一部分直径较大的气泡滞留在气锚环形空间。

下冲程时（泵排出阶段），泵不吸入流体，此时在泵的固定阀以下液体流速为零。以上四个步骤的气泡都在静止条件下上浮至气锚的气帽中（或油套环形空间），这是分气效率最高阶段。

1.2　离心效应

由于滑脱效应分离效率低，对于高产量、高气油比及高黏度油井，往往设计气锚外径过大，大于套管允许的直径。为了解决这个矛盾，发明了利用离心效应来分气的气锚。以螺旋式气锚为代表，即含气液流在气锚内旋转流动，利用不同密度的流体离心力不同的特点，使被聚集的大气泡沿螺旋内侧流动，带有未被分离的小气泡的液体则沿着外侧流动。被聚集的大气泡不断聚集，沿内侧上升至螺旋顶部聚集成气帽，经过排气孔排到油套环形空间。下冲程时，泵停止吸油，油套环空和气锚内的流体中含的小气泡滑脱上浮，一部分上升到油套环空，一部分上浮进入气帽、排入油套环空，液流沿外侧经过液道进泵，其原理如图4-2所示。

这种气锚分离效率相对较高，其分气效率与油井产量、气油比、气泡直径、气锚螺旋长度、螺旋片外径等参数都有一定关系。

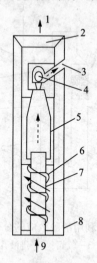

图4-2　利用离心效应的分气原理图

1—液体进泵；2—分流腔；3—排气孔；4—排气阀；5—气帽；6—螺片；
7—中心管；8—外壳；9—进液

1.3　捕集原理

气泡直径愈大，分气效率愈高，因此使小气泡聚集成大气泡便会大大改善分气效果。20 世纪60 ~70 年代，前苏联推出盘式气锚就是典型代表，其分气原理是以集气盘作为气泡捕集器，将气泡聚集后利用液流的 90°转向时的离心效应，使油气分离。气体在盘内聚集溢出时形成大气泡，沿气锚外壳的内壁上浮至气帽，经排气孔排到套管环形空间，而液体从吸入孔进入吸入管再进泵。

1.4　碰撞辅助分离原理

气液两相流中，气泡分散于液体中。由于在相界面上产生表面张力，气泡不容易从液体中分离出来。气液两相以一定速度进入井下分离器后，液体携带小气泡碰撞固体壁面(如螺旋片，挡板等结构)，由于油气密度不同，碰撞瞬间所受的作用力不同，当气泡受到的冲力大于气液相界面上的表面张力时，气泡就从液体中分离出来。一般碰撞辅助分离伴随着离心分离、滑脱分离同步进行。

1.5 边界层辅助分离原理

具有黏性的流体流经固体物体表面时，由于黏性力的作用，在物体表面上形成一层很薄的流体，称为边界层(附面层)。气液两相进入井下分离分离器后，以一定的速度流向管道壁面，形成边界层，产生壁面切应力。分散于液体中的气泡，一端与边界层边缘相切，气泡受到来自边界层外缘上的切应力作用，其方向与表面张力的方向相反。当边界层外缘上的切应力大于其气液两相表面张力时，气泡沿着切应力的方向从液体表面溢出。一般边界层辅助分离伴随着离心分离、滑脱分离同步进行。

2 常见气锚及其特点

油田常用的气锚种类较多，根据分气原理大体分为沉降式气锚、螺旋式气锚和复合型气锚。

2.1 沉降式气锚

沉降式气锚主要是利用气液密度的差异，使气液产生滑脱而进行分离的气锚，类型主要有普通沉降式气锚、封隔器沉降式气锚、偏心式气锚、大孔多节虹吸式气锚、多杯等流型气锚、瓦棱状气锚等。

2.1.1 普通沉降式气锚

普通沉降式气锚是利用油气密度差异，依靠重力作用分离气体的气锚，结构如图4－3所示。当气液混合物由气锚吸入进液孔时，液流方向为水平方向，在气液密度差的作用下，气泡产生向上的垂直分速度，加上气液混合物在进入气锚孔眼时产生撞击和扰动，使部分气体从液体中分离出来，实现了油气分离，分离出的气体浮到锚筒顶部，经排气孔排到油套环形空间。而脱气后的液体通过吸入管被吸入泵内。气锚外筒用钢管或其他材料制成，其下部加长后，可用于沉砂，所以又叫气砂锚。该气锚用于流体黏度和产量都不太高的油井。

为了提高分气效果，通过提高沉降的级数研制成多级沉降式气锚。多级沉降式气锚原理和普通沉降式气锚基本相同，区别在于级数多，实际上将气泡在进气锚前降低了向气锚孔眼流动的水平分速度，并增加锚筒环形空间总的液流断面，所以每一级气锚进油孔的进液量比普通沉降式气锚少，液量越少，分气效果越好。

2.1.2 封隔器沉降式气锚

封隔器沉降式气锚其结构如图4－4所示，用封隔器造成人工"口袋"，气液通过封隔器下部的进入口，经溢流管进入封隔器以上的油套环空，而初步脱气的原油由泵下端的吸入管进入泵内。此种气锚的分离效果接近于自然式气锚，适用于气油比高、产量高、套管能下封隔器的井，但不适合出砂和严重结蜡的井。该气锚的最大优点是可以与不压井管柱配套使用，实现有杆泵井的不压井起下作业。为了适应较高产量和提高封隔器式气锚的分离能力，还可用二级封隔器式气锚，但这种气锚需下入二级封隔器，施工比较麻烦。

前苏联专家曾在专门的装置上对各类沉降式气锚的分离效果进行对比试验，分气效果依次为封隔器沉降式气锚、多级气锚和简单气锚；随着液体流量的增加，分气效果变差。

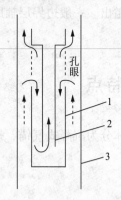 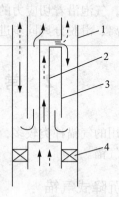

图4-3　普通沉降式气锚　　　　　图4-4　封隔器沉降式气锚
1—外筒；2—吸入管；3—套管　　1—套管；2—中心管；3—筛管；4—封隔器

2.1.3　偏心式气锚

偏心式气锚主要由中心管、外管、弓形弹簧及上、下进液口等组成，偏心式气锚以偏心环流理论及缝隙流相关理论为基础，通过改变进泵流体的循环路线，利用偏心流道压降及速度分布差异的特点，提高气液分离效率，达到提高泵效的目的。多相垂直管流的研究表明：当油管处于套管中央位置时，气体在环空面上分布是均匀的。当油管与套管一侧接触时，就形成偏心环空，气体就优先进入环空面积较大的一侧。这种情况下，在油、套管近似接触的狭窄部分的混合物中，液体含量就比油管处于套管中心时混合物中的液体含量高。而偏心气锚的进液孔设置在窄侧，故进入气锚内的流体的含气量很小，进入气锚内的流体再经过一次重力分离后由中心管进入抽油泵，气体则经排气孔排入油套环空(图4-6)。

偏心式气锚与其他常规分离器相比，最大的区别是偏心气锚的设计采用了偏心流动理论，其储气空间是油套环空，从而大大提高了其在高气油比条件下的除气能力。适用气液比 $30 \sim 3000 m^3/t$，适用产液量 $0 \sim 70 m^3/d$ 的油井。

2.1.4　大孔多节虹吸式气锚

大孔多节虹吸式气锚由上接头、中心管、虹吸管、隔板、外管和下接头等组成，如图4-7所示。中心管与上接头采用螺纹连接，隔板焊接在中心管上，上下接头与外管焊接完成。隔板直径比外管内径略小，中心管可从外管内部穿过。将半圆管的顶部与隔板焊接，侧边与中心管外管焊接，就形成密闭的虹吸通道。该气锚下部接密闭式沉砂管，下部分离腔内的液体不会漏失，为了增大分离空间，中心管上的进液孔位置开在下部。从油层进到井筒内的气液在套管内上行至气锚，当气锚上部的抽油泵活塞上行时，气液通过每个分离腔上部开在外管上的孔进入分离腔，在密度差的作用下，气液在腔内分离，气体上行从外管上的孔排出，液体下沉，当抽油泵活塞下行时气液进一步分离。在抽油泵活塞再次上行时分离腔内的液体被吸入虹吸管，从上部开孔进入中心管，最终上行进入抽油泵并被举升至地面。

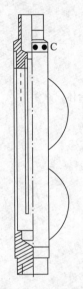

图 4–5　偏心式气锚结构

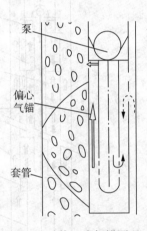

图 4–6　偏心式气锚原理

大孔多节虹吸式气锚主要是利用滑脱效应，这类气锚的分气效率取决于气泡在液体中的上升速度、排气距离、分离面积和排气通道。上升速度越快、排气距离越短、分离面积越大、排气通道越畅通，分气效率越高。大孔多节虹吸式气锚的设计思路主要是三个方面：①缩短排气距离。气泡上升速度由气液性质、流态和所处的环境等自然条件决定，气泡直径越小上升的速度越慢，为了将尽可能多的气体排出气锚，需要缩短气泡在气锚内的上升距离，否则气泡尚未排出就被吸入中心管，无法排出。②增大分离面积。气锚连接在抽油泵下部，在直井中横向发展受到套管尺寸的限制，可以考虑在纵向发展。③保持排气通道畅通。为了使分出的气体快速排出气锚，要求气锚有尽可能多的排气通道，并且气锚的纵向距离不能太长，否则无法保障脱出的气体从气锚体内有效排出。普通气锚上部带有气帽，气锚内的气体上升到气帽后推开单流阀从气帽顶部排出，为了保证气帽上的单流阀顺利打开，对气帽的高度有严格的要求。如果缩短气锚分离腔的排气距离，只能取消气帽，否则吸液的中心管变长，液体流动阻力过大而失效。取消气帽后气锚分离腔的进液孔与排气孔合二为一，因此，要留有足够多、足够大的排气通道，以保持排气顺畅。将气锚分离腔由单一腔室发展为多个组合腔室，并将多个分离腔室的组合进行优化设计，是影响气锚分离效率的关键。该气锚适应液量 2～50t/d，气液比 10～250 m³/t，载荷≤300 kN，工具外径与套管内径之比为 65%～75%，总长度 2～5 m。

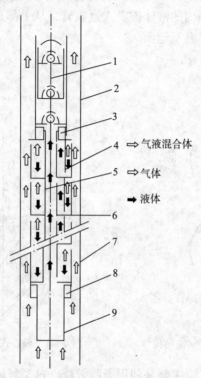

图 4-7　大孔多节虹吸式气锚工作原理图

1—抽油泵；2—套管；3—上接头；4—虹吸管；5—中心管；6—隔板；7—外管；
8—下接头；9—沉砂管

2.1.5　多杯等流型气锚

多杯等流型气锚由中心管和多个沉降杯组成，见图 4-8。多杯等流型气锚主要是利用油气的密度差异，气泡在采出液中受到浮力的作用向上运动，从而从液体中分离出来。

多杯等流型气锚在吸入孔外设计流线型碗状沉降杯(图 4-9)，当吸入采出液时，液体会从油套环形空间沿着沉降杯向下流动进入吸入孔，采出液里的气体由于受到浮力作用而向上运动，实现油气分离。此外，通过增加沉降杯的个数可以延长气液两相混合液在沉降杯中的滞留时间，使气体更充分与液体分离，从而达到提高气液分离的目的。

多杯等流型气锚的特点是可以通过增加沉降杯的数目，来调节流体在气锚内的停留时间，从而改善脱气性能。适用于液量较低，产液量 $0 \sim 15\text{m}^3/\text{d}$，气液比 $0 \sim 3000\text{m}^3/\text{t}$ 的油井，但不适于含泥砂的油井。

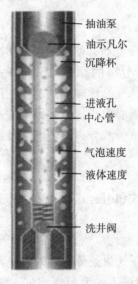

抽油泵
油示凡尔
沉降杯

进液孔
中心管

气泡速度
液体速度

洗井阀

图 4-8　多杯等流型气锚结构图

图 4-9　碗状沉降杯

多杯等流型气锚在大庆油田推广使用 1712 口油井，油井平均泵效从 44% 提高到 56%，沉没度从 405m 下降到 256m，系统效率由 30.9% 提高到 34.8%。

2.1.6　瓦棱状气锚

瓦棱状气锚是在多杯等流型气锚基础之上改进而来的，它的油气分离原理与多杯等流型气锚相同。主要是将流线型碗状沉降杯改为多个瓦棱状沉降杯（图 4-10），使气泡在上升过程中快速聚并，进一步提高脱气效率。

图 4-10　瓦棱状气锚

瓦棱状气锚沉降杯的棱数、倾角、凹入深度对气锚的脱气效率有着影响。相关实验结果表明，30°倾角、12 棱、全凹气锚脱气效果最好。在脱气效率均达到 97% 的前提下，液体在气锚内的停留时间比普通流线型气锚减少 25.5s，减少幅度达 38.4%。

瓦棱状气锚的特点是套管与锚体之间环空面积增大，有利于提高脱气效率。

液体停留时间缩短，有利于提高产液量。瓦棱状气锚在大庆油田进行了应用，增产节能效果显著。油井平均增油 0.57t/d，增幅达 14.36%；平均泵效由 38.9% 提高到 48.9%，增幅达 25.71%；沉没度由 342m 降低到 195m，降幅达 42.74%。

2.2 螺旋式气锚

螺旋式气锚是利用油气混合液在气锚内旋转流动、油气的密度和离心力不同、气泡在内侧流动、液体在外侧流动而进行分离的原理。与沉降式气锚相比，螺旋式气锚分离效率较高，适合在产量高、气油比较高的井中使用。这种气锚用于低产井时，由于液流速度小，产生的离心力小，分气效果差。螺旋式气锚的主要类型有普通螺旋式气锚、旋流式井下气液分离器、电潜泵旋转分离器、封隔式螺旋气锚等。

2.2.1 普通螺旋式气锚

现场使用的普通螺旋式气锚大体分为单一式和组合式两大类。其工作原理如图 4-11 所示。

图 4-11(a) 是一种单一式螺旋气锚结构示意图。气液混合物直接进入螺旋流道实现螺旋分离，经分离后的气体和液体在气罩处分开。气体进入气罩形成"气帽"，待压力达到一定值时，推开单流阀进入油套环形空间。液体则沿气罩外缘和锚壳内壁进入抽油泵内。

图 4-11(b) 是一种组合式螺旋气锚结构示意图。气液混合物从锚壳侧孔进入气锚，然后下沉并折流入中心管，由于"回流效应"，气液混合物被第一次分离。经第一次分离后的液体从中心管进入螺旋流道实现螺旋分离。

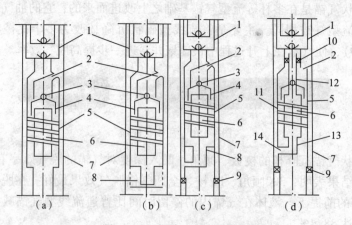

图 4-11　螺旋式气锚结构图

1—抽油泵；2—排气孔；3—单流阀；4—气罩；5—锚壳；6—螺杆；7—套管；8—中心管；
9—封隔器；10—密封圈；11—泄油窗；12—上中心管；13—下中心管；14—吸入口

　　图4－11(c)是一种带封隔器的组合式螺旋气锚结构示意图。气液混合物从封隔器中心管进入气锚后，从锚壳侧孔进入锚套环形空间，利用"回流效应"进行分离。经第一次分离后的液体从中心管进入螺旋流道实现螺旋分离。经螺旋分离后的气体和液体的流动方向如图4－11(a)。

　　图4－11(d)是另一种带封隔器的组合式螺旋气锚示意图。气液混合物从封隔器中心管经气锚内的环形空间进入螺旋流道实现螺旋分离。经螺旋分离后的气体螺旋上升，并在气罩内形成"气帽"，然后以连续气流形式进入到油套环形空间；而带有少量气体的液体从泄油窗甩入锚套环形空间实现重力分离，经重力分离后的液体从锚壳入口经中心管进入抽油泵。

　　上述四种结构的螺旋式气锚中，前三种的气罩上均装有单流阀，其目的是为了阻止液、气回流，提高分气效果。抽油泵在上冲程时，气罩内的气体压力往往低于单流阀上方的压力，气体不能推开单流阀进入油套环形空间。抽油泵在上冲程结束的瞬间，由于螺旋流道内液体的惯性，使气罩内的气体压力突然升高推开单流阀，一部分气体进入油套环形空间，由于这样，气体不能顺利排入油套环形空间，气锚的分气效果差。若没有单流阀，气体则更容易以连续气流形式排入油套环形空间，提高气锚分气能力。

　　普通螺旋式气锚不仅利用了紊流化使气泡聚合和离心分离的原理，而且最大限度地利用套管截面积来降低油气进泵前的回流速度，增强"回流效应"分气作用。另外排气孔开在上接头顶部，在气量较大时便在上部形成"气帽"，有利于气体以连续的气流顺利地排向回流速度更小的油套环形空间。所以在油气进分离器后，在整个流动过程中，这种分离器从结构上以尽可能多的方式创造油气分离的条件，从而使它即使在不利的条件(高黏度、高产量或高气油比)下仍能有较好效果。尤其是封隔器式螺旋气锚，对泵到油层中部的距离较大的高气油比井具有特殊的意义。在其封隔器的下部加长尾管至油层中部，则有利于在油气进泵前充分利用气体能量将油气举升到一定高度，可减少油气从井底流到泵口处的油气滑脱损失，从而可降低井底流压。对于中低含水且原油比重低的井，适当选择尾管直径将会因减少油水滑脱而防止井筒积水。即使在不加深泵挂的条件下，也会明显降低井底流压，而有利于提高产量。

2.2.2　旋流式井下气液分离器

　　旋流式气液分离器具有分离效率高、机械结构简单且体积较小的优点。常见的旋流分离器可分为静态旋流分离器、动态旋流分离器和复合式旋流分离器三类。

1. 静态旋流分离器

　　静态旋流分离器是旋流器内无运动部件，气液混合物仅依靠切向入口段形成旋流，并以之作为气液分离的动力。此类分离器按其形状的不同又可分为外形近似锥形的旋流分离器和和外形为圆柱的管柱式气液旋流分离器。

锥形旋流气液分离器有单锥型、双锥型等多种结构。图4-12所示为常见的双锥型旋流气液分离器的基本结构，它主要由以下四个部分构成：短圆柱形入口段、收缩段、分离段和尾管段。其工作原理是：气液混合流沿切线方向进入旋流腔中，密度较大的液滴在离心力的作用下被甩到外壁，而气体则留在中心。被甩到外壁的液滴沿锥体外壁向下运动，由底流口排出；气流则回转向上由溢流口排出，实现气液的分离。该类气液分离器是直接由油水分离器转化而来的，对其流场的研究也相对较为清楚。

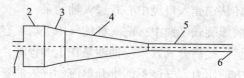

图4-12 双锥水力旋流器示意图

1—溢流口；2—圆柱形入口段；3—收缩段；4—分离段；5—尾管段；6—底流口

管柱式气液旋流分离器(图4-13)工作原理是：气液混合流沿切线方向或螺旋线方向进入分离器中，由于气液的密度差异，密度较大的液滴在离心力的作用下被甩到外壁，而密度较小的气体则留在内圈。被甩到外壁的液滴在其自身重力和气流的带动下向下运动，到达旋流器底部时积聚、排出。而气流则回转向上由出口排出，由此实现气液的分离。

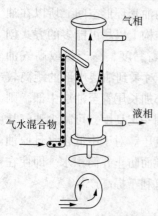

图4-13 管柱式气液旋流
分离器示意图

管柱式气液旋流分离器作为一种新型的旋流分离工具，由于具有体积小、结构简单、内部无运动件、制造及操作成本低等诸多优点，在石油、化工行业有着良好的应用前景，同时也很适宜在井下气液分离技术中应用。

2. 动态旋流分离器

动态旋流分离器是在静态旋流器的基础上增加了马达来带动旋流器外壳转动，液体进入旋流器内腔后，在摩擦力带动下形成涡流，这样，器壁附近液体的切向速度就不会逐渐递减，两相介质的分离区域加长，从而提高了分离效率，同时也降低了压力损失。当然其缺点是结构较为复杂，除了增加了动力设备还需要密封、润滑设备，分流比较大。

3. 复合式旋流分离器

复合式旋流分离器是将动态和静态水力旋流技术结合在一起，从而扩大了应用范围。在这类分离器中液流的转动由电动机驱动旋转栅实现，流体被加速后形成高转速涡流，然后进入静态锥体分离段，分离出的轻质组分沿中心反向运移，经溢流嘴到溢流腔排出，而水则沿旋转单体底部排出。

2.2.3 电潜泵旋转分离器

电潜泵旋转分离器的结构见图 4－14，螺旋叶片由潜油电动机带动，中心轴下端连接潜油电动机保护器的输出轴，上端连接离心泵叶轮，并以高速（如 2820r/min 等）旋转。

井内气液混合物经分离器下接头吸入孔进入腔体后，被螺旋状的诱导轮举升到低压吸入叶轮，使气液混合物产生一个稳定的压头，再经过导向轮，使气液混合物由径向流动改变为轴向流动后，进入分离腔，分离腔内高速旋转的转子将气液混合物中的液体甩到圆周外缘，进入分流壳的流道，供泵抽汲，同时将气体和较轻的气液乳化物聚集在中心部位，通过分流壳孔道和上接头的小孔，进入油套环形空间。这种气锚可以分离出约80%的自由气，在泵吸入口处气体占总气液体积30%的情况下可以正常工作。

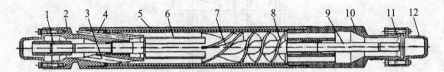

图 4－14　电潜泵旋转分离器示意图

1—运输帽；2—离心分离单元；3—基体总成；4—轴；5—螺旋叶片；6—螺旋轴流叶片；
7—径向破碎器；8—壳体总成；9—排气孔；10—离心分离单元；11—头部总成；12—花键套

2.2.4 封隔式螺旋气锚

封隔式螺旋气锚主要由螺旋片、中心管、分离筒、排气阀、桥式连接筒等组成，如图 4－15 所示。该气锚运用紊流化使气泡聚合以及离心分离的原理，最大限度地利用套管截面积来降低油气进泵前的回流速度，增强了"回流效应"的分气作用。

油气分离原理：含气油流沿封隔器下部的尾管经桥式连接筒进入分离器环形空间后，通过中心管外部的螺旋片使油气产生高速旋转流动。由于紊流化和离心分离作用，加速了小气泡的聚合，并且不同密度的流体离心力不同，这样使得密度较小的被聚合的大气泡沿螺旋内侧流动，而密度较大的带有未被分离小气泡的液流则沿外侧流动。沿内侧流动的大气泡又不断聚合，并上升至螺旋顶部聚集后形成"气帽"，气体以连续气流从上接头顶部的排气孔排至油套管环形空间。含有小气泡的液流上升至分离器上部带孔段时，便通过孔眼被甩到油套管环形空间。由于在环形空间内液流速度突然降低，其中所带的一部分气泡将上浮而直接被分离进入分离器上部的油套管环形空间；另一部分直径较小的气泡虽然被带入环形空间，但它们并不随液流立即进入吸入管，在下冲程泵停止吸入时，套管与泵筒的环形空间中液流速度为零时，它们其中一部分便上浮至分离器上部的油套管环形空间，这样便又充分利用了液流的"回流效应"。最后，只有少部分小气泡在上冲程被液流携带经桥式连接筒的吸入口沿中心管进入泵内，达到油气分离的目的。

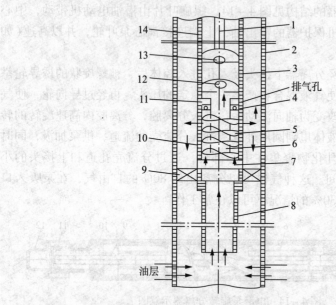

图 4 - 15　封隔器式螺旋气锚工作原理示意图

1—抽油杆；2—套管；3—泵筒；4—排气阀；5—螺旋片；6—中心管；7—桥式连接筒；8—尾管；
9—封隔器；10—分离筒；11—上接头；12—固定阀；13—游动阀；14—油管

封隔式螺旋气锚对高黏度或高产量、高气油比井有较好的效果，适用于能下封隔器的油井。

2.3　复合型气锚

复合型气锚是综合利用滑脱效应、离心效应等原理进行气液分离的气锚，主要类型有双尾管沉降 - 螺旋式气锚、迷宫式气锚、漩流式气锚等。

2.3.1　双尾管沉降 - 螺旋式气锚

双尾管沉降 - 螺旋式气锚主要由外管、进液孔、排气孔、内管、螺旋片等组成(图 4 - 16)。该气锚是利用重力作用和离心力作用原理分离气体的气锚。其结合了重力式气锚和离心式气锚的特点，属综合式气液分离装置，它能使含溶解气的原油通过气锚时，产生搅拌、转向和速度突然增加等效果，有助于游离气的析出，实现油气高效分离。

螺旋片的螺距是影响分气效果好坏的重要参数。针对不同产量的油井应选用不同的螺距(在锚筒内外径一定的条件下)。其油气分离原理分为以下两个阶段：

第一阶段：当气液混合物由进液孔刚进入锚筒时，液流方向为水平方向，在气液密度差的作用下，气泡产生向上的垂直分速度，加上气液混合物在进入高效气锚孔眼时产生撞击和扰动，使部分气体从液体中分离出来，实现了油气初步分离，分离出的气体浮到锚筒顶部，经排气孔排到油套环形空间。

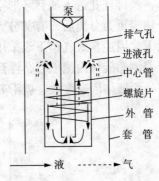

图 4 - 16 双尾管沉降 - 螺旋式
气锚结构图

第二阶段：经过第一阶段分离进入锚筒并被液流带至进液孔以下的气泡在锚筒环形空间内进行分离。气液混合物经高效气锚进液孔向下流动时，一部分气体从液体中分离出来，并

向上运动，随小气泡向下流动，部分大气泡滑脱并上浮到锚筒环形空间顶部，经排气孔进入油套环形空间。混合液经重力分离后有部分大气泡被分离上浮，但大部分小气泡仍被液体携带而下。液体在倒螺旋机构内部螺旋向下流动，在离心力的作用下，气泡因密度小沿着倒螺旋体内侧上行，浮到锚筒环形空间顶部时，经排气孔排到油套环形空间，而液体因密度大，就沿着倒螺旋机构外侧下行。

该气锚具有以下特点：锚体较长，增加了油气分离时间，从而保证油气有效分离；有足够大的锚管环形空间，气锚分气能力较强；结构简单，成本低；使用时需保证一定的沉没度，且要释放套管气，否则效果不理想。

2.3.2 迷宫式气锚

迷宫式气锚将重力分离与离心分离有机结合在一起，能根据油井产气量的多少组成任意级数，实现油气的高效分离。迷宫式气锚由排气阀、气罩、上级外管、心轴、上级螺旋总成、下级螺旋总成、中心管、下级外管、下级外套组成，结构如图 4 - 17 所示。

迷宫式气锚的分气过程主要分三个阶段：

第一阶段：由进液孔水平进入气锚孔眼的气液混合物首先进行分离。当气液混合物刚进入锚筒时，液流方向为水平方向，在气液密度差的作用下，气泡产生向上的垂直分速度，加上气液混合物在进入气锚孔眼时产生撞击和扰动，更加速了气液的分离。所以在这一过程中将首先进行气液重力分离，分离出的气泡浮到锚筒的顶部，经排气孔排到油套环形空间。

第二阶段：进入气锚并被液流带至进液孔以下的气锚在锚筒环形空间内分离。迷宫式气锚在第二阶段实际上是以下两种分气过程的合成。一是重力分离过程。气液混合物经气锚孔向下流动时，随着小气泡逐渐聚集成大气泡，由于气液密度差和液体的螺旋向下流动，部分大气泡滑脱并上浮到锚筒环形空间顶部，经排气孔进入油套环形空间"A"。二是离心分离过程。进入第二阶段的混合物经重力分离后，有部分大气泡被分离上浮，但大部分小气泡仍被液体携带而下。因迷宫式气锚下级采用倒螺旋结构，在离心力的作用下，气泡因密度小沿着倒螺旋体内侧上行，浮到锚筒环形空间顶部时，经排气孔排到油套环形空间，而液体因密度大，就沿着倒螺旋外侧下行。

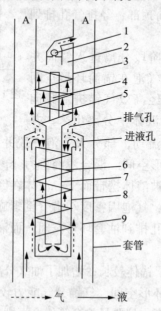

图4-17　迷宫式气锚结构图

1—排气阀；2—气罩；3—上级外管；4—心轴；5—上级螺旋总成；6—下级螺旋总成；
7—中心管；8—下级外管；9—下级外套

第三阶段：被液流携带至中心管内的小气泡在上级正螺旋气锚内分离。经下级气锚的中心管进入上级正螺旋气锚内的气液混合物通过螺旋叶片产生旋转流动，因气液的密度差，产生的离心力使液体沿着螺旋外侧流动，气泡沿着螺旋内侧轨道上行。当气泡浮到上级螺旋总成顶部时，进入气罩，通过排气阀进入油套环形空间。

2.3.3　漩流式气锚

漩流式气锚综合运用了重力作用、离心力作用、剪切、滑脱效应，主要由上接头、外管、衬管、内吸管和下接头组成，外管上有很多小孔，孔的方向与外管内表面相切并向下倾斜，外管与衬管之间形成一个环形空间（如图4-18、图4-19所示）。

油气分离原理：油气混合液首先经过外管、再经过衬管、最后由内吸管进入抽油泵，由于外管上的切线小孔的内表面是粗糙的，混合在液体里的气体经过时受到剪切作用，一部分气体被分离，进入外管与内管环形空间的油气混合液形成旋转。在离心力的作用下，油气混合液进行两次分离，分离出气体上升经过外管排出，液体下降经过衬管进入由衬管和内吸管组成的环形空间，未被分离的气体利用重力分离原理进行第三次分离，最后剩余的油液进入泵体。该气锚具有以下特点：该气锚集剪切作用、离心力作用以及重力分离作用于一体，油气分离效率高，特别适合于高油气比井；气锚无运动部件，也无螺旋面，因此具有结构简单，容易制造，成本低的特点；由于结构特点，该气锚同时还可以作为砂锚使用。

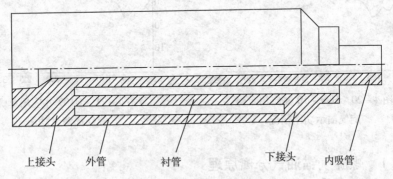

图 4-18　漩流式气锚原理图

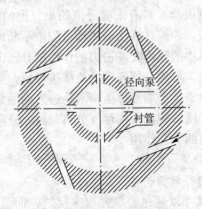

图 4-19　外管、衬管剖面图

3　变螺距双螺旋气锚

JS 油田为复杂小断块油藏，部分区块气油比及饱和压力高，如 FM、HJ、YA 等油田，原始气油比均超过 100 m³/t，饱和压力达到 15MPa 以上，同时日产液量普遍超过 10m³/d，另外随着油田开发的不断深入，地层压力逐渐降低，原油脱气现象明显。这些高气油比区块的油井普遍采用常规螺旋气锚，但从示功图测试反映部分井还存在气体对泵影响明显的状况(见图4-20、图4-21)，同时螺旋气锚的排气阀也常常因砂、垢、稠油堵塞而失效。为了为进一步提高气锚的分气效率，剖析了螺旋气锚油气分离原理，分析了影响螺旋气锚分气效率的因素，在此基础上研制了变螺距双螺旋气锚。

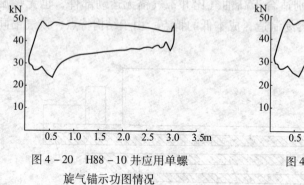
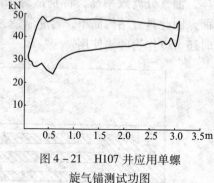

图4-20　H88-10井应用单螺　　　　　图4-21　H107井应用单螺
　　　旋气锚示功图情况　　　　　　　　　旋气锚测试功图

3.1　螺旋气锚油气分离原理

气液两相流体进入螺旋气锚后，由于不同的密度造成离心力不同，使被聚集的大气泡沿螺旋内侧流动，带有未被分离的小气泡的液体则沿着外侧流动，在离心力的同时，气液两相液体在上升流动过程中不断地与螺旋流道、筒壁发生碰撞，使夹杂在液体中的气泡受冲击力的作用被分离出来，同时流体流经物体表面时，在物体表面上形成一层很薄的流体边界层，液体中的气泡由于壁面切应力的作用被分离出来。最后液体由排液孔进入抽油泵，分离出的气体则由排气孔排至油套环空。所以螺旋气锚油气分离是离心分离、碰撞分离、边界层辅助分离以及重力分离的综合作用。

3.1.1　离心作用分离

1. 可分离的气泡直径计算方法

气锚分离效果不仅可以通过分气效率来反映，而且可以通过可分离出的气泡直径来体现，可分离出的气泡直径越小，说明其分离效果越好；反之，说明分离效果差。螺旋气锚能够离心分离的最小气泡直径，称为可分离气泡直径。

处于气锚中作螺旋运动的气泡，在螺旋分离器的径向方向上将受到液流向心力及液体阻力的共同作用，而作向心加速运动。假设气泡的旋转切向速度为 u，径向运动速度为 dr/dt，径向运动加速度为 d^2r/dt^2。假定气泡为直径 d_0 的球形体，按 Newton 第二定律，可建立如下的气泡向心加速运动方程：

$$\frac{\pi}{6}d_0{}^3(\rho-\rho_0)\frac{u^2}{r}-C\frac{\pi}{4}d_0{}^2\frac{\rho}{2}\left(\frac{dr}{dt}\right)^2=\frac{\pi}{6}d_0{}^3(\rho-\rho_0)\frac{d^2r}{dt^2} \qquad (4-1)$$

式中：r 为某瞬时气泡所处位置的半径；ρ、ρ_0 分别为液体和气体的密度；C 为流体阻力系数，它与气泡形状及气液相对运动状态有关，$C = \alpha / Re^k$；α、k 分别为待定值和待定指数；Re 为气泡绕流 Reynolds 数，$Re = \rho d_0 (\mathrm{d}r/\mathrm{d}t)/\mu$；$\mu$ 为液相的动力黏性系数。

（1）假若气泡径向运动处于层流状态，即属于 Stokes 阻力区，$Re \leqslant 1$，$k = 1$，$\alpha = 24$，则 $C = 24/Re$，将此式代入运动方程，可得：

$$\frac{\mathrm{d}^2 r}{\mathrm{d}t^2} = \frac{u^2}{r} - \frac{18\mu}{(\rho - \rho_0) d_0^2} \frac{\mathrm{d}r}{\mathrm{d}t} \qquad (4-2)$$

当气泡作等速运动时，$\mathrm{d}^2 r/\mathrm{d}t^2 = 0$，气泡所受向心力与液体阻力相平衡。实际流动中气泡所受向心力很大，径向加速时间极短，可以认为气泡一直处于等速运动状态。由此可得出气泡向心运动速度为：

$$\frac{\mathrm{d}r}{\mathrm{d}t} = \frac{d_0^2 (\rho - \rho_0) u^2}{18\mu r} \qquad (4-3)$$

（2）假若气泡向心运动处于过渡状态，属于 Allen 阻力区，$1 < Re < 500$，$k = 0.5$，$\alpha = 10$，则 $C = 10/\sqrt{Re}$，将此代入运动方程，并考虑到气泡处于等速运动状态，$\mathrm{d}^2 r/\mathrm{d}t^2 = 0$，此时的气泡向心运动速度为：

$$\frac{\mathrm{d}r}{\mathrm{d}t} = \left[\frac{2d_0^{1.5} (\rho - \rho_0) u^2}{15\rho^{0.5} \mu^{0.5} r} \right]^{2/3} \qquad (4-4)$$

（3）假若气泡向心运动处于紊流状态，属于 Newton 阻力区，$500 \leqslant Re \leqslant 2 \times 10^5$，$k = 0$，$\alpha = 0.44$，则 $C = 0.44$。将此代入运动方程，并认为气泡处于等速径向运动状态，$\mathrm{d}^2 r/\mathrm{d}t^2 = 0$，此时的气泡向心运动速度为：

$$\frac{\mathrm{d}r}{\mathrm{d}t} = \sqrt{\frac{100 d_0 (\rho - \rho_0) u^2}{33 \rho r}} \qquad (4-5)$$

现根据两种不同的分离理论，分别计算两种分离直径。

（1）以向心悬浮分离理论计算 100% 分离的气泡直径。

向心悬浮分离理论认为，在螺旋分离器螺旋液流中的气泡，一方面随液流旋转，另一方面由于向心浮力的作用而向分离器中心移动。如果液流从入口到出液口旋转 N 圈的时间内，气泡能从离外壁面最近的一点，穿过油水混合物而悬浮到轴心处，即被分离。

在抽油泵上行过程中，设含气液流由入口开始呈螺旋向上流动，经过整个螺杆长度 H 所用的时间为 t_h；对于等螺距分离器，可以假定含气液流作螺旋流动时，其速度仍为入口速度 v_i，则：

$$t_h = \sqrt{H^2 + [\pi (r_1 + r_2) H/B]^2} / v_i \qquad (4-6)$$

式中：r_1 为螺旋分离器中心管外半径；r_2 为分离器螺旋叶片外半径；H 为螺杆本体长度；B 为螺旋叶片螺距。

油田常用气锚螺旋长度 H 一般小于 $2m$，假设流量 q_m 为 $10 \sim 100 \ m^3/d$、液体的动力黏度 μ 为 $30 \sim 500 mPa \cdot s$、螺旋叶片厚度 $\delta = 12mm$、螺旋流道的螺距 $B = 50 \sim 110mm$、流体 $\rho = 800 kg/m^3$，根据流体流动的水力半径计算公式：

$$R = \frac{A}{X} = \frac{(B - \delta)(r_1 - r_2)}{2(B - \delta + r_1 - r_2)} \tag{4-7}$$

得到当量直径计算公式为：

$$d = 4R = 4\frac{A}{X} = \frac{2(B - \delta)(r_1 - r_2)}{(B - \delta + r_1 - r_2)} \tag{4-8}$$

同时根据流道流动长度计算公式：

$$l = \pi(r_1 + r_2)\frac{H}{B} \tag{4-9}$$

以及流动雷诺数的计算公式：

$$Re = \frac{vd\rho}{\mu} = \frac{4q_m\rho}{\pi d\mu} \tag{4-10}$$

计算得到：$Re < 2300$，所以常用情况下，流体的流动状态为层流。

在层流条件下，Stokes 阻力区运动时，由式（4-3）得：

$$t_r = \int_0^{t_r} dt = \frac{18\mu}{d_0^2(\rho - \rho_0)} \int_{r_2}^{r_1} \frac{rdr}{u^2} \tag{4-11}$$

螺旋分离器内某横断面上的平面流场，可认为是由外部的准自由涡和中心区的强制涡所组成。气泡的飞行是在准自由涡中进行的，其速度分布为 $ur^n = c$（常数），故：

$$t_r = \frac{18\mu}{d_0^2(\rho - \rho_0)c^2} \int_{r_2}^{r_1} r^{2n+1} dr \tag{4-12}$$

按 $t_h = t_r$ 及 Rosin 的假定：$n = 0$，即 $u = v_i = c$，可求出 100% 被分离的气泡直径：

$$d_{100} = \sqrt{\frac{9\mu(r_1^2 - r_2^2)}{\sqrt{H^2 + [\pi(r_1 + r_2)H/B]^2}(\rho - \rho_0)v_i}}$$

$$= \sqrt{\frac{9\mu(r_1^2 - r_2^2)[\pi(r_1^2 - r_2^2) - (r_1 - r_2)\delta m]\sin\theta}{\sqrt{H^2 + [\pi(r_1 + r_2)H/B]^2}(\rho - \rho_0)Q}} \tag{4-13}$$

式中：δ 为螺旋叶片厚度，m；m 为螺旋头数；θ 为螺旋角；Q 为入口流量，m^3/d。

$$\sin\theta = B/\sqrt{B^2 + [\pi(r_1 + r_2)]^2} \tag{4-14}$$

（2）以螺旋内管汇流理论计算 50% 分离的气泡直径。

气泡在螺旋分离器中受到液相介质的浮力而向心流动，在径向运动的同时还受到液流阻力的作用。螺旋中心管直径为 d_2、长度为 H，运动到该筒状表面上的气泡处于临界分离状态，当向心浮力大于液流阻力时，气泡进入螺旋中心管内成为分离气流，即被分离；如果向心浮力不够大，则气泡不能被分离。这一理论得到的是几率为50%被分离的气泡直径。

在螺旋中心管外表面上，由向心力与阻力的平衡，得：

$$\frac{\pi}{6}d_0{}^3(\rho-\rho_0)\frac{u_0^2}{r_2}=C\,\frac{\pi}{4}d_0{}^2\,\frac{\rho}{2}\left(\frac{\mathrm{d}r}{\mathrm{d}t}\right)_0^2 \tag{4-15}$$

式中：u_0、$(\mathrm{d}r/\mathrm{d}t)_0$ 分别为 $r_2=d_2/2$ 处的切向速度和径向速度。

气泡在层流条件下，Stokes 阻力区运动

$$d_0=\sqrt{\frac{18\mu r_2(\mathrm{d}r/\mathrm{d}t)_0}{(\rho-\rho_0)u_0^2}} \tag{4-16}$$

按准自由涡 $ur^n=c$ 考虑，根据池森龟鹤的研究，$n=0.5$。

$$v_i r_1{}^{0.5}=u_0 r_2{}^{0.5};\quad u_0=\left(\frac{r_1}{r_2}\right)^{0.5}v_i$$

而 $v_i=\dfrac{Q}{\pi(r_1{}^2-r_2{}^2)-(r_1-r_2)\delta m}$，连续性方程为：

$$\left(\frac{\mathrm{d}r}{\mathrm{d}t}\right)_0=\frac{0.3Q}{2\pi r_2 H} \tag{4-17}$$

由此得：

$$d_{50}=\sqrt{\frac{27\mu r_2}{10\pi H r_1(\rho-\rho_0)Q}\left[\pi(r_1{}^2-r_2{}^2)-(r_1-r_2)\delta m\right]\sin\theta} \tag{4-18}$$

2. 分气效率计算方法

根据螺旋式油气分离器的分离原理，利用流体的高速旋转产生的离心作用将油气分开。假设气泡在液体内均匀分布，气泡在螺旋槽内移动时只考虑离心力的作用，而忽略重力的作用，液体密度是一致的，气液混合物以同一速度在螺旋槽内做旋转运动。

假设气泡受到的离心力与气泡径向运动黏滞阻力大小相等，方向相反，使气泡在径向达到平衡。

那么，气泡所受离心力为：

$$F=ma=m\omega^2 r=m\omega\frac{\mathrm{d}\phi}{\mathrm{d}t}r \tag{4-19}$$

当流体流经一个圆球时，以极坐标来表示圆球的向量，其中极轴平行于流体流动的方向。由于对称的缘故，所有可能的变数均以 u 及角度 θ 的函数来表示。阻力 $\mathrm{d}F_i$ 平行于速度 u，而其在单位面积上力的增加量为：

$$\mathrm{d}F_i=pn_i-\sigma_{ik}n_k \tag{4-20}$$

式中：p 为流体压力，MPa；σ_{ik} 为黏滞应力张量；n 为单位向量。

公式(4-20)右面的第一项为流体压力的常数项，第二项则代表流体的黏

滞力作用在粒子表面所产生的摩擦力。

仅考虑这些作用力在 u 方向的分量，将在粒子表面上的所有作用力的分量累加后，得到：

$$F = \oint (-p\cos\theta + \sigma_{rr}\cos\theta + \sigma_{r\theta}\sin\theta)\,ds \qquad (4-21)$$

公式(4-21)中的积分式是对整个粒子表面积 s 加以积分。在此必须评估 p，σ_{rr} 和 $\sigma_{r\theta}$。在圆球坐标内，应力张量为：

$$\sigma_{rr} = 2u\frac{\partial v_r}{\partial r} \qquad (4-22)$$

$$\sigma_{rr} = \mu\left[\frac{1}{r}\frac{\partial v_r}{\partial r} + \frac{\partial v_\theta}{\partial r} - \frac{v_\theta}{r}\right] \qquad (4-23)$$

式中：v 为单位流体内的流速（当流体的范围无穷尽时，$v = u$）；μ 为流体动力黏度。

对不可压缩流体的稳定流时，Navier-Stokes 方程式为：

$$\vec{v} \times grad\boldsymbol{v} = -(\frac{1}{p})grad\,p + \frac{u}{\rho}\nabla\boldsymbol{v} \qquad (4-24)$$

其中：$\boldsymbol{v} \times grad\boldsymbol{v}$ 与 $\dfrac{u^2}{l}$ 成比例，而 $\dfrac{u}{\rho}\nabla\boldsymbol{v}$ 与 $\mu\dfrac{u}{\rho l^2}$ 成比例，而此二数的比例即为雷诺数 Re，若 Re 值小时，可写成：

$$\mu\nabla\boldsymbol{v} - grad\,p = 0 \qquad (4-25)$$

再加入连续方程式(4-25)，则可完全地描述此运动。再由这些方程式，可解得：

$$v_r = (u\cos\theta)\left[1 - \frac{3R}{2r} + \frac{R^3}{2r^3}\right] \qquad (4-26)$$

$$v_\theta = (-u\sin\theta)\left[1 - \frac{3R}{4r} - \frac{R^3}{4r^3}\right] \qquad (4-27)$$

在粒子表面，$r = R$；相对压力为：$p = -(\dfrac{3u}{2R})u\cos\theta$

以 $r = R$ 加以取代，得到：

$$\sigma_{rr} = 0, \quad \sigma_{r\theta} = -(\frac{3u}{2R})u\sin\theta \qquad (4-28)$$

因此得到：

$$F = \frac{3\mu u}{2R}\int ds \qquad (4-29)$$

或者为：

$$F = 6\pi R\mu u = 3\pi\mu u d \qquad (4-30)$$

式中：d 为粒子的直径，m。

气泡所受径向黏滞阻力为：

$$f = 6\pi\mu rv = 3\pi\mu d\frac{dr}{dt} \tag{4-31}$$

根据前面分析可知，应有 $F = f$，即：

$$m\omega\frac{d\phi}{dt}r = 3\pi\mu d\frac{dr}{dt} \tag{4-32}$$

$$\rho\frac{4\pi d^3}{24}\omega rd\phi = 3\pi\mu ddr \tag{4-33}$$

得：

$$d\phi = \frac{18\mu dr}{\rho\omega rd^2} \tag{4-34}$$

式中：μ 为液体的动力黏度，mPa·s；a 为气泡离心运动的向心加速度，m/s^2；m 为气泡质量，kg；v 为气泡在液体中的径向速度，m/s；ρ 为气泡密度，g/cm^3；γ 为液体的运动黏度，cm^2/s。

在层流方式下，根据气泡所受液体的离心力与气泡径向运动的阻力，可得出气泡在螺旋中的运动微分方程：

$$d\phi = \frac{18\gamma dr}{\omega rd^2} \tag{4-35}$$

式中：$d\phi$ 为气泡在螺旋流场中的角位移增量，rad；dr 为气泡在螺旋流场中的径向位移增量，cm；ω 为螺旋入口最外侧 r_2 处的气泡（或液流）从螺旋入口到出口时所走过的角位移，rad。

积分式(4-35)，得到：

$$d\phi = \frac{18\gamma}{\omega d^2}\ln\frac{r_2}{r'} \tag{4-36}$$

$$\phi = \frac{2\pi l}{b} \tag{4-37}$$

式中：r_2 为螺旋片外半径，m；r' 为气泡旋转半径，即气泡从旋转入口最外侧 r_2 处旋转到出口时离中心管的径向距离，cm；l 为螺旋长度，cm；d 为气泡直径，cm；b 为螺距，cm；γ 为液体运动黏度，cm^2/s；其余与式(4-35)相同。

气泡的平均旋转角速度为

$$\omega = \frac{2q_m}{b(r_2 - r_1)(r_2 + r_1)} \tag{4-38}$$

将式(4-36)和式(4-37)代入式(4-35)可得

$$r' = r_2 e^{-\beta} \tag{4-39}$$

一定大小的气泡能够从螺旋入口的最外侧 r_2 处到出口时移动到内侧，即

135

$r' \le r_1$，此时可以达到油气分离的目的。

根据以上分析，可以得到气泡离心分离作用下的分气效率公式：

$$\beta = \frac{0.7 \times 10^6 l d_0^2 q_m}{\gamma b^2 (r_2^2 - r_1^2)} \qquad (4-40)$$

式中：r_2 为螺旋片外半径，m；l 为螺旋长度，cm；d_0 为气泡直径，cm；q_m 为油气水混合物的流量，m^3/s；r_1 为螺旋片内半径（中心管外半径），m；b 为螺距，cm；γ 为液体运动黏度，cm^2/s。

3. 气锚中液流的沿程阻力计算

气液混合物在螺旋流动过程中，会产生一定的沿程阻力，降低气液的旋流速度。为了方便计算沿程阻力和压降，将螺旋流道展开分析，展开后可近似看作是矩形断面，其图形见图 4-22。

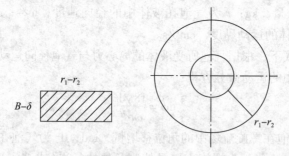

图 4-22 螺旋流道近似矩形断面图

流体流动的水力半径 R 的计算表达式：

$$R = \frac{A}{X} = \frac{(B-\delta)(r_1 - r_2)}{2(B-\delta + r_1 - r_2)} \qquad (4-41)$$

螺旋流道当量直径计算表达式：

$$d = 4R = 4\frac{A}{X} = \frac{2(B-\delta)(r_1 - r_2)}{(B-\delta + r_1 - r_2)} \qquad (4-42)$$

流道流动长度 l 的计算表达式：

$$l = \pi(r_1 + r_2)\frac{H}{B} \qquad (4-43)$$

在层流条件下，液流压降 Δp 的计算表达式：

$$\Delta p = \lambda \frac{l}{d} \frac{\rho v^2}{2} = \frac{128 \mu l q_m}{\pi d^4} \qquad (4-44)$$

式中：d 为螺旋流道当量直径，m；l 为螺旋长度，m；δ 为螺旋叶片厚度，m；q_m 为流量，m^3/d；μ 为黏度，$mPa \cdot s$。

从公式（4-44）可以看出，液流的沿程阻力与液体黏度、液体流量以及螺旋长度成正比，与螺旋流道当量直径成反比。

4. 气锚分气效率的影响因素分析

从以上分离理论可以看出，气锚螺纹长度、螺距、流量等因素与分气效果以及进出口压力降有直接关系。根据公式(4-18)、公式(4-40)以及公式(4-44)分别计算了在一定参数条件下的分气效率、50%分离情况下的气泡可分离直径以及进出口压力降情况，见图4-23～图4-26，从计算结果可以看出：

随日产液量越大，流速越快，离心力越大，可分离气泡的直径减小，分离效率增大。但随日产液量越大，摩阻增大，进出口压力降增大。

随螺纹长度的增大，液体在气锚内分离的时间增大，可分离气泡的直径减小，分离效率增大。但随螺纹长度的增大，摩阻增大，进出口压力降增大。

随螺距的增大，液体在气锚内旋转频率降低，可分离气泡的直径增大，分离效率降低。但随螺距的增大，摩阻降低，进出口压力降减少。

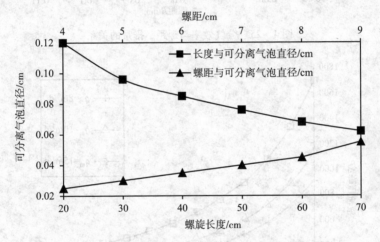

图4-23 可分离气泡直径与螺距、螺纹长度的关系

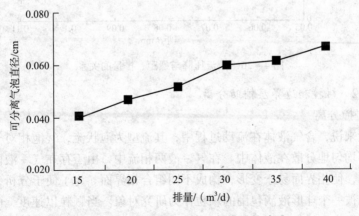

图4-24 可分离气泡直径与排量的关系

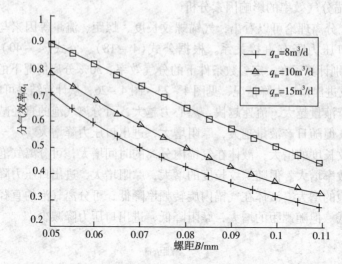

图 4 – 25 分气效率与螺距、排量的关系

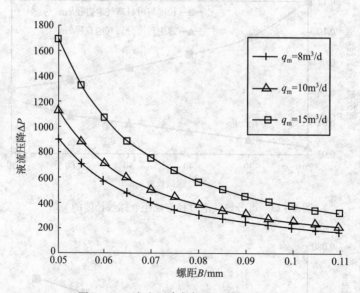

图 4 – 26 液流压降与螺距、排量的关系

3.1.2 碰撞和边界层辅助分离

1. 碰撞分离

一般来说，含气液体在流动过程中，其流型为泡状流，气泡相对于液体很少，并不均匀地分散在液体中。在气–液两相流中，由于存在气–液两相间的相互作用，使相界面易于变形，构成不同组合相界面。为了便于分析，取一个球形气泡被一个球形液滴包围的颗粒作为研究对象。当颗粒以速度 v 碰撞固体壁面时，会产生反向冲击力。假如碰撞后，颗粒处于静止状态，忽略重力的情

况下，颗粒所受到的力只有相界面上产生的张力。那么分析颗粒碰撞后的合力大小与表面张力的关系就能判定其碰撞效果。当颗粒所受到的平均冲力大于表面张力，气泡便从液滴中分离出来。

(1) 碰撞后冲力。

平均流速

$$\bar{v} = \frac{Q}{A} = \frac{Q}{\pi(r_2^2 - r_1^2)} \tag{4-45}$$

以单个颗粒为研究对象，不考虑颗粒之间的碰撞，将液滴与螺旋管道及筒壁碰撞后由动量交换产生的力，定性为惯性力。利用动量定理：物体在一个过程的始末动量的变化量等于它在这个过程中所受(合外)力的冲量：

$$\int_{t_1}^{t_2} F dt = \boldsymbol{P}_2 - \boldsymbol{P}_1 = mv_2 - mv_1 \tag{4-46}$$

式中：v_1，v_2 为碰撞前、后颗粒的速度，m/s；F 为碰撞后，作用在颗粒上的力，N。

碰撞前，颗粒的运动速度远大于液流的平均速度，为了计算方便，此处取液流的平均速度作为颗粒碰撞前的速度($v_1 = v = v$)；由于碰撞是在瞬间发生的，碰撞时间非常短，令碰撞时间 $\Delta t = 0.01s$，碰撞后颗粒处于静止状态，速度为0。式(4-46)可化为：

$$F\Delta t = -mv_1 \tag{4-47}$$

负号说明力的方向与碰撞前速度方向相反。从公式(4-47)可以看出，液滴颗粒直径和冲击速度越大，冲击力越大。

(2) 表面张力。

所谓的表面张力是指相界面上由于分子引力不均衡而产生的张力。表面张力的存在势必会导致相界面两侧压强差的产生，其方程形式如下：

$$\begin{cases} \Delta p = \sigma\left(\dfrac{1}{R_1} + \dfrac{1}{R_2}\right) \\ \Delta p = p_1 - p_g \end{cases} \tag{4-48}$$

式中：Δp 与表面张力相平衡的附加压力差，Pa；σ 为表面张力系数，N/m；R_1、R_2 为相界面上点的曲率半径(描述一个曲面一般需要两个曲率半径)，m；p_1、p_g 为液相、气相的压强，Pa。

因颗粒为球形，此时相界面曲面为球面，则 $R_1 = R_2 = R$；相界面半径为气泡的半径($R = r_g$)；由浮力产生的压差为液、气相的压差。液滴和气泡受到的浮力及受力面积分别为：

$F_1 = \rho_1 g v_1 = \rho_1 g \cdot \dfrac{4}{3}\pi r_1^3$，$F_g = \rho_g g v_g = \rho_g g \cdot \dfrac{4}{3}\pi r_g^3$；$s_1 = 4\pi r_1^2$，$s_g = 4\pi r_g^2$ 则式

(4-48)可化简为

$$\begin{cases} \Delta p = \dfrac{2\sigma}{R} = \dfrac{2\sigma}{r_{\mathrm{g}}} \\[3mm] \Delta p = \dfrac{F_1}{s_1} - \dfrac{F_{\mathrm{g}}}{s_{\mathrm{g}}} \end{cases} \qquad (4-49)$$

从公式(4-49)可以看出,液滴颗粒直径越小、气泡直径越大,表面张力越大。

2. 边界层分离

具有黏性的实际流体流经物体(一般指固体)表面时,由于黏性力的作用,在物体表面上形成一层很薄的流体,称为边界层(附面层)。

油液为黏性流体,当以一定的速度流向螺旋管道时,就会在管道壁面上形成边界层,产生壁面切应力,如图4-27所示。由于边界层很薄,假设边界层外缘上的切应力与壁面切应力相等。在液体流动过程中,假定:

①夹杂在液体中的气泡与液体以相同的速度向前运动,此时,气泡相对于液体处于静止状态;

②气泡浸入液体的体积为整个气泡体积的一半,且处于静止状态;

③气泡未浸入液体的部分则与边界层边缘相切;

④气泡为球形状。

由于是两相流动,就会在相界面上产生表面张力,以致气泡不能从液体中分离出来。而气泡的另一端与边界层边缘相切,气泡受到来自边界层外缘上的切应力作用,其方向与表面张力的方向相反。如果边界层外缘上的切应力大于其表面张力,则气泡从液体表面溢出,沿着切应力的方向排出;如果切应力小于其表面张力,则气泡继续呆在原位,不能被分离。

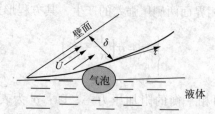

图4-27 气泡受边界层剪切作用和气液界面张力作用的示意图

(1)剪切应力计算。

边界层内属于黏性流,应用纳维-斯托克斯方程式建立其微分方程。假设液体为不可压缩流体并且处于稳定的二元流动,忽略质量力,其运动方程和连续性方程为:

$$\begin{cases} u_x \dfrac{\partial u_x}{\partial x} + u_y \dfrac{\partial u_x}{\partial y} = -\dfrac{1}{\rho} \dfrac{\partial p}{\partial x} + v\left(\dfrac{\partial^2 u_x}{\partial x^2} + \dfrac{\partial^2 u_x}{\partial y^2}\right) \\ u_x \dfrac{\partial u_y}{\partial x} + u_y \dfrac{\partial u_y}{\partial y} = -\dfrac{1}{\rho} \dfrac{\partial p}{\partial y} + v\left(\dfrac{\partial^2 u_y}{\partial x^2} + \dfrac{\partial^2 u_y}{\partial y^2}\right) \\ \dfrac{\partial u_x}{\partial x} + \dfrac{\partial u_y}{\partial y} = 0 \end{cases} \quad (4-50)$$

利用量级对比法，简化上式得：

$$\begin{cases} u_x \dfrac{\partial u_x}{\partial x} + u_y \dfrac{\partial u_x}{\partial y} = -\dfrac{1}{\rho} \dfrac{\partial p}{\partial x} + v\dfrac{\partial^2 u_x}{\partial y^2} \\ \dfrac{\partial p}{\partial y} = 0 \\ \dfrac{\partial u_x}{\partial x} + \dfrac{\partial u_y}{\partial y} = 0 \end{cases} \quad (4-51)$$

此式亦称为普朗特边界层微分方程式。其边界条件为：①在 $y=0$ 处，$u_x = u_y = 0$；②在 $y = \delta$ 处，$u_x = U_x$。

利用动量积分法求解上式，得：

边界层厚度：
$$\delta = \frac{5.83x}{\sqrt{Re_x}} \quad (4-52)$$

雷诺数：
$$Re_x = \frac{U_x}{v} \quad (4-53)$$

剪切应力：
$$\tau = \frac{0.343\rho U^2}{\sqrt{Re_x}} \quad (4-54)$$

①边界层外缘处的流速 U 计算

假设：边界层外缘处的流速与液流的平均流速相等。已知：螺旋管道内径为 r_1，外径为 r_2，流量为 Q，可计算出平均流速：

$$\bar{v} = \frac{Q}{A} = \frac{Q}{\pi(r_2^2 - r_1^2)} \quad (4-55)$$

②运动黏度的计算公式为：

$$v = \frac{\mu}{\rho_1} \quad (4-56)$$

层流状态下，取 $\rho = \rho_1$；则剪切应力：

$$\tau = \frac{0.343\rho_1 U^2}{\sqrt{Re_x}} \quad (4-57)$$

则由剪切应力产生的拉力：

$$F_1 = \tau \cdot \pi\left(\frac{d_1}{2}\right) \quad (4-58)$$

从公式(4-58)可以看出，液滴颗粒直径越大或和冲击速度越大，剪切拉力就越大。

（2）表面张力计算。

假设静止于液面上的气泡和液体只受到大气压的作用。从 $p = \rho g h$ 可看出，液体的压强只与它的密度和深度有关，并且液体内部同一深度处各个方向的压强都相等。在液体表面上，深度为0，只有大气压作用。气泡相对于液体来说非常小，在忽略重力的情况下，只受到浮力产生的压强和大气压。那么气-液两相的压强差为气泡的浮力产生的压强，压强计算公式：

$$\Delta p = \frac{F_g}{s_g} \qquad (4-59)$$

式中：F_g 为气泡所受浮力，N；s_g 为浸入液体中气泡的表面积，m^2；$F_g = \rho_1 g v_g$；$v_g = \frac{2}{3}\pi r_g^3$；$s_g = 2\pi r_g^2$；$r_g$ 为气泡的半径，m；v_g 为气泡的体积，m^3。

所谓的表面张力是指相界面上由于分子引力不均衡而产生的张力，表面张力的存在势必会导致相界面两侧压强差的产生，压强差的计算公式：

$$\Delta p = \sigma\left(\frac{1}{R_1} + \frac{1}{R_2}\right) \qquad (4-60)$$

式中：Δp 为气液两相的压强差，Pa；σ 为表面张力系数，N/m；R_1，R_2 表示相界面上点的曲率半径（描述一个曲面一般需要两个曲率半径）。

因气泡为球形，此时相界面曲面为球面则 $R_1 = R_2 = R$；相界面半径为气泡的半径（$R = r_g$）；则式(4-60)可化简为：

$$\Delta p = \frac{2\sigma}{R} = \frac{2\sigma}{r_g} \qquad (4-61)$$

表面张力系数在数值上就等于液体表面相邻两部分间单位长度的相互牵引力。而液体表面相邻两部分的长度 $c = 1/2\pi d_g$，所以气-液两相表面张力为：

$$\vec{F}_{1g} = \sigma \cdot c = 4.1050 \times 10^{-6} N \qquad (4-62)$$

从公式(4-62)可以看出，随着气泡直径越大，表面张力越大。

3. 分离效率影响因素分析

根据以上碰撞和边界层辅助分离理论，分析结果如下：

随液体流速增大，气泡与壁面碰撞后受到的冲力增大，同时受边界层剪切拉力增大，那么气泡就越能克服表面张力作用，从液体中分离出来，分离效率增大。

随液滴与壁面的接触面积增大，碰撞和受边界层剪切应力作用的机会增大，则受到碰撞和边界层的作用的气泡就更多，那么气泡从液体中分离的机会越大，分离效率增大。

3.2 变螺距双螺旋气锚的结构与工作原理

3.2.1 主要结构

变螺距双螺旋气锚由上接头、分流阀体、外壳、螺杆和下接头组成，其结构如图 4-28 所示。上接头下螺纹与分流阀体上螺纹采用螺纹连接。分流阀体下螺纹与外壳上螺纹采用螺纹连接。外壳下螺纹与下接头上外螺纹采用螺纹连接，外壳内轴向设置螺杆，且螺杆外周设置螺旋片，螺杆下端固定连接下接头，螺旋片的螺距由下往上逐渐变小。螺旋片设计为双螺旋片。螺杆上端固定连接锥形体，锥形体的上端开设排气孔，且锥形体与分流阀体的下中心孔配合形成环形间隙。螺杆内部中空，且螺杆的侧壁布有孔密不等、孔径变化的径向通孔。

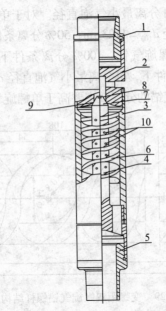

图 4-28 变螺距双螺旋气锚结构示意图

1—上接头；2—分流阀体；3—外壳；4—螺杆；5—下接头；
6—螺旋片；7—锥形体；8—排气孔；9—环形间隙；10—径向通孔

3.2.2 工作原理

变螺距螺旋气锚通过上接头连接在抽油泵的底部。在上冲程过程中，吸入的混合液从下接头的中间通道进入，经由外壳、螺杆构成的螺旋通道上行。由于离心力的作用，水、油等密度较大的流体被抛向螺旋通道外侧向上运动，气体被聚在螺杆轴的周围。由于螺旋片的螺距由下往上逐渐变小，流体的旋流速度逐渐加快。部分小气泡经过螺杆上的孔眼进入螺杆内的中间通道由排气孔排出，部分大气泡沿螺旋通道内侧向上运动，未能从螺杆上的孔眼进入螺杆内的中间通道的高速旋转的气体沿螺旋通道内侧，经环形间隙与从螺杆内通道排气孔排出的气体汇合，由排气孔进入油套环空中。而高速旋转的水、油等重物质经排液孔继续上行进入抽油泵。

3.3 变螺距双螺旋气锚的结构优势分析

3.3.1 双螺旋结构

1. 离心分离方面

在其他结构参数相同的情况下，相对于单螺旋气锚，双螺旋流道变小，根据图4-29所示的结构参数，双螺旋流道面积要比单螺旋流道减少20%左右。对于同一排量下，相当于流速变大20%，因此双螺旋的分气能力高于单螺旋。根据在Stokes阻力区（层流）可分离最小气泡直径公式（4-18），分别计算了单螺旋气锚和双螺旋变螺距气锚可分离最小气泡直径。对于单螺旋气锚，100%分离条件下，可分离最小气泡直径 $d_{100} = 1123\mu m$；50%分离条件下，可分离最小气泡直径 $d_{50} = 436.8\mu m$；对于双螺旋气锚，100%分离条件下，可分离最小气泡直径 $d_{100} = 1086\mu m$；50%分离条件下，可分离最小气泡直径 $d_{50} = 408.6\mu m$。因此从离心分离角度表明，双螺旋气锚的分气效率要高于单螺旋气锚。

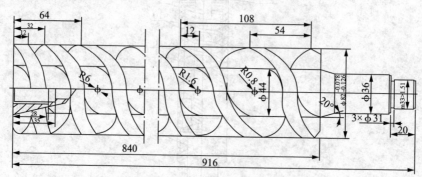

图4-29 变螺距双螺旋气锚螺杆结构图

2. 碰撞和边界层辅助分离方面

根据单螺旋、双螺旋的流道结构特点，单螺旋和双螺旋螺杆的外壁面及外筒的内壁面相同，但是双螺旋中液体与螺旋片的接触面积比单螺旋要多一倍。

根据图4-29，假设螺旋圈数10，螺距为0.084m，螺杆的外壁面积为 s_1，外筒的内壁面积为 s_2，上，下螺旋叶片的面积为 s_3，其中：

$$\begin{cases} s_1 = 0.084 \times \pi \times 0.044 \\ s_2 = 0.084 \times \pi \times 0.082 \\ s_3 = 2\pi \times (r_2{}^2 - r_1{}^2) = 2\pi \times (0.041^2 - 0.022^2) \end{cases} \quad (4-63)$$

根据图 4-29 所示结构，单、双螺旋流道的表面积分别为：

$$\begin{cases} S_{单} = 10 \times (s_1 + s_2 + s_3) \\ S_{双} = 10 \times (s_1 + s_2 + 2s_3) \end{cases} \tag{4-64}$$

计算得：

$$\begin{cases} S_{单} = 0.4077 \\ S_{双} = 0.4829 \end{cases} \tag{4-65}$$

从而得到：$S_{双} = 1.1845 S_{单}$

根据惯性辅助分离和边界层分离理论表明，惯性辅助分离和边界层分离效率与液体与壁面的接触面积有直接关系，因此在其他参数一定的情况下，从惯性辅助分离角度分析，双螺旋的气泡逸出的几率是单螺旋气锚的 1.1845 倍。同理从边界层分离角度分析，双螺旋的气泡逸出的几率也是单螺旋气锚的 1.1845 倍。

因此相对单螺旋气锚，双螺旋结构可以有效地提高分气效率。

3.3.2 变螺距结构

气锚的螺距大小与分气效率和液流沿程阻力均有密切关系，根据公式 (4-40) 和式 (4-44) 计算得到分气效率和液流沿程压降与螺距的关系 (图 4-30)，从图 4-30 可以看出，过大过小的螺距对生产都是不利的，因为随螺距增大，分气效率降低，当螺距超过 110mm 时，分气效率明显降低。随螺距减小，液流沿程压降增大，当螺距小于 64mm 时，沿程压降明显增加。

当采用由下至上逐渐变小的变螺距时，假设螺距由 108mm 变为 64mm 时，根据螺旋流道当量直径计算方法公式 (4-42)，得到螺距为 64~108mm 变螺旋流道当量直径与螺距为 84mm 的等螺旋流道当量直径基本接近，那么在其他条件相同下，其沿程流阻近似相等。

根据公式 (4-18)，计算了流量 20m³/d，液体的动力黏度 30mPa·s，螺旋叶片厚度 12mm，螺距直径分别为 64mm，69mm，74mm，…，114mm 时的可分离气泡直径，见表 4-1。考虑到螺距 84mm 的等螺旋气锚和 108~64mm 变螺旋沿程流阻近似相等，对螺距 84mm 的等螺距气锚和 108~64mm 变螺距气锚的可分离气泡直径进行比较，从表 4-1 可以看出，液体流经螺距 84mm 的等螺旋气锚时，由下往上气泡可分离的最小直径相等，在 50% 分离条件下只有直径大于 447.6mm 的气泡才能被分离出来，而液体由下往上流经螺距为 108~64mm 变螺旋气锚过程时，液体中较大的气泡首先被气锚分离出来，而较小的气泡随液流向上运动逐渐被分离出来，在 50% 分离条件下直径为 535.1~346.3mm 的气泡均可被分离出来，因此，同比螺距 84mm 的等螺距气锚，由下至上 108~64mm 变螺距分气要更彻底，分气效率要更高。

表 4-1　不同螺距结构气泡可分离的最小直径

螺距/mm	114	109	104	99	94	89	84	79	74	69	64
可分离直径 $d_{100}/\mu m$	1428	1376	1321	1276	1211	1164	1080	1022	982	936	887
可分离直径 $d_{50}/\mu m$	557.3	535.1	515.5	500.7	483.6	467.5	447.6	426.8	398.4	367.8	346.3

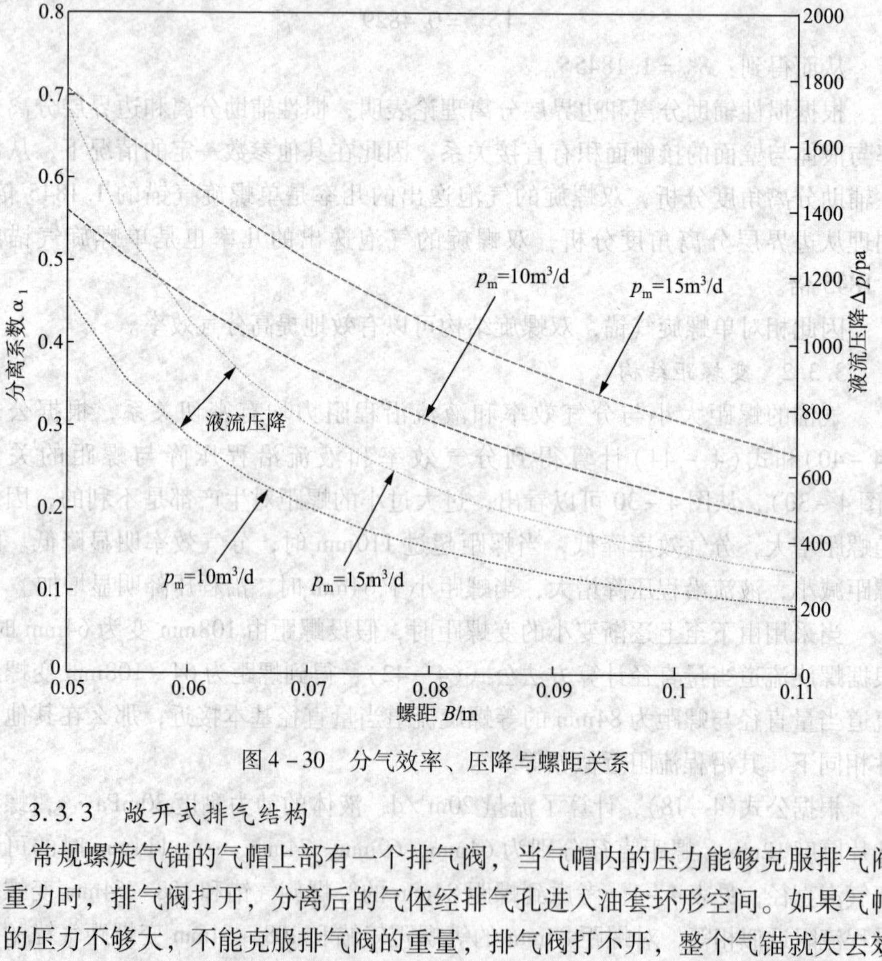

图 4-30　分气效率、压降与螺距关系

3.3.3　敞开式排气结构

常规螺旋气锚的气帽上部有一个排气阀，当气帽内的压力能够克服排气阀的重力时，排气阀打开，分离后的气体经排气孔进入油套环形空间。如果气帽内的压力不够大，不能克服排气阀的重量，排气阀打不开，整个气锚就失去效果，采用敞开型排气孔结构就可以避免气帽内的压力不够大或砂垢较多时，排气阀存在易失效风险。下面对敞开式排气孔能够排气的可行性进行分析。

根据螺旋气锚的结构特点，该气锚没有排气阀结构。假设：由螺杆内通道和环缝间隙排出的气体都聚集在气帽内，充满整个气帽。令进液孔处压力为 p；排气孔外的压力为 p_w，而排气孔内的压力 p_n 等于进液孔处压力减去螺杆内通道气柱压力 Δp_g，即：$p_n = p - \Delta p_g$，见图 4-31。

p 为进液孔处压力，MPa；Δp_g 为螺旋内通道气柱压力；Δp_1 为气锚外部环形空间液柱压差。

在不考虑套压的影响，假设进液孔处的压力：

$$p = \rho_1 gh \qquad (4-66)$$

式中：ρ_1 为液体密度，$\rho_1 = 800\text{kg/m}^3$；$h$ 为气锚进液口在油液中的沉没深度，这里取 $h = 200\text{m}$；将以上参数代入（4-66）式得：

$$p = 1.568\text{MPa} \qquad (4-67)$$

假设螺杆内通道是个密封体，直径 $d = 0.044\text{m}$，长 $l = 0.84\text{m}$。螺杆内通道气柱压力 Δp_g 计算公式为：

$$\Delta p_g = \rho_g gl \qquad (4-68)$$

式中：ρ_g 为气体的密度，$\rho_g = 2\text{kg/m}^3 = 2000\text{g/m}^3$，得到：

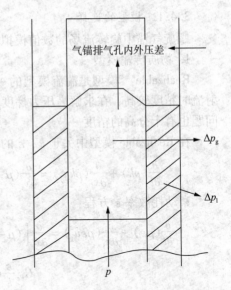

图 4-31　排气阀内外压力示意图

$$\Delta p_g = 16.464\text{Pa} \qquad (4-69)$$

气锚外部环形空间（假设长 $l = 0.84\text{m}$）液柱产生的压差 Δp_1 计算公式为：

$$\Delta p_1 = \rho_1 gl = 6585.6\text{Pa} \qquad (4-70)$$

气锚排气孔内压力计算公式为：

$$p_n = p - \Delta p_g \qquad (4-71)$$

气锚排气孔外压力计算公式为：

$$p_w = p - \Delta p_1 \qquad (4-72)$$

气锚排气孔内外压差计算公式为：

$$p_n - p_w = \Delta p_1 - \Delta p_g = 6569.136\text{Pa} \qquad (4-73)$$

由此可看出，只要气锚能够正常工作，气锚内通道便会聚集分离出的气体，排气孔内的压力 p_n 永远大于排气孔外的压力 p_w。排气孔内外的压差作用于排气阀阀芯上（假如排气阀存在），假如排气阀芯受力面的半径为 0.01m，作用于排气阀芯的力 $F = (p_n - p_w) \times \pi r^2 = 2.06\text{N}$，可以很自然的将排气阀打开，那么设计成敞开式排气孔是可行的。

这样，相对于常规泵的气帽结构，敞开型排气孔结构可以比避免气帽内的压力不够大或砂垢较多时，排气阀存在易失效风险。

3.4　数值模拟计算评价

采用 Gambit 模型进行建模，同时应用 Fluent 软件，通过对比分析单螺纹和双螺纹变螺距气锚的旋流速度，从而评价双螺纹变螺距气锚分气效率。

3.4.1 模型的选择

螺旋气锚中旋转流场的数值模拟采用了 Realizable$^{k-\varepsilon}$ 湍流流动传输模型。

1. 物质传输模型

Realizable$^{k-\varepsilon}$ 模型是湍流模型的一种，其优点是：在求解平面射流和圆孔射流时精度较高，在求解高压力梯度、分离速度等条件下的涉及旋转、边界层问题也有十分高的精度。

在 Realizable 模型中关于 k、ε 的传输方程为紊动能 k 方程：

$$\frac{\partial}{\partial t}(pk) + \frac{\partial}{\partial x_j}(\rho k u_j) = \frac{\partial}{\partial x_j}\left(\mu + \frac{\mu_t}{\sigma_k}\frac{\partial k}{\partial x_j}\right) + G_k + G_b - \rho\varepsilon - Y_M + S_k \quad (4-74)$$

紊动耗散率 ε 方程：

$$\frac{\partial}{\partial t}(\rho\varepsilon) + \frac{\partial}{\partial x_j}(\rho\varepsilon u_j) = \frac{\partial}{\partial x_j}\left[\left(\mu + \frac{\mu_t}{\sigma_\varepsilon}\right)\frac{\partial\varepsilon}{\partial x_j}\right] + \rho C_1 S_\varepsilon - \rho C_2\frac{\varepsilon^2}{k + \sqrt{v\varepsilon}} +$$

$$C_{1\varepsilon}\frac{\varepsilon}{k}C_{3\varepsilon}G_b + S_\varepsilon \quad (4-75)$$

其中：$C_{1\varepsilon}$，C_2，σ_k 和 σ_ε 是传输耗散常数；G_k 表征由于均速度梯度而产生的湍流动能源项：$G_k = -\overline{\rho u'_i u'_j}\frac{\partial u_j}{\partial x}$；$G_b$ 表征由于浮力产生的湍流动能源项：$G_b = -g_i\frac{\mu_t}{\rho Pr_t}\frac{\partial\rho}{\partial x_i}$，$Pr_t$ 为普兰托数；Y_m 表征在可压缩湍流中波动扩张引起的耗散项：$Y_m = 2\rho\varepsilon M_t^2$；其中 M_t 为湍流马赫数，$M_t = \sqrt{\frac{k}{a^2}}$，$a$ 为声速；$C_1 = \max\left[0.43, \frac{\eta}{\eta+5}\right]$；$C_{3\varepsilon} = \tanh\left|\frac{v}{u}\right|$；$S_k$ 和 S_ε 为用户定义条件；η 为有效因子，控制方程为：$\eta = S\frac{k}{\varepsilon}$，其中 $S = \sqrt{2S_{ij}S_{ij}}$；ρ 由可压缩气体状态方程控制，其表达式为：

$$\rho = \frac{P}{RT\left(\sum_{i=1}^{m} Y_i/M_i\right)} \quad (4-76)$$

其中：R 为气体常数，T 为温度，m 为传输物种的种类数；在该模型中湍流黏性 μ_t 计算式为：$\mu_t = \rho C_\mu\frac{k^2}{\varepsilon}$，式中系数 C_μ 为变量，由主应力、主旋转张量、旋转角速度、k、ε 大小决定。

2. 物质扩散模型

FLUENT 通过对物种传输扩散守恒方程的求解，能预测 i 物种的质量含量 Y_i，其物种传输扩散方程如下：

$$\frac{\partial}{\partial t}(\rho Y_i) + \nabla\cdot(\rho\vec{v}Y_i) = -\nabla\cdot\vec{J_i} + R_i + S_i \quad (4-77)$$

其中：R_i 为存在化学反应时化学反应产生物种 i 的速率，无化学反应时可以忽略；S_i 为用户定义而产生 i 物种的速率；$\vec{J}_i$ 为 i 物种的质量扩散速率。

在湍流流动中 FLUENT 通过以下形式求解物质扩散，其表达式为：

$$\vec{J}_i = -\left(\rho D_{i,m} + \frac{\mu_t}{S_{ct}}\right) \nabla Y_i \qquad (4-78)$$

其中：μ_t 为湍流黏度；S_{ct} 为湍流施密特数。

Realizable $k-\varepsilon$ 模型是湍流模型的一种，是近代发展的模型，与标准 $k-\varepsilon$ 模型有两处不同：为求解湍流黏度添加了一个新的解析式；为求解紊动耗散率 ε 提供了新的传输公式。该公式由描述均方漩涡波动的精确传输方程得来。其优点是：在求解平面射流和圆孔射流时精度较高，在求解高压力梯度、分离速度等条件下的涉及旋转、边界层问题也有十分高的精度。

3.4.2　边界条件设置

边界条件设置为速度入口，压力出口，温度为320K，介质为水，湍动能强度设置为5%后，即可进行计算。

如图 4-32 为数值计算过程中的残差曲线，由残差曲线可知，迭代1800次后收敛，其收敛性好。

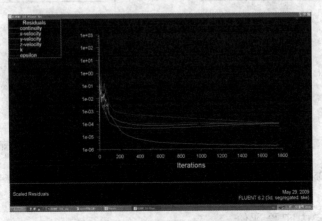

图 4-32　气锚数值模拟计算的残差曲线

3.4.3　数值模拟评价结果

利用 Fluent 软件分别计算排量为 0.7m/s，黏度为 0.3MPa·s 螺杆240mm 时，单螺纹螺杆以及螺距为 108mm、双螺纹螺杆以及螺距为 108mm、双螺纹螺杆以及螺距为 80mm、双螺纹螺杆螺距为 64~108mm 的旋流场分布，见图 4-33~图 4-36 所示。

由图 4-32~图 4-36 可知，在其他相同的参数下，双螺纹变螺距(64~108mm)旋流场速度最大，速度界面最清晰；单螺纹旋流场速度最小，旋流场中央的低速区面积过大，并且速度界面最不清晰。旋流场速度为：双螺纹变螺距(64～108mm) > 双螺纹80mm等螺距 > 双螺纹108mm等螺距 > 单螺纹108mm等螺距，因此，相对于常规螺旋气锚，双螺纹变螺距可以有效地提高分气效率，有利于气液分离。

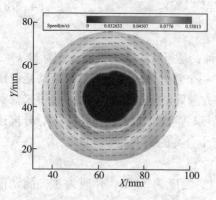

图4-33　单螺旋、螺距108mm

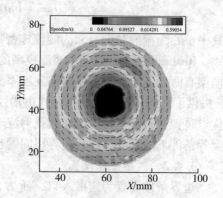

图4-34　双螺旋、螺距108mm

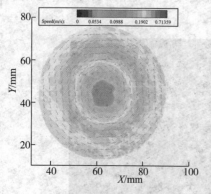

图4-35　双螺旋、螺距80mm

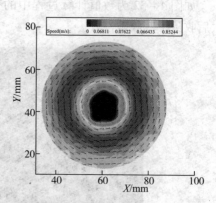

图4-36　双螺旋、螺距64～108mm

3.5　室内实验评价

为了验证数值模拟优化结果，建立了室内模拟装置，测试单螺旋气锚、双螺旋气锚以及变螺距双螺旋气锚在不同工作状况下的分气效率。

3.5.1　实验装置设计

采用清水和空气作为介质，利用水泵将储液罐中的水送至能提供恒定水头的高位储液箱，然后液体流入模拟井筒中，充当油井中的采出液，使井筒中保持一定的沉没度，利用压缩机提供气体，通过模拟井筒下部的气泡发生装置产生直径为1mm左右的气泡，充当油井中的游离气。气体和液体经过气液混合器进入气锚，然后计量出液相流量和未被气液分离器分离出来的气相流量，从而计算出不同条件下气锚的脱气效率；分离出来的气体从井筒中气锚与套筒的环形空间排入排水池，如图4-37所示。

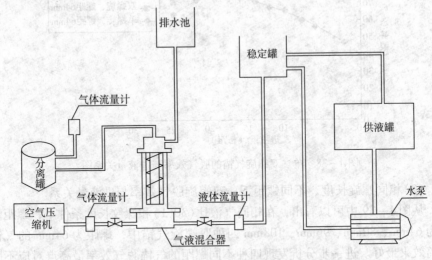

图4-37 气锚气液分离实验流程

3.5.2 室内实验方案

实验采用6个螺旋管，其型号和尺寸见表4-2。实验中气液比为30:1，进液量为 2~25 m³/d。

表4-2 双螺旋气锚螺旋管尺寸

标 号	型 号	螺距/mm	螺旋长度/mm
1	单螺纹	64	240
2	双螺纹	64	240
3	双螺纹	80	240
4	双螺纹	96	240
5	双螺纹	108	240
6	双螺纹变螺距	64~108	240

3.5.3 实验结果

(1)相同螺距、相同螺旋长度下，单、双螺旋气锚脱气效率与进液量关系

从图4-38可以看出，在相同气液比(30:1)、相同螺距、相同螺旋长度条件下，双螺旋气锚比单旋气锚的脱气效率要高。同时随着进液量的增加，两种螺旋气锚的脱气效率先增加后降低，呈现凸抛物线形状。分析认为，随着进液量的增加，气液混合物在螺旋中的流量越大，气泡旋转半径越小，越有利于气液分离。随着进液量的进一步增加，液流阻力增大，又影响了气液分离，所以曲线呈现抛物线形状。

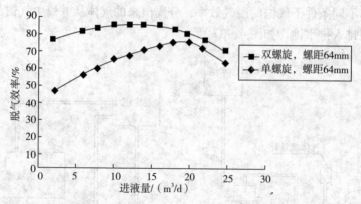

图 4 – 38　单、双螺旋气锚的脱气效率与进液量关系图

（2）相同螺旋长度、不同螺距下，双螺旋脱气效率与进液量关系。

从图 4 – 39 中可以看出，在相同气液比(30:1)和螺纹长度条件下，螺距分别为 64mm、80mm、96mm、108mm 四种双螺旋气锚中，螺距为 64mm 的气锚分离效果最好。进一步分析发现四种不同螺距的气锚脱气效率最高点对应不同的进液量，也就是说，对于不同液量的油井要选择一个最佳螺距的双螺旋气锚。

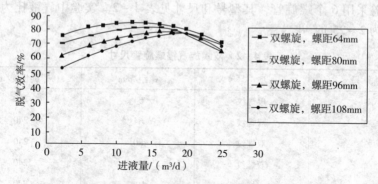

图 4 – 39　不同螺距的双螺旋气锚脱气效率与进液量关系图

（3）不同结构的螺旋气锚脱气效率与进液量关系。

从图 4 – 40 中可以看出，在相同气液比(30:1)和进液量条件下，64～108mm 变螺距双螺旋气锚分离效果最好，等螺距双螺旋气锚次之，单螺旋气锚分离效果最差。同时对脱气效率与进液量关系曲线的形状分析，变螺距双螺旋气锚的抛物线两端的斜率比单螺距双螺旋的斜率要小，也就是说变螺距双螺旋气锚对液量的适应范围更广。

实验结论：在其他参数一致的情况下，双螺旋变螺距气锚分气效率最高，双螺旋等螺距气锚次之，单螺旋气锚分气效率最低。

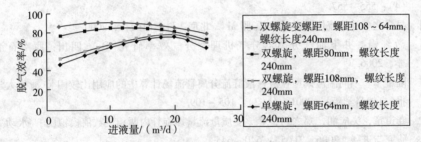

图 4 - 40　不同结构气锚的脱气效率与进液量关系图

参 考 文 献

[1]　张琪. 气锚分气原理设计计算及选型[J]. 中原钻探技术，1985(1)：39 ~ 52.

[2]　张飞翔. 被动式 DMFC 气泡行为的实验研究和数值模拟[D]. 浙江：浙江工业大学，2012.

[3]　陈硕，尚智，赵岩，等. 高分子液滴碰撞的耗散粒子动力学模拟[J]. 同济大学学报（自然科学版），2010，38(5)：767 ~ 772.

[4]　王春海. 基于 CLSVOF 方法的单液滴碰壁铺展过程的模拟研究[D]. 北京：北京交通大学，2011.

[5]　宋云超. 气液两相流动相界面追踪方法及液滴碰撞击壁面运动机制的研究[D]. 北京：北京交通大学，2012.

[6]　李天伟. 苏联气锚结构的新发展[J]. 中原油气，1989(3)：69 ~ 73.

[7]　杨树人，汪岩，王春生，等. 多杯等流型气锚的水力设计[J]. 大庆石油学院学报，2006，30(3)：34 ~ 36.

[8]　韩洪升，张艳娟，孙晓宝，等. 多杯等流型气锚对气液分离的效果[J]. 大庆石油学院学报，2006，30(5)：33 ~ 34.

[9]　吝拥军，侯淑玲，程戈奇，等. 高效气锚分气装置的研制[J]. 石油矿场机械，2004，33(2)：90 ~ 91.

[10]　黄怡生. 螺旋式气锚在抽油井的应用[J]. 石油机械，1987，15(6)：45 ~ 49.

[11]　薄启炜，张琪，林博等. 螺旋式井下油气分离器设计与分析[J]. 石油机械，2003，31(1)：8 ~ 10.

[12]　张劲松，赵勇，冯叔初. 气液旋流分离技术综述[J]. 过滤与分离，2002，12(1)：42 ~ 45.

[13]　Kenneth E. Arnold, Patti L. Ferguson. Designing Tomorrow'S Compact Separation Train. 1999, SPE 56644.

[14]　曹学文，林宗虎，黄庆宣，等. 新型管柱式气液旋流分离器[J]. 天然气工业，2002，22(2)：71 ~ 75.

[15]　李洪山. 新型迷宫式气锚及其应用[J]. 石油机械，1998，26(10)：36 ~ 37.

[16]　李成华. 井下气液分离器的技术研究[D]. 山东：中国石油大学，2007.

[17]　燕中庆，田军，张连社等. 气锚对螺杆泵泵效影响的分析. 钻采工艺，2002，25

(4)：555 ~ 557.

[18] 吴介之. 计算流体力学基本原理[M]. 北京：科学出版社，2000.

[19] 游红娟. 井下油气分离器分气机理及分气效率研究[D]. 四川：西南石油大学，2006.

[20] 陆耀军. 不同湍流模型在液 – 液旋流分离管流场计算中的应用比较[J]. 清华大学学报(自然科学版)，2001，41(2)：105 ~ 109.

[21] 龚道童，吴应湘，郑之初，等. 变质量流量螺旋管内两相流数值模拟[J]. 水动力学研究与进展，2006，21(5)：640 ~ 645.

[22] 曹学文，林宗虎，黄庆宣，等. 新型管柱式旋流气液分离器的设计与应用[J]. 油气田地面工程，2001(6)：41 ~ 43.

[23] 陈绍明，吴光兴. 除尘技术的基本理论与应用[M]. 北京：中国建筑工业出版社，1981.

[24] 嵇敬文. 除尘器[M]. 北京：中国建筑工业出版社，1981.

[25] 喻建良，祝传钰，李岳，等. 升气管倾斜对旋风分离器分离效率影响的仿真研究[J]. 石油化工设备，2007，5(36)：8 ~ 12.

[26] 佘梅卿. 螺旋式油气分离器的设计与实验[J]. 石油机械，2006，34(7)：56 ~ 59.

[27] 张飞翔. 被动式 DMFC 气泡行为的实验研究和数值模拟[D]. 浙江：浙江工业大学，2012.

[28] 陈硕，尚智，赵岩，等. 高分子液滴碰撞的耗散粒子动力学模拟[J]. 同济大学学报(自然科学版)，2010，38(5)：767 ~ 772.

[29] 王春海. 基于 CLSVOF 方法的单液滴碰壁铺展过程的模拟研究[D]. 北京：北京交通大学，2011.

[30] 宋云超. 气液两相流动相界面追踪方法及液滴碰撞击壁面运动机制的研究[D]. 北京：北京交通大学，2012.

[31] 汪永丽. 液滴碰撞球形壁面过程的数值研究[D]. 辽宁：大连理工大学，2013.

[32] 廖章庆. 重力场与微重力场下气液两相流运动界面的跟踪与模拟[D]. 东北大学，2010.

[33] 王连习，李志升，李际瑞. 偏心气锚的研制及应用[J]. 石油矿场机械，2003，32(1)：43 ~ 44.

[34] 丁明华，李海英，贾鹏，等. 抽油井大孔多节虹吸式气锚的研制[J]. 石油机械，2012，40(4).

[35] 高国良，杨立昌，朱友珠. 新型电潜泵用高效油气分离器的研究与应用[J]. 石油矿场. 2005，34(6)：70 ~ 71.

第五章 降低冲程损失的措施

冲程损失是由于静载变化，引起抽油杆柱和油管柱的弹性伸缩造成的。目前常用的降低冲程损失的方法除了优化机杆泵参数外，还可以通过悬挂尾管来改善油管柱受力状况、使用油管锚等工具来固定油管柱、使用抽油杆减载器以及液力补偿泵等工具来降低悬点载荷等方式来减少抽油井冲程损失。

1 悬 挂 尾 管

在有杆泵抽油井中，未锚定的油管柱不仅要承受油管柱自重，还要承受液柱压力作用在油管内径面积与柱塞面积的差额面积上的液体载荷。一般欲使 $2\frac{1}{2}$ in 油管弯曲需要 14900 ~ 22400N 的力，因此当液柱载荷小于以上数值时，油管弯曲可以忽略不计，液柱载荷越大油管弯曲越严重。

要改善油管柱受力情况，最简单的办法就是在抽油泵下面悬挂足够的尾管，使得抽油泵上部的油管在抽汲过程中始终承受尾管重量的拉力，以平衡上冲程油管卸载时的弯曲力。

考虑不同壁厚油管的刚度，尾管长度可以采用公式（5－1）进行计算。

$$L_{tp} = \frac{10\Delta p_1 A_p - 0.1K}{q_t(1 - 0.128\rho_1)} \quad\quad (5-1)$$

式中　L_{tp}——尾管长度，m；

Δp_1——柱塞上下压力差，MPa；

A_p——柱塞面积，cm^2；

ρ_1——油管内流体相对密度，一般含水井可取 1；

q_t——每米油管在空气中的质量，kg/m；

K——考虑油管刚度的经验常数，当油管壁厚为 5.51mm 时 K 取 25108N，当油管壁厚为 7.82mm 时 K 取 22780N。

计算结果中当 $L_{tp} \leqslant 0$ 时，可不下尾管。

悬挂尾管的优点是工艺简单，消除或减轻弯曲效应，起出油管安全；缺点是不能克服油管的弹性变形，增加油流进泵阻力。

在现场使用过程中，下油管锚定器是国内外采油工作者公认的防止上行程油管弯曲及改善油管受交变载荷影响的有效方法。

2 油管锚定器

随着油藏埋深的增加，油井下泵深度不断加大，油管柱和抽油杆柱也越来越长，油管锚作为一种控制油管伸缩的工具，越来越多地应用于抽油井中，并成为消除油管变形、减少冲程损失的有效手段之一。计算表明，同等条件下，有油管锚的油井比无油管锚生产可提高油井泵效5%；且油井下泵深度越大，冲程损失越大，使用油管锚提高油井泵效效果越明显。

中国石油长庆油田分公司的王晓荣等人曾用油井实例计算过不同井深条件下有无油管锚时油井的冲程损失（表5-1），计算结果表明，油井采用油管锚后油井冲程损失降低，泵效得到了提高。

示例：某井沉没度400m，采用 $\phi32mm$ 抽油泵生产，冲程2.4m，抽油杆组合为 $\phi22mm\times40\%+\phi19mm\times45\%+\phi22mm\times15\%$ ，液体密度为850kg/m³，分别计算在不同泵挂深度条件下，油井有无油管锚进行生产时冲程损失及对泵效的影响（表5-1）。

表5-1 油管锚定对冲程损失的影响

泵挂深度/m	无油管锚		有油管锚	
	冲程损失/m	降低泵效/%	冲程损失/m	降低泵效/%
1500	0.20	8.5	0.16	6.6
1700	0.27	11.4	0.21	8.9
1900	0.35	14.7	0.27	11.2
2100	0.44	18.5	0.35	14.4

从表5-1可以看出，泵挂越深，油井冲程损失越严重，对泵效的影响也越大；在泵挂深度为2100m时，使用油管锚可以提高泵效4.1%。现场实践也证明，使用油管锚锚定油管，可提高冲程利用率5%左右，这也是减轻油管螺纹磨损的有效方法。

理想的油管锚应具备以下三个方面的基本要求：

①能承受交变的液柱载荷和随机性向上或向下的各种载荷而不滑动，因此，锚定力应为油管承受最大载荷的1.3倍以上；

②最好是双向锚定，以便能承受上下方的载荷，并防止油管断脱时落入井内；

③锚定后，即使油管柱受各种效应影响，油管始终保持张力状态而不弯曲，螺纹不磨损。

156

在实际设计过程中，一般应考虑以下几点：

①防止油管锚失效造成作业；

②安装使用方便，坐卡尽量不使用辅助设备；

③不应恶化管柱受力状况；

④解卡释放安全可靠。

2.1 常用的油管锚定器

国内目前使用的油管锚的结构原理大致相同，基本分为机械式油管锚和液力式油管锚两大类。

2.1.1 机械式油管锚

机械式油管锚是靠摩擦块与套管壁之间的摩擦力来实现坐锚的，它又可分为机械式卡瓦油管锚和机械式油管张力锚两种。由于井斜、油稠、套管变形、套管壁腐蚀等原因，致使机械式油管锚坐锚成功率低，再加上机械式油管锚本身结构方面的原因，使得机械式油锚的使用越来越少。

1. 机械式卡瓦油管锚

机械式卡瓦油管锚是最早使用的油管锚定工具。但最初使用的并不是专门的油管锚定工具，而是使用 Y211 或 Y211 系列卡瓦封隔器总成来代替，采用提、放或旋转下放管柱方式来完成油管锚的坐锚。专门的机械式油管锚原理与封隔器相类似，只是结构更加紧凑。这种坐锚方式的优点是可以把部分油管柱重量转移到套管上，减少上部油管的拉力。但因其是依靠管柱的重量来坐锚的，将造成油管锚以上至中性点管柱产生螺旋弯曲和偏磨。坐锚载荷越大弯曲越严重，越靠近油管锚，螺距越小。另外，在常规抽油泵工作过程中，下冲程动液面以上油管内的液柱将在油管上产生轴向力和侧向力，产生由胡克定律引起的长度变化和螺旋弯曲从而使泵下油管缩短。同时，在生产过程中，金属卡瓦会对套管造成伤害；在作业上提管柱时，一旦油管锚遇卡，解卡困难，甚至会造成大修。因此，机械式卡瓦油管锚在使用过程中逐渐被淘汰。

2. 机械式油管张力锚

机械式油管张力锚实际上是一台去掉了封隔件的张力封隔器，一般分为井下设备和井口装置两部分。井下设备是张力锚总成，主要由上接头、换向机构、摩擦块、卡瓦等部分组成(见图 5 - 1)，井口部分由专用悬挂器和提升短节组成。

张力锚采用旋转上提管柱的方式完成油管锚的坐卡，采用下放管柱方式释放。其优点是张力锚至井口悬挂器管柱始终处于张力状态，消除了油管弯曲，且螺纹不磨损。但若液面较深，动液面以上液柱重量大于管柱的预紧力时，管柱仍然会产生一个由虎克定律引起的管柱伸长。当遇特殊情况无法释放时，一直处于张力状态特别是紧急释放的大力提拉，对上部油管的强度将是一个很大的考验。另外，张力锚的使用存在现场操作工序复杂、管柱所承受的预拉力需要精确计算等问题，因此一直未能在现场推广应用。

2.1.2　液力式油管锚

液力式油管锚（图5-2）是靠液力作用来实现坐卡的。按其坐封方式可分为压差式液力油管锚和憋压式液力油管锚。

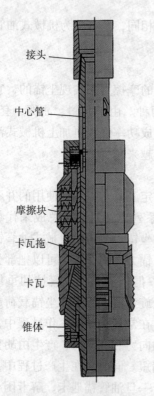

图5-1　机械式张力油管锚

接头
中心管
摩擦块
卡瓦拖
卡瓦
锥体

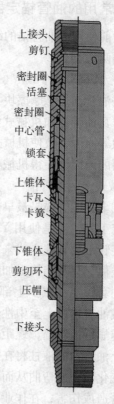

图5-2　液力式油管锚

上接头
剪钉
密封圈
活塞
密封圈
中心管
锁套
上锥体
卡瓦
卡簧
下锥体
剪切环
压帽
下接头

1. 压差式液力油管锚

压差式液力油管锚安装在抽油泵上部，锚定部分一般有9个锚爪镶嵌在锚的本体上。它利用油井开抽后，油管内压力大于油套环空压力时，油管内与环空形成压力差，推动锚内活塞将镶嵌在锚本体上的锚爪伸出，锚定在套管壁上。解卡时从油管加压，当压力达到一定值后，活塞剪断销钉实现解卡、泄压。在不考虑胶圈的摩擦力时，计算结果表明，压差式油管锚启动压差仅为0.4MPa，因此可以在开抽后随着油管内液面上升自动实现锚定。另外，因其启动压差较小，管柱基本上处于自重拉伸状态，具有较好的控制管柱伸缩和防止杆管偏磨的作用。有的压差式油管锚还带有泄压解除锚定机构，通过油管加压泄流，打开泄压活塞，油管内的液体泄流到油套环空，当内外液面平衡，油套压差为零时，锚爪在弹簧力的作用下收回，解除锚定。压差式液力油管锚在一定程度上克服了机械式油管锚的不足，较为广泛地应用于有杆泵抽油井中。

在现场使用中，压差式油管锚也存在一些问题，如胶圈或锚爪本体破碎引起锚爪部位的泄漏；对举升高度小的油井往往由于压差值过小锚定力达不到要求，甚至锚不住，在使用时需要经过计算且坐锚后必须上提、下放实测锚定力；对有些结垢、腐蚀较为严重的井，锚爪卡在套管上收不回来的现象时有发生；为满足使用要求，液压油管锚还要有较大的内通径，这将加大锚爪的加工难度和降低其抗疲劳强度。这些缺点都影响力压差式油管锚在现场的使用。

2. 憋压式油管锚

憋压式油管锚可分为液压双向卡瓦油管锚和液压单向卡瓦油管锚。

憋压式油管锚使用时将油管锚下到预定深度（要附加坐锚上提力所造成的弹性伸长量），坐锚是通过油管憋压活塞下移，带动上卡瓦座下移、下卡瓦座上移，推出卡瓦锚定在套管上。解锚时上体油管使下椎体剪断剪切环（或销钉），卡瓦体松动，下椎体靠自重下落，上椎体在中心管带动下上行，而上下卡瓦沿燕尾槽自行收缩。

其特点是由于采用了双向锚定，坐锚后可以将油管提供预拉力，所以完全能满足油管锚的三个基本要求，是一种较理想的油管锚。

（1）液压双向卡瓦油管锚。

液压双向卡瓦油管锚是在液压双向锚定封隔器的基础上改进而来的，去掉了密封部分设计而成的油管锚，主要由坐卡机构和双向卡瓦锚定机构等部分组成，通过油管加压完成油管锚的坐卡。从结构上看，它较好地解决了压差式油管锚存在漏点多的问题，同时又具有可双向锚定油管的优点，有效地控制了管柱的伸缩，并且管柱受力合理。但坐封需要使用泵车，此外，双向锚定工具的解卡释放问题也是现场应用中需要注意的问题。

（2）液压单向卡瓦油管锚。

液压单向卡瓦油管锚是针对双向卡瓦油管锚存在的问题而设计的，主要由坐封机构和单向卡瓦锚定机构等组成。在泵抽油过程中，可以随着油管内液面的逐步升高加强锚定。坐封方式吸收了压差式液力油管锚的优点，在抽油过程中，当油管内液面高于油套环空液面时自动坐封锚定，上提管柱即可解卡释放。单向卡瓦油管锚在结构设计上采用了单向锚定方式控制油管伸缩，解卡安全可靠。目前，使用的单向卡瓦油管锚有两种，一种是用剪切销钉来控制锚的坐锚，这种锚需要使用泵车加压来进行坐封；另一种带有坐锚弹簧，坐锚时首先压缩弹簧，然后将卡瓦撑开锚定在套管上。由于液压单向卡瓦油管锚在结构设计上采用了单向锚定方式，因此不能双向控制管柱的伸缩。

憋压式液力油管锚能够满足油管锚的三个基本要求，是一种理想的油管锚，但目前使用的这种油管锚功能单一，更重要的是，其锁紧机构在坐锚压力卸掉之后锁簧回弹，使锚牙松动，在频繁的交变载荷和震动的作用下失效的情况时有发生。同时，上述锚定器大多只能锚定油管，在作业时国内绝大多数管式泵的固定阀不可捞，油井作业时管内液体无法泄至井底，作业后井场污染严重。为此，有部分油田设计了集油管锚定器和泄油器功能于一体的二合一液压锚定器。

2.2　二合一液压锚定器

二合一液压锚定器集油管锚定和泄油器于一体，工作稳定性能好，能简化作业管柱，该装置使用在机抽井中，既可达到泄油目的，又可锚定井下抽油管柱，并能有效减少井下管柱弯曲而产生的管杆偏磨。

二合一液压锚定器主要由锚定机构、锁定机构和卸油机构等部分组成，见图5－3。

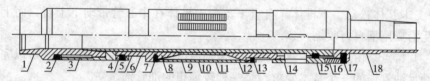

图5－3　二合一液压锚定器结构

1—上接头；2—坐封销钉；3—活塞；4—定位销钉；5—锁环套；6—锁环；7—定位销钉；8—上锥体；
9—中心管；10—卡瓦套；11—片弹簧；12—下锥体；13—定位销钉；14—泄油套；15—锁块；
16—连接头；17—解封销钉；18—下接头。

主要技术参数，见表5－2。

表5－2　二合一液压锚定器主要技术指参数

总长度/mm	908
钢体最大外径/mm	115
钢体最小外径/mm	60
锚定压力/MPa	12
密封压力/MPa	≥40
卡瓦组装外径/mm	113
卡瓦张开最大外径/mm	128
解锚载荷/kN	50
连接丝扣	2 7/8UPTBG
总质量/kg	33

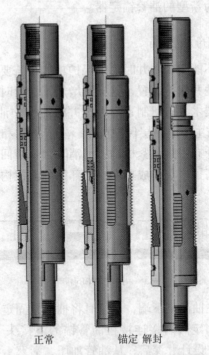

正常　　　　　锚定　解封

图 5 - 4　二合一液压锚定器工作示意图

二合一液压锚定器工作过程如图 5 - 4 所示，工作原理如下：

锚定：将液力锚连接井下泵，下至设计井深，在井口高压泵液体压力的作用下，液压力经中心管的孔槽作用于座封活塞上，当压力达到 8MPa 时，座封销钉被剪断，活塞推动上锥体下行，将卡瓦撑开锚定在套管上；同时活塞也推动锁环套而使锁环下行，锚定过程中锁紧机构步进锁紧，能防止卡瓦回弹，泄掉油管内的液压，卡瓦也始终处于锚定状态。

解封与泄油：上提管柱，卡瓦锚定机构等不动，上接头、中心管剪断解封销钉上行，解封中心管与下接头连接的锁块上行到卸油槽时，在尾管重量和油管中液力作用下，下接头与中心管分开，卸油通道打开，实现卸油并带动下锥体向下移动，同时中心管带动上锥体向上移动，卡瓦失去了上下锥体的作用，在片弹簧作用下脱离套管。

二合一液压锚定器在 JS 油田应用较多，在下井的应用中锚定卸油都一次成功，最大下泵深度达到 2500m，最大井斜 56.5°。二合一液压锚定器实现了油管锚定和泄油，不仅能在直井中使用，还能在大斜度井中使用，很好的解决了深井中油管锚定与卸油的问题，使用性能可靠。结构中采用双锥体卡瓦双向锚定，集合了液压双向卡瓦油管锚的优点，克服了通常采用锚瓦锚定力随油管内压力变化而变化的缺点，且坐封锚定不增加作业施工工序，解除锚定及卸油方便可靠，是一种较为新型的油管锚定器。

2.3　可反洗井的油管锚

常规的油管锚均不能实现洗井时油层保护功能，若要增加洗井功能，则需要在管柱中单独加装洗井保护装置，这样既增加了作业时的劳动量，又增加了作业成本。因此，有技术人员研制了一种洗井时能保护油层的新型油管锚(见图5-4)。新型油管锚主要由油层保护机构、坐卡机构和解卡泄油机构三部分构成，坐卡机构上设计有步进锁紧机构，可消除因弹簧回弹而造成的卡瓦锚定不牢的状况，从而提高了坐卡的成功率；上部的分流机构具有纵向连通、横向单通的特点。

图5-5　可反洗井的油管锚

新型油管锚安装在抽油泵下端，连接时将抽油泵固定阀从泵上卸下，油管锚上接头接抽油泵，固定阀直接连接在油管锚的下接头上，从而形成进液通道。坐卡时当工具下至设计井深后，从油管加压，活塞上行推动下锥体剪断坐卡剪钉，将卡瓦推至套管壁上。当需要起出井内管柱时，上提管柱带动锚中心管上行，上行拉力达到一定值时解卡剪钉被剪断，上锥体随管柱上行，解卡卡瓦。解卡后活塞套下方的扩孔实现卸油。

当油井因结蜡、出砂等原因需要洗井时，直接从油套环空打压，压力将分流机构内的钢球推开，打开分流体的横向通道，此时分流机构内的皮碗与接在该工具下方的固定阀起到保护油层的功能。洗井结束后，钢球在油管内部液体压力作用下将横向通道关闭，压力通过分流体上的纵向孔往下传递，从而起到纵向传压的功能。

该新型油管锚既能锚定管柱，又能实现洗井是保护油层的功能，且解卡后还可以泄油，弥补了常见油管锚无法卸油的功能。

2.4　油管锚定器在坐锚和解锚时的注意事项

(1)下油管锚前应仔细阅读工具说明书，必须按照油管锚的操作规程施工。大多数油管锚都有井筒直径要求，如二合一液力锚定器要求井筒直径大于118mm后才可下入工具，油管锚下井前需要通井和刮削套管，确认坐锚位置以上套管完好并清洁。

(2)下井前要认真检查油管锚各部分安装是否良好。

(3)油管锚坐锚位置应避开套管接箍位置，大部分都安装在抽油泵上端。

（4）除压缩式油管锚外，大部分油管锚坐锚后必须计算好上提力，一般要附加30%。

（5）旋转坐锚时，每加深300m要比操作说明的圈数多转一圈。

（6）上提解锚的油管锚，下锚前要计算好剪切力，并做实验核实。

（7）油管锚下井前，认真检查卡瓦牙弧度是否符合套管内径要求，防止接触圆周角果效，因为万一锚定失效，每冲程油管伸缩会刮削一次套管，引起套管损坏。

3 抽油机减载器

抽油机减载器是一种用于大幅度降低抽油杆柱载荷的抽油杆配套工具，通过减载器产生的液压反馈力来降低抽油机驴头悬点载荷和抽油杆使用应力，从而减小杆柱冲程损失，提高油井抽油泵泵效，延长抽油杆及地面设备的使用寿命。同时还可以实现在不改变地面抽油机的情况下加深泵挂或加大泵径，降级使用抽油杆，增加油井产量，提高单井系统效率。现场使用经验表明，与常规采油方法相比，抽油机减载器可以降低抽油机悬点载荷10%～15%，减少能耗5%～8%，提高系统效率3%～5%，下泵深度增加20%以上。从2002年起，减载器先后在国内的中原油田、胜利油田、辽河油田、华北油田、长庆油田等多个油田开展了应用，在加深泵挂、降低悬点载荷方面均取得了一定的应用效果。

3.1 工作原理

抽油机减载器的上下端面分别处于油管、套管两个不同的压力系统中，压力差在减载活塞的下端面产生一个向上的推力，减载力来实现降低抽油机悬点载荷的目的。

抽油机减载器工作时，柱塞管、减载活塞与抽油杆连接在一起，随抽油杆柱一起上下运动。井液从传液孔进入柱塞管，从上传液孔出来重新进入油管。由于上、下密封管和减载活塞的封堵，在上密封管的下端面和减载活塞的上端面之间形成一个环形空间，这个环形空间通过呼吸孔与油套环空连通，因此环形空间的压力与油套环空的压力相同。减载活塞的下端面处于油管里的液体中，井筒液柱在该端面处的压力即减载活塞下端面的压力。由于减载活塞的上、下端面分别处在油管和套管的不同压力系统中，所以在减载活塞上、下端面处产生一个压力差，该压力差产生一个向上的推力－减载力，减载力作用在减载活塞的下端面。当抽油机驴头上行时，减载力辅助抽油机带动抽油杆向上运动，使抽油机的悬点载荷减轻，同时也减轻了减载活塞上部抽油杆所受的拉力，加快了抽油机的上行速度；当抽油机驴头下行时，减载活塞在抽油杆的带动下向下运动，由于减载活塞所受向上的减载力依然存在，所以抽油机驴头的下行速度减慢，正好符合了抽油机上行快、下行慢的节能原理。安装减载器的抽油杆柱如此上下往复运动，减轻了驴头悬点载荷，也使得增加泵挂深度成为可能，见图5-6。

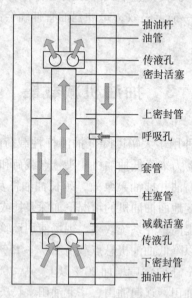

图5-6 抽油机减载器结构示意图

3.2 减载器作用

(1)降低悬点载荷。随着油田开发力度的不断加大，地层能量逐渐降低，机抽井下泵深度增大。深井地面举升设备受下泵深度、含水上升等因素制约而导致泵挂无法进一步加深。减载器可以满足在现有地面举升设备的基础上，大幅度降低抽油机悬点载荷，利用现有设备和抽油杆就可以实现油井加深泵挂要求。有数据表明，在应用抽油机减载器后，油井泵挂由原来的2604m加深至3522m，泵挂加深了918m，加深比例达35%，抽油机上、下冲程悬点最大载荷分别降低了19.9kN、26.1kN。由此可见，抽油机减载器可以在满足现有地面举升设备基础上，实现深抽的要求。

(2)提高抽油泵泵效。抽油机减载器可以降低抽油机悬点载荷，使得各级抽油杆的工作应力也相应减低，杆柱弹性伸缩变量减少，起到提高有效冲程，增加泵效的作用。国内油田应用的经验都表明抽油机减载器能不同程度的提高油井的日产量，增产效果比较明显。

(3)降低机采系统能耗。由于减载器降低了抽油机的工作载荷，进而可减少系统耗电量，降低生产成本，提高经济效益。如实施大泵配套减载器进行提液，以代替小排量潜油电泵生产，可最大限度地降低机采系统能耗，节能效果显著，提高了油井的经济效益，见表5-3。

表5-3　国内某油田12型抽油机安装减载器前后最大静载荷对比表(泵深相同)

泵型	安装减载器前		安装减载器后		泵挂深度相同时最大载荷降低率	
	泵深/m	最大静载荷/kN	泵深/m	最大静载荷/kN	kN	%
38	2520	94.27	2520	56.39	37.88	40.18
44	2250	95.26	2250	57.83	37.43	39.29
57	1660	93.15	1660	59.84	33.31	35.76
70	1350	93.19	1350	74.76	18.43	19.78

3.3　减载器的适用范围

根据减载器应用的状况，选用的油井应满足下列条件之一。

(1)油井套管直径应在 ϕ139.7mm 以上，套管完好；

(2)井斜角小于45°，减载器下入位置应是井内斜直井段，避开油井"狗腿"处。当减载器所在位置狗腿度较大时，抽油杆紧贴油管壁上行，当脱接器上体倒角顶到释放接头上时，脱接器不能正常进入释放接头内，导致脱接器无法脱开。

(3)油井液面较低，但加深泵挂后有一定供液能力，但现有设备满负荷的油井；

(4)地面设备不能满足要求或负荷过重，造成杆柱冲程损失大、泵效低的油井。

(5)油井不存在严重出砂、结垢情况。若油井出砂或结垢，减载活塞落到下死点位置时，其上出液口仍然暴露在机械密封段外，此时，在减载活塞上出液口与机械密封段上端面之间存在一段盲区，减载活塞下行出液时，上出液口排出的液体无法冲洗这一区域，而活塞上行时由于液体回落，产出液中含有的泥砂或垢片逐渐沉积到盲区段，容易导致活塞卡死。

3.4　减载器使用注意事项

(1)对于凝固点高的油井和减载器设计位置不合理、液力反馈过大的油井，易发生光杆缓下的情况。设计时，下部杆柱重力应大于液力反馈力的20%~25%。

(2)减载器下井位置应避开钻井轨迹的挂点，防止减载器偏磨，设计下入位置时，井身轨迹全角变化率 <7°/25m。

（3）减载器下部抽油杆下入井内后，应按抽油杆长度的 0.08% 调整防冲距，再下入上部抽油杆，按同样比例调整防冲距。

（4）在减载器上部连接 1 只 89mm 油管短节和脱接器释放头，油管短节的长度应略大于抽油机冲程与上部抽油杆防冲距之和，防止在抽汲过程中脱接器释放，造成事故。

（5）完井试抽时，由于密封柱塞与短泵筒和减载柱塞与长泵筒之间存在井液漏失，因此稳压压降要略大于常规深抽井稳压压降规定值。

4　抽油杆增油短节

抽油杆增油短节通过分段举升液柱、分段降低抽油杆载荷及泵载荷，减少泵漏失和抽油杆的弹性形变，从而减少冲程损失，提高抽油泵的有效行程，提高抽油泵泵效。现场试验表明，使用增油短节后油井冲程损失有所减少，单井平均冲程损失可减少 0.1544m。

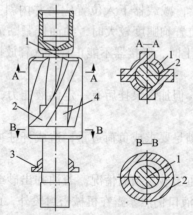

图 5-7　抽油杆增油短节结构示意图
1—抽油杆短节；2—游动阀；3—游动阀座；4—过油孔

4.1　增油短节主要结构

增油短节结构为活塞式，由抽油杆短节、游动阀、游动阀座等零部件组成，其结构如图 5-7 所示。抽油杆短节的上端为内螺纹，与抽油杆外螺纹匹配，下端为外螺纹，与抽油杆接箍匹配；游动阀自由套装在抽油杆短节的中部，且自身中部开有过油孔；游动阀座铸造在抽油杆短节的下端，与抽油杆短节成为一体，游动阀座和游动阀配合，组成一套游动阀总成。

4.2 增油短节工作原理

当抽油杆在油管内带动抽油杆短节下行时，游动阀在与油管壁摩擦力和下部油压的作用下向上运行，与游动阀座脱离，即游动阀总成打开，原油从游动阀的过油孔沿凹槽顺利通过；当抽油杆短节上行时，游动阀在与油管壁摩擦力和上部油压的作用下向下运行，与游动阀座压紧，即游动阀总成关闭，密封原油通道。此时，被封住的上部原油随抽油杆上行，完成抽油过程。

增油短节的游动阀安装在抽油杆短节的中部，游动阀座安装在抽油杆短节的下部。游动阀在抽油杆短节上既能左右旋转，又能上下滑动。游动阀上部外表面有倾斜20°的凸棱和凹槽，游动阀下部为圆筒状，下部端面能与游动阀座很好地密封，形成一个简易的抽油泵整体。这样，通过安装在不同位置的抽油杆增油短节不断分段举升液柱，降低抽油杆的弹性伸长形变，从而减少冲程损失。

4.3 抽油杆增油短节的使用

(1)增油短节在抽油机井的安装以冲程损失最小为原则，根据抽油杆的排序，尽量减轻抽油杆的载荷。一般从泵上第一根抽油杆开始连续安装，每根抽油杆连接处安装1只，一共安装3~5只。以后每隔50~100m在抽油杆连接处安装1只，全井共安装10~20只。

(2)增油短节尽量避开油井结蜡位置，防止短节刮下管壁蜡块而堵塞液流通道。

(3)根据油井的井眼轨迹，增油短节的位置应尽量避开井斜大的拐点处，如必须安装则需要在增油短节上下各安装一个抽油杆扶正器。

(4)增油短节适用于供液能力较强的油井，在10t/d以上的高产井中使用效果较好，可以明显提高油井泵效和系统效率，降低油井能耗。

5 液压补偿泵

5.1 液压补偿泵结构及原理

管柱主要由抽油泵、补偿泵、锚定器及尾管组成，其中补偿泵由补偿泵筒、补偿泵活塞、单向阀组成。补偿泵筒上端与抽油泵下端以丝扣连接，补偿泵活塞上端接单向阀，下端与锚定器连接，锚定器下端与尾管连接(图5-8)。

抽油泵在正常生产过程中，因液柱载荷的交替作用，使油管发生周期性的弹性伸缩，从而产生纵向自由振动。补偿泵活塞通过锚定器固定在套管上，补偿泵泵筒随抽油杆柱作上下往复运动，依靠补偿泵泵腔内容积和压力的变化，为抽油泵吸入腔补油，从而提高抽油泵的充满程度。上冲程时油管缩短，补偿泵筒相对于补偿泵活塞上行，抽油泵固定阀和补偿泵单向阀打开，油液进入补偿泵腔腔室和抽油泵腔室；下冲程开始的一瞬间，油管伸长，补偿泵筒相对于补偿泵活塞下行，使补偿泵腔室内的压力增大，强行打开抽油泵固定阀(下冲程时已关闭)，对抽油泵腔室强制充液，提高抽油泵充满程度。

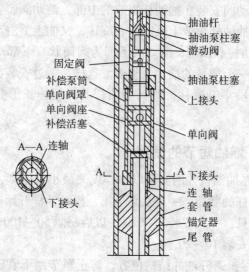

图 5 - 8　液压补偿泵结构图

5.2　液压补偿泵性能特点

液压补偿泵直接与抽油泵泵筒连接，充分利用油管柱的弹性伸缩能量；液压补偿泵与抽油泵同步工作，能有效增大普通抽油泵的充满系数，提高泵效；锚定器锚定在套管接箍处，且不带卡瓦，对套管无损伤；锚爪与扶正摩擦块合二为一，能有效增大摩擦力，使锚定更可靠。

参 考 文 献

[1]　王晓荣，甘庆明. 抽油机井油管锚定必要性分析[J]. 石油矿场机械，2007，36(10)：20～22.

[2]　宋黎. 各种油管锚定方法浅析及纯梁采油厂应用现状[J]. 中国石油和化工标准与质量，2011，(8)：146.

[3]　熊建华，裘井岗，朱苏青. KYLM - 116 液力锚的研制与应用[J]. 石油钻采工艺，2005，(3)：74～76.

[4]　张琪. 采油工程原理与设计[M]. 山东：石油大学出版社，2004.

［5］　万仁溥．采油工程手册［M］．山东：石油大学出版社，2000.

［6］　李文波，孙骞，张立新，等．洗井时可保护油层的新型油管锚［J］．石油机械，2005，3：38～39.

［7］　孟亚．加装减载器的有杆抽油系统动力特性研究［D］．黑龙江：东北石油大学，2012.

［8］　邓洪军．新型抽油机减载器［J］．油气田地面工程，2011(3)：95～96.

［9］　韩春文，刘延文．抽油机减载器减载节能实验结果与分析［J］．承德民族职业技术学院院报，2004(2)：94～95.

［10］　陈永明．提高抽油机井系统效率的增抽工艺探讨［J］．石油机械，2009(10)：90～91.

［11］　王强，赵海英，闫俊，等．增抽扶正器在二连油田的应用［J］．石油钻采工艺，2006(28)：36～38.

［12］　张伟，王青艳，马艳，等．影响有杆抽油系统性能参数的因素分析［J］．石油仪器，2005(2)：77～80.

［13］　王扬．抽油泵整体泵筒激光表面淬火［J］．哈尔滨工业大学学报．1999，31(4)：40～42.

［14］　杜勇，贾耀勤，邹群，等．有杆泵减载器在深抽井中的应用［J］．石油矿场机械，2001，40(4)：74～76.

第六章　抽油泵工作参数优化

从抽油泵泵效的主要影响因素分析可以看出：泵径、冲程、冲次、沉没度等工作参数均为泵充满系数、柱塞冲程损失、抽油泵漏失的主要影响因素，因此抽油泵的泵径、冲程、冲次、沉没度等工作参数与抽油泵泵效有密切关系，选择合适的工作参数组合不仅能保证抽油泵的供排协调，提高抽油泵的泵效，同时提高油井产量，达到节能增产的目的，是抽油井生产管理的重要手段。

在日常生产管理中，根据油井的具体情况，现场管理人员便于通过调节冲程、冲次，来获取较高的泵效和产量。泵径、冲程、冲次等参数组合不仅需要考虑地层能量以及储层流体条件，同时选择范围受到油田抽油设备及工艺现状的限制。但如何保证在一定的工作参数下，抽油泵泵效最高，这就是工程最优问题。

工程最优化设计是把工程设计问题转化为与之对应的条件极值问题，然后利用最优化数值计算方法和计算机程序，借助电子计算机求得最优设计方案的过程和方法。进行工程最优化设计，首先必须将实际问题加以数学描述，形成一组代表该问题的数学表达式，成为设计问题的数学模型；然后选择一种最优化数值计算方法。

1　国内常用的工作参数优化方法

国内外的一些研究机构进行了抽油机井抽油系统工作参数优选方法的研究和应用，这些方法对提高抽油机井机采系统效率、解决抽油机井存在的部分问题提供了有用的参考和借鉴。

1.1　美国石油学会有杆抽油系统设计计算方法

1954 年成立的一家美国非营利性有杆抽油研究公司于 1967 年公开发表了一种有杆抽油系统设计计算方法，即：美国石油学会有杆抽油系统设计计算方法——API RP 11L。该方法是在归纳总结模拟计算机研究成果的基础上提出的，由以无因次量表示的一系列图标和计算公式组成，可以计算的有杆抽油系统参数包括：柱塞冲程 S_p、泵排量 PD、光杆最大载荷 $PPRL$、光杆最小载荷

MPRL、最大扭矩 PT、光杆功率 PRHR、有效平衡值 CBE。

1.1.1 基本假设

API RP11L 方法基于泵完全充满、抽油机完全平衡且传动效率为100%等九个基本假设条件的基础上进行计算，这九个假设包括：

①常规游梁式抽油机

②低滑差电动机；

③上粗下细的组合抽油杆柱结构；

④泵完全充满(没有气体影响)；

⑤油管是锚定的；

⑥抽油机完全平衡，且传动效率为100%；

⑦井下摩擦阻力正常；

⑧不考虑抽油机具体的几何特性；

⑨计算最大扭矩时，假设最大、最小载荷发生在曲柄位于75°和285°处。

1.1.2 基本理论示功图

在计算中所采用的基本载荷，是根据图6-1所示的基本示功图来定义的。

当 $N = 0$ 时，光杆示功图为一平行四边形，它表示静载荷变化。此时：

$$PPRL = F_0 + W_{rf}$$

$$MPRL = W_{rf}$$

当 $N > 0$ 时的示功图是考虑动载荷影响下光杆载荷的变化。此时：

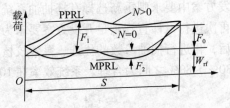

图6-1 API RP11L 所用的基本示功图

$$PPRL = F_1 + W_{rf}$$

$$MPRL = W_{rf} - F_2$$

式中：F_0 为考虑沉没压力后，作用在整个活塞面积上的液柱载荷；即上冲程中作用在活塞上、下的载荷差，N；W_{rf} 为考虑液体浮力后的抽油杆柱载荷(即抽油杆柱在液体中的重力)，也是下冲程中的静载荷，N；F_1 为最大载荷系数，是液柱载荷 F_0 与上冲程最大动载荷之和，N；F_2 为最小载荷系数，即下冲程最大动载荷，N。

1.1.3 计算方法

由选择的冲程、冲次、抽油杆柱组合、泵深、泵径等基础参数计算 W_{rf}、F_0 等数据和计算所需的无因次变量，再通过查询由 API RP 11L 所公布的图版来计算柱塞冲程 Sp、泵排量 PD、光杆最大载荷 PPRL、光杆最小载荷 MPRL、最大扭矩 PT、光杆功率 PRHR、有效平衡值 CBE，由此来预测选择的冲程、冲次等工作参数是否符合所需要求。

由于该方法在计算过程中需要查询一系列的图版，计算误差由此产生。目前现场使用中，一般使用该方法进行有杆抽油系统前期设计和预测有杆抽油系统的部分参数，同时，该方法只能通过先选定合适的机、杆、泵设备，再来计算抽油泵泵效，无法进行以抽油泵泵效为目标函数进行求解计算。

1.2　国内有杆抽油系统设计方法

1.2.1　国内常用有杆抽油系统设计方法

目前国内常用的有杆抽油系统设计方法都相差不大。首先以油藏供液能力为依据，以油藏与抽油设备的协调为基础，根据开发方案中的要求产量或流动压力以 IPR 曲线进行产量或流动压力预测；再以井底流压开始利用多相垂直管流理论计算井筒中压力分布和液面高度，从而确定合理的沉没压力和下泵深度；接着假设抽油杆和油管直径，从井口回压向下进行杆管环空多相流计算，确定液柱载荷；然后利用相关公式或 API 方法或查图表的方法（图 6 - 2）来预选有杆抽油系统设备及工作参数；在初选出工作参数和抽油杆柱后，利用等应力原则或修正的古德曼图来校核抽油杆柱，如果抽油杆不理想，再调整杆柱组合后重新校核杆柱；校核杆柱完成后计算抽油泵泵效及产量，如果无法满足开发方案中要求则重新选择有杆抽油系统设备及工作参数、抽油杆柱组合等数据再次进行设计直到满足开发方案要求为止。获得满足开发方案要求的工作参数后，再进行抽油参数的优选、泵效校核、系统效率校核。现场一般认为泵效在 30% ~ 80% 之间为合理、系统效率在 10% ~ 45% 之间较为合理。

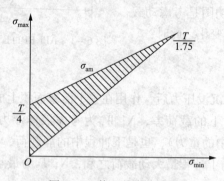

图 6 - 2　修正的古德曼图

由上述可知，目前国内有杆抽油系统以优选抽油机、杆、泵的工作参数，获得较高的系统效率或较低的生产成本为目的，工作参数优选并未以油井泵泵效最大化为目的。

1.2.2　国内有杆抽油系统设计标准

国内早期的有杆抽油系统设计多基于 GB 111649—89《游梁式抽油机》和SY 5059—85《有杆抽油泵》中列出的不同型号的抽油机和抽油泵进行设计选择，

同时参照万邦烈的"机泵图、杆管表"的方法进行设计计算，由此确定抽油系统的抽油机、抽油泵和抽油杆柱组合。抽油杆柱强度设计采用古德曼图进行强度校核。

1996 年 12 月 31 日国家发展与改革委员会发布了中国石油天然气行业标准 SY/T 6258—1996《有杆抽油系统(常规型)设计计算方法》，该方法与基于 API RP 11L 设计方法，并考虑到我国的实际应用做了一些编辑性修改。大多数情况下，该标准提供的方法计算值同测量值比较接近，但在个别情况的实际条件下，预测值与测量值仍有一定的误差。

随着国内石油开采技术的发展，国内抽油机、抽油泵与标准中所假设的抽油机、抽油泵有了一定的变化，国内定向井、大斜度井也逐渐增加，SY/T 6258—1996 标准已无法满足油田生产的实际需要。2005 年 7 月 26 日国家发改委发布了中国石油天然气行业标准 SY/T 5873—2005《有杆泵抽油系统设计、施工推荐做法》，该标准规定了国内游梁式抽油机、抽油泵和抽油杆的选择、组合设计方法，适用于有杆抽油系统的设计、施工。

SY/T 5873—2005 标准中包含了斜井，SY/T 5873—2005 标准使用的有杆抽油系统的抽油机、抽油泵选型方式与国内早期的图表选择方式类似，通过图表初选抽油机和抽油泵，再由选择出的抽油泵设计下泵深度，确定下泵深度后通过修正的古德曼应力图来确定抽油杆柱组合。在设计过程中，抽油泵泵效多使用推荐的 60% ~ 70%。在实际操作时，多选取该区间内较大的泵效值进行设计计算。

2004 年 1 月的《石油学报》上发表了作者为郑海金的一篇名为《提高机械采油系统效率的理论研究及应用》的技术文章，在文章中首次提出了一种以能量消耗最低或以机采成本最低为原则的机采参数设计新方法。在随后的研究过程中，该方法逐渐完善，形成了一种新的机采系统设计方法。

能耗最低机采系统设计方法认为，在深井泵采油过程中，所消耗的能量包括两大部分，一部分是有用能量(用于提升所载液体所必需的有效功)，另一部分是在举升过程中的损失能量，包括地面损失功率和地下损失功率两部分。地面损失功率，主要包括电机损失功率和抽油机摩阻损失功率两部分。地下损失功率，主要包括黏滞摩阻损失功率、滑动摩阻损失功率和"水击"能耗损失功率三部分。其中，由于"水击"发生时间非常短促，其平均功率很低。此外，还有一种有益于举升的能量，那就是含气原油的体积膨胀能。尽量减少损失功率和充分利用有益功率是提高机采系统效率和能耗最低机采系统设计的工作目标。

该方法在使用过程中假定油井的动液面相对稳定，在获取油井地层原油物理参数等基础数据后，初选抽油机机型、油管管径、深井泵泵径、深井泵下泵深度、抽油杆材型、抽油杆杆柱结构、地面抽油机冲程及冲次范围；再找出能够抽汲同一目标产液量的各种泵径、泵深、管径、杆柱型号、冲程及冲次的全组合，然后按下列函数式分别计算出每一种参数组合所对应的输入功率 $P_入$：

$$P_入 = P_u + P_r + P_k + P_有 - P_膨 \qquad (6-1)$$

式中：$P_有$ 为有效功率，W；P_u 为地面损失功率，W；P_r 为井下黏滞损失功率，W；P_k 为井下滑动损失功率，W；$P_膨$ 为原油在泵固定阀以上油管中脱气所引起的膨胀功率，W。

接着通过优选以 $P_入$ 最低者所对应的参数组合作为系统的机采参数或以机采成本最低者作为系统的机采参数；再根据管径和泵深确定油管材型及长度，并根据泵径和抽油机最大冲程确定深井泵的规格，同时根据抽油杆的材型和结构确定所需的每种抽油杆的规格及长度；最后根据确定的冲次和系统输入功率确定抽油机所配的电机机型，从而建立起特定的抽油机、电机、油管、油杆、深井泵构成的采油系统，即确定出能耗最低或成本最低的抽油机机型、电机机型、泵径、泵深、管径、管长、杆柱组合、冲程、冲次等的参数组合。

1.3 工作参数优化应用实例分析

陈可等人对肇 293 区块油井合理运行参数进行了研究，该区块 2011 年初的平均单井沉没度为 168.9m，平均冲程为 2.88m，平均冲次为 3.3n/min，区块平均泵效只有 17.1%，从抽油机井泵况动态控制图中反映，工作参数偏大的井数有 39 口，占开井数的 59.0%，其中：日产油小于 1t 的井就有 11 口，占开井数的 35.4%；沉没度小于 100m 的井有 23 口，占开井数的 74.2%。同时随着油田开发的不断深入，低产低效井比例呈逐年上升趋势，要改变这一生产现状，在注水状况短期内无法得到改善的情况下，2012 年采取减小参数的途径，对肇 293 区块 30 口井工作参数进行调整，主要调小其工作参数，冲程统一调小为 2m，冲次统一调小为 2n/min。

通过对调参井调参前后的沉没度以及产量、泵效情况进行统计对比发现：沉没度越低，调参后其泵效提高的幅度越高，液面恢复的也越快，对产液、产油影响较小；沉没度越高，其调参后泵效提高的幅度就越小，液面恢复的也相对较慢，对产液、产油影响相对较大。如：沉没度小于 50m 的井调小参数后日产液、日产油基本无变化，沉没度回升了 55.6m，泵效提高了 13.4%；沉没度在 50m 到 100m 时实施调小参数后，泵效提高了 5.8%，沉没度上升了 42.2m，单井日产液、日产油基本保持不变；而沉没度大于 100m 的井调小参数后日产液、日产油出现明显下降趋势，单井日产液、日产油均下降了 0.2t 以上，沉没度只回升了 20.9m，泵效仅上升了 2.9%。

因此对于供液状况不佳的油井，调小参数后可以有效调节抽油泵供排协调，从而提高抽油泵泵效。但由于油井井况不同，调参后的效果也不同。

对具体的油井而言，工作参数选择或调整要应综合根据考虑油藏条件、流体物性、设备性能等因素，依据工作参数对泵效影响的理论计算公式，同时采用优化设计方法，优选出泵效最高、产量最高的工作参数组合。

1.4 国内外工作参数组合优选方法小结

通过调研发现，目前国内外有杆抽油系统工作参数优选方法多用于通过优选合理的机杆泵及工作参数来提高有杆抽油系统的系统效率，在这些方法中一般都提供了一个合理的泵效区间，有的是 60% ~ 70%，有的是 30% ~ 80%，方法中专用于提高抽油泵泵效的工作参数组合优选的计算较少。同时，国内在提高抽油泵泵效技术方面的研究也多集中在对抽油泵泵效影响因素分析以及提高方法上的定性分析，定量优选合理抽油泵工作参数组合的研究成果不多。

2 基于泵效最大化的工作参数优化方法

2.1 优化设计研究思路

最优的泵径、冲程、冲次等工作参数必须符合油藏流入、井筒流动特征，满足油井产能和泵排协调关系，同时工艺参数必须满足油田抽油设备及工艺现状的限制，比如冲次受到抽机机型皮带轮大小的限制，泵径的大小受到下泵深度的限制等等。因此基于泵效最大化为目的的工作参数优化方法是在满足产量、设备等约束条件下，以油藏动态预测和泵排协调计算为基础，通过建立油井产能动态预测、垂直管流井筒压力的计算、抽油泵效等计算模型，在此基础上建立工艺参数限制条件，以泵效最大化为目的，采用工程设计最优化方法以及计算机语言，对抽油泵的工作参数进行优化，如图 6 – 3 所示。

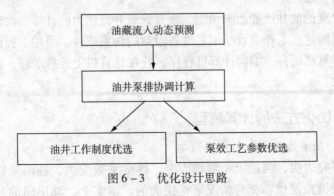

图 6 – 3 优化设计思路

2.1.1 产能预测

工作参数组合是在满足油井产能的前提下，通过对多方案组合进行计算分析，最后优选出泵效最高、产量最高的组合。因此首先要对油井的产能进行预测。油井采液指数计算主要用于油井日产量预测，根据油井油藏压力、温度资料和油井试油试采资料来计算出油井在一定生产状态下的采液指数，并根据采液指数、液面、压力等资料来预测油井日产液量，为下步油井工作制度优选提供日产量数据。在实际生产中，一般情况下，新井开抽时会获得 3～5 个试油试采数据，根据得到的试油试采数据来绘制出该井的 IPR 曲线，从而计算出该井的采液指数。而对于已经生产一段时间的老井来说，当前地层压力可以通过测得油井静液面来获得，井底流压则可以通过动液面计算得出，从而获得老井IPR 曲线。

2.1.2 工作参数初选

对每一口井来说，满足油井产能，可以有很多种工作参数组合，若在参数优选时对所有的组合进行计算，则势必会造成时间上的浪费，为此，我们要进行抽汲参数初选，所谓初选抽汲参数，就是根据现场实际生产情况，在尽量不改变抽油机型号的前提下，同时考虑到由于泵径、冲程、冲次选择范围受到油田抽油设备及工艺现状的限制。选出满足排液量要求的所有工作参数组合，作为下一步参数优选的备选方案。

2.1.3 油井泵排关系协调设计

油井泵排关系协调设计主要是依照油井采液指数、压力、液面、产量等数据来计算油井合理的泵深和沉没度，为油井工作制度优选模块提供确定泵深、动液面资料。

2.1.4 油井工作制度优选

在对油井产量以及下泵深度进行预测计算的基础上，根据前述泵效计算优化设计模型，同时受工作参数约束条件的限制，以获得泵效最大化为目的，进行工作参数优选。

根据建立的油井产能动态预测、垂直管流井筒压力的计算、抽油泵效等计算模型，同时建立工作参数受工艺设备限制的约束条件，采用工程设计最优化方法以及计算机语言，编制计算机程序，并在计算机上运算求解，得到一组最佳设计参数。

2.2 优化方法的计算模型

2.2.1 油井流入特征与产能预测

相关研究表明，当抽汲参数增大时，排量系数变大，抽油泵性能得到提高，这在假设油层供油充分情况下是正确的。事实上，油层向油井的供油能力是有一定限度的，单靠增大抽汲参数不但不会增加排量系数，反而会破坏油井供、排平衡关系，使沉没度下降，排量系数降低。油井流入动态是影响抽油泵性能的外部重要因素，通过对某口油井流入特性分析，可以预测油井的产能。

油井流入动态是原油从地层流入井底时，地层压力与油井产量的动态关系，它表示油层向油井的供油能力，其中 IPR 曲线是描述油井流入动态目前最常用的方法。油井流入曲线方程（即 IPR 曲线）是描述油井产量与井底流动压力的基本关系曲线。Evinger 和 Miskat 是早期诸多研究油井工作情况的研究者中的两位，他们通过对渗流方程研究指出，当在油藏中存在两相渗流时产量与压力将不会像期望的那样存在直线关系，而是一种曲线关系。

1968 年 Vogel 通过不同油田的实例数据进行数值模拟得到一系列 IPR 关系数据。他将每一个点的压力除以油藏平均压力，将每个点的产量除以油井最大产量进行无量纲化，发现这些无量纲化的 IPR 数据点最后落在一个狭小的范围内，经回归得到了 IPR 曲线，并于 1968 年最先提出 IPR 曲线的表达式，他建立的无因次 IPR 曲线表达式为：

$$\frac{Q_0}{Q_{0\max}} = 1 - 0.2\frac{P_{wf}}{P_R} - 0.8\left(\frac{P_{wf}}{P_R}\right)^2 \qquad (6-2)$$

式中：Q_0 为地层产油量，m^3/d；$Q_{0\max}$ 为 $P_{wf}=0$ 条件下油井的最大理论产油量，m^3/d；P_{wf} 为井底流动压力，Pa；P_R 为平均地层压力，Pa。

由于 IPR 方程是在考虑油井为完善井，且处于开采初期的条件下建立起来的，因此，对于不完善井和处于开采中、后期的油井，在实际应用时，必然会带来一定的误差。对于这种情况，从 Vogel 的研究报告可以清楚的看出，由不同储层物性和流体物性所组成的饱和油藏，尽管得到了相似的无因次 IPR 曲线，但并不完全一致，这说明曲线还受到其他因素的影响。此后，人们对 IPR 曲线进行了深入的研究，Richardson 和 Shaw 引进了沃格尔系数，将 IPR 方程改写为：

$$\frac{Q_0}{Q_{0\max}} = 1 - V\frac{P_{wf}}{P_R} - (1-V)\left(\frac{P_{wf}}{P_R}\right)^2 \qquad (6-3)$$

式中：V 为沃格尔系数，无因次，该参数的变化范围为 0～1。当 $V=0.2$ 时，就得到了式（6-2）表示 IPR 的方程。V 值大小与油井的采出程度有关。

陈元千在前人研究的基础上，于 1986 年推导出既考虑油井不完善，又考虑油井采出程度影响的无因次 IPR 曲线通式：

$$\frac{Q_0}{Q_{0\max}} = (2-V)R\left(\frac{\Delta P}{P_R}\right) - (1-V)\left(\frac{\Delta P}{P_R}\right)^2 \qquad (6-4)$$

式中：R 为流动系数，表示油井不完善程度无因次；ΔP 为生产压差，Pa；

$$\Delta P = P_R - P_{wf} \tag{6-5}$$

式(6-5)可直接应用于原始地层压力 P_R 小于饱和压力 P_b 的油井。对于平均地层压力 P_R 大于饱和压力 P_b 的油井，可以根据 $P_{wf} \geqslant P_b$ 以及 $P_{wf} \leqslant P_b$ 两种情况，将油井的 IPR 曲线划分为如下两部分(见图6-4)：

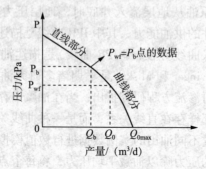

图6-4　IPR曲线图

1. 单相流动部分($P_{wf} \geqslant P_b$)

该部分的 IPR 曲线为一直线，产量和生产压力可表示为：

$$Q_0 = J_0(P_R - P_{wf}) \tag{6-6}$$

当流压 P_{wf} 等于饱和压力 P_b 时，上式变为：

$$Q_0 = J_0(P_R - P_b) \tag{6-7}$$

则有：

$$J_0 = \frac{Q_b}{P_R - P_b} \tag{6-8}$$

其中：J_0 为采油指数，$m^3/(Pa \cdot d)$；Q_b 为 $P_{wf} = P_b$ 的产量，m^3/d；将式(6-8)代入式(6-6)得：

$$Q_0 = \frac{Q_b(P_R - P_{wf})}{P_R - P_b} \tag{6-9}$$

2. 多相流动部分($P_{wf} \leqslant P_b$)

由图6-4可以看出，该部分形状为一曲线，将图中横坐标原点平移到 Q_b，经过整理可得该曲线表达式为：

$$Q_0 = Q_b + (Q_{0max} - Q_b)\left[(2-V)R\left(\frac{P_b - P_{wf}}{P_b}\right) + (V-1)R^2\left(\frac{P_b - P_{wf}}{P_b}\right)^2\right] \tag{6-10}$$

对式(6-10)求导，则在 $P_{wf} = P_b$ 时得该点曲线的斜率为：

$$\left(\frac{dQ_0}{dP_{wf}}\right)_{P_{wf}=P_b} = -(2-V)R\frac{Q_{0max} - Q_b}{P_b} \tag{6-11}$$

将式(6-11)求导，得：

$$\left(\frac{\mathrm{d}Q_0}{\mathrm{d}P_{\mathrm{wf}}}\right)_{P_{\mathrm{wf}}=P_{\mathrm{b}}} = -\frac{Q_{\mathrm{b}}}{P_{\mathrm{R}} - P_{\mathrm{b}}} \tag{6-12}$$

由于 P_{b} 点既属于直线部分，又属于曲线部分，因此式(6-12)应等于 IPR 曲线中直线段的斜率，令式(6-10)等于式(6-11)，整理得：

$$Q_{0\max} = Q_{\mathrm{b}} + \frac{Q_{\mathrm{b}}P_{\mathrm{b}}}{(2-V)R(P_{\mathrm{R}} - P_{\mathrm{b}})} \tag{6-13}$$

将式(6-13)代入式(6-10)得：

$$Q_0 = Q_{\mathrm{b}}\left[1 + \frac{P_{\mathrm{b}} - P_{\mathrm{wf}}}{P_{\mathrm{R}} - P_{\mathrm{b}}} + \frac{R(V-1)(P_{\mathrm{b}} - P_{\mathrm{wf}})^2}{P_{\mathrm{b}}(2-V)(P_{\mathrm{R}} - P_{\mathrm{b}})}\right] \tag{6-14}$$

由于在一定时期内，流动效率、沃格尔系数、采油指数、平均地层压力、最大理论产量等参数几乎不变，因而可以看作是常数。工程上，为便于求取曲线，在不致引起较大误差的情况下，对 IPR 曲线的确定做如下简化处理：

在式(6-4)中，令 $A = (2-V)RQ_{0\max}$，$B = (1-V)R^2Q_{0\max}$，$\tag{6-15}$

在式(6-14)中，令 $C = Q_{\mathrm{b}}$，则：

$$D = \frac{R(V-1)}{(2-V)} \tag{6-16}$$

A、B、C、D 可近似看作常数。油井流入曲线(IPR 曲线)方程可表示为：

(1)$P_{\mathrm{R}} < P_{\mathrm{b}}$ 时：

$$Q_0 = A\left(\frac{\Delta P}{P_{\mathrm{R}}}\right) - B\left(\frac{\Delta P}{P_{\mathrm{R}}}\right)^2 \tag{6-17}$$

(2)$P_{\mathrm{R}} \geq P_{\mathrm{b}}$ 时：

①单相流动部分($P_{\mathrm{wf}} \geq P_{\mathrm{b}}$)，

$$Q_0 = \frac{C(P_{\mathrm{R}} - P_{\mathrm{wf}})}{P_{\mathrm{R}} - P_{\mathrm{b}}} \tag{6-18}$$

②多相流动部分($P_{\mathrm{wf}} \leq P_{\mathrm{b}}$)，

$$Q_0 = C\left[1 + \frac{P_{\mathrm{b}} - P_{\mathrm{wf}}}{P_{\mathrm{R}} - P_{\mathrm{b}}} + D\left(\frac{P_{\mathrm{b}} - P_{\mathrm{wf}}}{P_{\mathrm{R}} - P_{\mathrm{b}}}\right)^2\right] \tag{6-19}$$

已知油井平均地层压力、饱和压力，本方法通过两次稳定试井数据，然后根据饱和或非饱和油藏条件代入以上相应公式，可求出 A、B 或 C、D 的值，油井流入曲线即可确定。

产液指数它是反映油层性质、流体物性、完井条件及泄油面积等与产量之间关系的综合指标，其数值等于单位压差下的油井产量，因而可用采液指数的数值来评价和分析油井的生产能力。一般根据系统试井资料来求得采油指数。对于单相原油渗流条件，IPR 曲线为直线，其斜率的负倒数即为采油指数。在纵坐标(压力)上的截距即为平均地层压力。一般根据系统试井资料，主要测得 3~4 个稳定工作制度下的产量及其流压，可获得可靠的采油指数，根据地层压力和产液指数，便可预测不同流压下的产量；对于多相流动部分，通过两次稳定试井数据，然后根据饱和或非饱和油藏条件代入相应公式，可求出 A、B 或 C、D 的值，可确定油井流入曲线，从而可以预测不同流压下的产量。

2.2.2 垂直管流井筒压力的计算

影响抽油泵泵效的因素很多，泵效与泵的结构、泵的工作方式和参数、油气比、含水、液体密度、溶解系数、套压、沉没压力、流压等参数有密切关系。

研究表明，含水井在正常工作情况下，泵吸入口以上的套管环形空间不会发生流动，因此，由于油水比重差而发生分离，使泵吸入口以上的环形空间的液柱中不含水，而在吸入口以下为油水混合物。故正常抽汲时油水界面稳定在泵的吸入口处，而动液面以上的环形空间分布的是从液体中分离出的气体（图 6-5 所示）。从以上分析可知，抽油井中深由动液面上的气柱长度、含气油柱长度和泵入口到井底深度组成。根据张琪等人提出的井底流压应包括三段压力之和，即：

$$P_{wf} = P_g + \Delta P_0 + \Delta P_1 \qquad (6-20)$$

式中：P_g 为动液面上气柱压力，Pa；ΔP_0 为含气油柱产生的压降，Pa；ΔP_1 为从泵入口到井底的液段产生的压降，Pa。

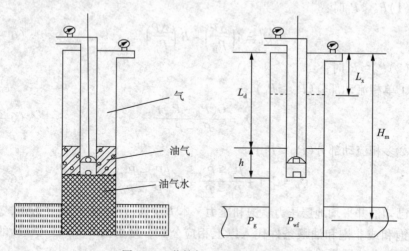

图 6-5 井筒气、油、水分布图

1. 动液面上气柱产生的压力 P_g

根据陈家琅等人提出的动液面以上气柱压力的计算方法进行计算，其计算方法为：

$$P_g = P_c e^{\frac{0.0615\gamma_g L_d}{(492+18t_a)z}} \qquad (6-21)$$

式中：P_c 为套压，Pa；L_d 为动液面深度，m；t_a 为气柱段平均温度，℃；r_g 为天然气相对密度；z 为天然气压缩因子。

2. 气油柱产生的压降 ΔP_0

当套管内没有气时，动液面到泵入口之间为纯油柱，油柱几乎不流动，ΔP_0 可按静液梯度法进行压力计算：

$$\Delta P_0 = \rho_0 gh \tag{6-22}$$

式中：ρ_0 为原油密度，kg/m^3；h 为沉没度，m。

但是实际情况中，油井中常常溶有天然气体，由于气体的存在，使得油柱各点的密度因压力等因素的不同而不同。如果考虑气体的影响，可采用分段计算的方法，即：将此油气段分成若干小段，在小段内假设密度为常数，按静液梯度法求出其压降 ΔP_{0i}，最后求得整个气油柱的压降 ΔP_0：

$$\Delta P_0 = \sum_{i=1}^{n} \Delta P_{0i} = \sum_{i=1}^{n} \rho_{0i} g \Delta h_i \tag{6-23}$$

其中：

$$\sum_{i=1}^{n} \Delta h_i = h \tag{6-24}$$

式中：Δh_i 为第 i 小段气油柱的高度，m；ρ_{0i} 为第 i 小段气油柱的密度，kg/m^3；ΔP_{0i} 为第 i 小段气油柱产生的压降，Pa。

3. 泵入口到井底的液柱段产生的压力 ΔP_l

如不考虑气体影响时计算公式为：

$$\Delta P_l = \rho_i g (H_m - L_p) \tag{6-25}$$

其中：

$$\rho_i = \rho_0 (1 - F_w) + \rho_w F_w \tag{6-26}$$

式中：ρ_i 为井下混合液密度，kg/m^3；ρ_w 为水密度，kg/m^3；H_m 为油层中深，m；L_p 为泵深，m；F_w 为含水率，%。

如考虑气体影响时同样可采用分段算的方法。

通过上面分析，可得出泵入口处的压力 P_i，计算方法为：

$$P_i = P_g + \Delta P_0 \tag{6-27}$$

2.2.3　沉没度计算

从抽油泵泵效影响因素分析得知，采用合理的沉没度，能够克服泵吸入口流动阻力，减少气体对排量系数的影响，提高抽油泵泵效。因此，对一口油井，有必要对油井沉没度进行预测。

以井筒为研究对象，如图 6-5 所示，设任意时刻 t 时井筒的动液面高度为 H，沉没度为 h，取任意时间间隔 Δt，则在此间隔内，由地层流入井筒内的流体量为：

$$Q_{in} = Q_0 \Delta t \tag{6-28}$$

根据 IPR 曲线方程，对于已知的油井，在一定时期内油层产量只随油井流压的变化而变化，而流压是沉没度和时间的函数，所以有：

$$Q_0 = Q_0 [P_{wf}(h, t)] \qquad (6-29)$$

式中：Q_0 为地层流入井筒的流量，m^3/d；P_{wf} 为井底流压，Pa。

同样，在间隔 Δt 内，从井筒抽到地面的产量 Q_{out}，为：

$$Q_{out} = Q_{pump} \Delta t \qquad (6-30)$$

式中：Q_{pump} 为油井产量，m^3/d。

$$Q_{pump} = 1440 A_p S N \eta_p \qquad (6-31)$$

式中：N 为冲次，n/min；A_p 为柱塞截面积，m^2；S 为冲程，m。

当油井液体物性参数以及抽油杆柱组合、下泵深度、冲程、冲次、泵径等一定时，深井泵的产量为沉没压力和时间的函数有关，即：

$$Q_{pump} = Q_{pump} [P_s(h, t)] \qquad (6-32)$$

根据井筒内物质平衡原理得到如下方程：

$$Q_{in} - Q_{out} = 0.25 \pi (d_{ci}^2 - d_{ig}^2) \Delta h \qquad (6-33)$$

式中：d_{ci}、d_{ig} 分别为套管内径、油管外径，m；Δh 为 Δt 时间内井筒中沉没度高度变化量，m。

将式(6-28)、式(6-30)代入式(6-33)得：

$$(Q_0 - Q_{pump}) \Delta t = 0.25 \pi (d_{ci}^2 - d_{ig}^2) \Delta h \qquad (6-34)$$

即：

$$\frac{\Delta h}{\Delta t} = \frac{Q_0 [P_{wf}(h, t)] - Q_{pump} [P_s(h, t)]}{0.25 \pi (d_{ci}^2 - d_{ig}^2)} \qquad (6-35)$$

根据导数定义，当 Δt 较小时，上式可写成如下微分形式：

$$\frac{dh}{dt} = \frac{Q_0 [P_{wf}(h, t)] - Q_{pump} [P_s(h, t)]}{0.25 \pi (d_{ci}^2 - d_{ig}^2)} \qquad (6-36)$$

抽油过程初值条件：

$$h \mid_{t=0} = h_0 \qquad (6-37)$$

其中：h_0 为油井启抽时的沉没度值，m。

当抽油停止时，公式(6-36)变为：

$$\frac{dh}{dt} = \frac{Q_0 [P_{wf}(h, t)]}{0.25 \pi (d_{ci}^2 - d_{ig}^2)} \qquad (6-38)$$

$$h \mid_{t=0} = h \qquad (6-39)$$

其中：h 为油井停抽时的沉没度，m。

2.2.4 抽油泵泵效计算方法

1. 动态充满系数计算模型

有杆抽油泵充满程度为每冲程吸入泵内的液体体积与上冲程活塞让出的体积之比，通常用 β 表示，并且采用以下方法：

$$\beta = \frac{V_1'}{V_p} = \frac{1 - kR}{1 + R} \qquad (6 - 40)$$

式中：V_1' 为每冲程吸入泵内的液体体积，m^3；V_p 为上冲程活塞让出的容积，m^3；R 为进入泵筒的气液比，m^3/m^3；k 为余隙系数。

　　常用的抽油泵充满系数计算方法是泵在上死点静止状态下液流充满泵腔程度，只考虑在气体的影响下，而没有考虑低沉没度井工作参数过大以及黏滞阻力等影响因素对充满系数的影响。在计算泵容积效率（泵效）时，若把它当作泵充满系数进行计算，发现计算结果往往偏大。对于低沉没度或黏度较高的油井，往往因抽油泵充不满，使得计算结果偏大的现象将更加明显。如在分析 SN 油田抽油泵泵效的影响因素时，有 10 口供液能力较差的井（沉没度为 20～50m），生产气油比为 20～70m³/m³，采用 $\phi32mm$ 或 $\phi38mm$ 的泵径、3m 冲程、3n/min 的冲次生产，按公式（6 - 40）计算得到泵充满系数为 0.2～0.75，而对其测试功图分析，实际泵充满程度为 0.1～0.5。把计算得到泵充满系数代入泵效计算公式，得到的泵效与实际值的偏差达到 12%，主要原因是未考虑工作参数过大造成的充不满对泵的影响。下面开展动态充满程度计算方法研究。

　　假设柱塞满足简谐运动规律，取下死点位置为原点 O，对应时刻 $t = 0$，竖直向上为 x 轴正方向，如图 6 - 6 所示。根据动态充满程度的定义，柱塞位于 x 位置时对应的动态充满程度为：

$$\beta = \frac{V_1 - L_s A_p}{x A_p} \qquad (6 - 41)$$

式中：V_1 为 x 位置时泵内液相体积，m^3；L_s 为防冲距，m；x 为柱塞位移，m；A_p 为筒泵截面积，m^2。

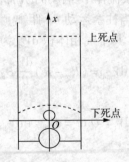

图 6 - 6　泵坐标系示意图

　　1）泵内动态压力方程

　　当泵内压力 P 高于原油饱和压力 P_b 时，泵内为单一液相；当泵内压力 P 低于原油饱和压力 P_b 时，泵内为气液两相共存，这两种情况下的计算方程为：

当 $P \geqslant P_b$ 时，利用等温压缩系数定义得：

$$P = P_b + \frac{1}{C_1}\left(\frac{B_{ob}}{B_1} - 1\right) \tag{6-42}$$

式中：C_1 为等温压缩系数，MPa^{-1}；B_1、B_{lb} 为 P 和 P_b 下液相体积系数，m^3/m^3。

当 $p < p_b$ 时，假设泵内温度 T 恒定不变，柱塞位于 x 位置时，泵内压力和气体物质的量分别为 P、n，泵内液体体积为 V_1，则气相体积为 $V_g = (x + L_s)A_p - V_1$。取微元段 dx，当柱塞位于 $x + dx$ 位置时，泵内压力和气体物质的量分别变为 $p + dp$、$n + dn$，泵内气体体积变为 $(x + dx + L_s)A_p - V_1 - dV_1$。建立柱塞位于 x 和 $x + dx$ 位置处的气体状态方程，即：

$$P[(x + L_s)A_p - V_1] = ZnRT \tag{6-43}$$

$$(P + dP)[(x + dx + L_s)A_p - (V_1 + dV_1)] = \left(Z + \frac{\delta Z}{\delta P}dP\right)(n + dn)RT \tag{6-44}$$

式中：G 为压缩因子，无因次；T 为温度，K；h 为通用气体常数，其值为 $8.314 \times 10^{-6}\,MPa \cdot m^3/(mol \cdot K)$。

将以上两式相减，并略去二阶小量，等式两边同除以 dx 得：

$$\frac{dp}{dx} = \frac{-P\left(A_p - \dfrac{dV_1}{dx}\right) + ZRT\dfrac{dn}{dx}}{(x + L_s)A_p - V_1 - nRT\dfrac{\delta Z}{\delta P}} \tag{6-45}$$

2）泵内气相体积方程

在柱塞运动过程中，泵内气体始终处于溶解与析出状态，气体在泵内的存在形式可分为四个方面：①泵内原有游离气的膨胀与压缩；②泵内原有液体中溶解气的分离与溶解；③进泵流体中所携带的游离气的膨胀与压缩；④进泵流体中溶解气的分离与溶解。当柱塞运动 dx 距离，对应的时间微元为 dt，进入泵内的两相流体体积为 dV_t，其中气相体积 dV_{gin} 为：

$$dV_{gin} = (R_p - R')\frac{dV_t}{B_t}B_g \tag{6-46}$$

根据流体入泵情况：

$$dV_t = Q_t dt = dV_{lin} + dV_{gin} \tag{6-47}$$

则进泵液相体积 dV_{lin} 为：

$$dV_{lin} = Q_t dt - (R_p - R')\frac{Q_t dt}{B_t}B_g \tag{6-48}$$

式中：Q_t 为流体进泵流量，m^3/s；R_p 为生产气油比，m^3/m^3；R' 为泵内 P、T 下气油比，m^3/m^3；B_t、B_g 为泵内 p、T 下气液两相和气相的体积系数，m^3/m^3；t 为时间，s。

由此可得，柱塞位于 x 处时泵腔内液体体积为：

$$V_t = \int_0^t \mathrm{d}V_{\mathrm{lin}} + V_{\mathrm{ls}} = \int_0^t \left[Q_t - (R_p - R') \frac{Q_t}{B_t} B_g \right] \mathrm{d}t + V_{\mathrm{ls}} \qquad (6-49)$$

式中：V_{ls} 为原余隙体积中流体所对应的液相体积，m^3。

3）流体进泵流量方程

根据流体的能量守恒定律，可压缩流体流经固定阀的能量方程为：

$$z_1 + \frac{P_1}{\rho_1 g} + \frac{v_1^2}{2g} = z_2 + \frac{P_2}{\rho_2 g} + \frac{v_2^2}{2g} + h \qquad (6-50)$$

式中：P_1、P_2 为阀前、阀后压力，Pa；ρ_1、ρ_2 为阀两侧流体密度，$\mathrm{kg/m}^3$；h 为流体通过固定阀的能量损失，m；g 为重力加速度，$\mathrm{m/s}^2$。

忽略泵阀两端的重力损失，对式（6-50）整理得固定阀的流量方程为：

$$Q = K_v D_h \sqrt{2 \left(\frac{P_1}{\rho_1} - \frac{P_2}{\rho_2} \right)} \qquad (6-51)$$

式中：Q 是混合流体流量，m^3/s；K_v 是流量系数，无因次；D_h 是阀孔直径，m。

4）固定阀开启与关闭条件

假设泵内外压差能克服阀球重力时，固定阀开启，即：

$$P_{\mathrm{FS}} = P_{\mathrm{in}} - \frac{M_F g}{10^2 A_{\mathrm{Fh}}} \qquad (6-52)$$

式中：P_{FS} 为固定阀开启压力，MPa；P_{in} 为泵入口压力，MPa；M_F 为固定阀球质量，kg；A_{Fh} 为固定阀孔横截面积，cm^2。

因此，当泵内压力 $P < P_{\mathrm{FS}}$ 时，固定阀开启，流体开始进泵。

固定阀关闭时，假设阀球受到的浮力与流体绕球运动阻力之和等于阀球重力。固定阀球关闭压力为：

$$P_{\mathrm{FC}} = P_{\mathrm{in}} - \frac{M_F g - 10^{-4} C_0 A_b v_h^2}{100 A_{\mathrm{Fh}}} \qquad (6-53)$$

式中：C_0 为黏性流体绕球运动阻力系数；A_b 为阀球横截面积，cm^2；v_h 为流体经过阀孔的速度，$\mathrm{m/s}$。

5）动态压力差分方程

利用有限差分原理，对上述方程进行差分处理。

当 $p \geq p_b$ 时，将式（6-42）改写为：

$$P_{i+1} = P_b + \frac{2}{C_{1,i} + C_{1,i+1}} \left[\frac{2B_{\mathrm{lb}}}{B_{1,i} \left[1 + \dfrac{z_{i+1} + L_s}{z_i + L_s} \right]} - 1 \right] \qquad (6-54)$$

当 $P < P_b$ 时，取微元 $[x_i, x_i+1]$，则 $\Delta x = x_i + 1 - x_i$，对应的压力区间为

$[P_i, P_i+1]$，将式（6-45）改写为：

$$P_{i+1} = P_i + \Delta x \frac{-\frac{P_i + P_{i+1}}{2}\left(A_p - \frac{V_{1,i+1} - V_{1,i}}{\Delta x}\right) + \frac{Z_i + Z_{i+1}}{2}RT\frac{n_{i+1} - n_i}{\Delta x}}{\left(\frac{x_i + x_{i+1}}{2} + L_s\right)A_p - \frac{V_{1,i+1} - V_{1,i}}{2} - \frac{Z_{i+1} - Z_i}{P_{i+1} - P_i}RT\frac{n_{i+1} + n_i}{2}}$$

$$(6-55)$$

6）动态充满程度差分方程

动态充满程度差分方程为：

$$\beta_i = \frac{V_{1,j}}{(x_i + L_s)A_p} \quad (6-56)$$

利用式(6-49)~式(6-56)建立迭代格式，即可计算出动态压力、动态充满程度的变化规律，

2. 冲程损失计算模型

考虑抽油杆柱质量、活塞以上液柱质量以及惯性载荷三项基本载荷的作用，柱塞冲程损失 $\Delta\lambda$ 的计算表达式：

$$\Delta\lambda = \frac{10^{-6}\pi D^2 \rho_1 L_f g}{4E}\left(\frac{L}{f_t} + \sum_{i=1}^{m}\frac{L_i}{f_{ri}}\right) - \frac{gN^2}{1790E}\left[\sum_{i=1}^{m}\frac{q_{ri}L_i}{f_{ri}}\right] \quad (6-57)$$

式中：f_p、f_t、f_{ri} 分别为柱塞、油管、第 i 级抽油杆金属的横截面积，m^2；ρ_1 为液体密度，kg/m^3；L_f 为动液面深度，m；g 为重力加速度，m/s^2；E 为钢的弹性模量，$2.06 \times 10^{11} Pa$；L 为抽油杆柱总长度，m；m 为抽油杆柱级数；L_i 为第 i 级抽油杆的长度，m；q_{ri} 为第 i 级抽油杆质量，kg/m；N 为冲次，n/min。

3. 漏失量计算模型

考虑活塞运动的条件下，泵的活塞与衬套漏失量计算公式为：

$$\Delta Q = 86400\left(\frac{\pi De^3 g}{12\upsilon}\frac{\Delta H}{l} - \frac{1}{2}\pi De\frac{SN}{30}\right) \quad (6-58)$$

式中：D 为泵径，m；e 为柱塞与泵筒的径向间隙，m；g 为重力加速度，m/s^2；υ 为液体的运动黏度，m^2/s；ΔH 为柱塞两端的液柱压差，m；S 为冲程，m；N 为冲次，n/min；l 为柱塞长度，m。

4. 泵效计算模型

在考虑泵充满系数、冲程损失及泵漏失影响因素后，抽油泵的泵效表达式为：

$$\eta = \beta\eta_r\rho = \left(1 - \frac{\Delta\lambda}{S}\right)\beta - \frac{\Delta Q}{Q} \quad (6-59)$$

式中：η 为泵容积效率(泵效)，%；β 为泵的充满系数，%；η_r 为考虑杆柱和油管弹性伸缩后柱塞冲程和光杆冲程之比，%；ρ 为考虑漏失后泵内的体积与进

186

入泵内液体体积之比,%;$\Delta\lambda$ 为冲程损失,m;ΔQ 为漏失量,m^3/d;S 为冲程,m;Q 为理论排量,m^3/d。

2.3 工程最优化求解方法

2.3.1 最优化求解数学模型

在建立油井产能动态预测、垂直管流井筒压力的计算、抽油泵效等计算模型的基础上,建立以泵效最大化为目的优化求解方程以及工艺参数限制条件,同时采用计算机语言进行编程计算,得到一组最佳的抽油泵的工作参数。

工作参数优化求解数学模型:

$$\eta_{\max} = F_{\max}(D、S、N) \qquad (6-60)$$

式中:$\eta_{\max}$ 为泵最大容积效率(最大泵效),%;D 为泵径,mm;S 为冲程,m;N 为冲次,n/min。

工作参数约束条件的有约束非线性方程:

$$G_i(D、S、N) \leq 0 \ (i=1,2,\cdots,n) \qquad (6-61)$$

式中:G 为约束函数。

2.3.2 计算机语言优选

选择 Visual Basic 语言进行工作参数优化计算以及软件开发。Visual Basic 是美国微软公司在原有的 Basic 语言基础上发展而来的,具有简单易学的特性。可视化的用户界面设计功能,把程序设计人员从繁琐复杂的界面设计中解脱出来。可视化编程环境的"所见即所得"功能,使界面设计如同积木游戏一样,从而使编程成为一种享受。强大的多媒体功能可以轻而易举地开发出集声音、动画和图像于一体的多媒体应用程序。新增的网络功能提供了快捷编写 Internet 程序的能力。作为高质量的开发软件,VB6.0 中文版具有以下显著的优点:①完全中文化的环境使用户更容易操作,用户能够很快地熟悉 VB 6.0 开发环境。②语句生成器和快速提示帮助使用户不必记忆成千上万的属性和方法,在较短的时间内就能开发出功能强大的应用程序。③强大的 Internet 应用程序开发功能。在应用程序内可以通过 Internet 或 Intranet 访问其他计算机中的文档和应用程序;可以创建 Internet 服务器应用程序,包括 IIS 应用程序;支持使用动态 HTML 技术(DHTML)的应用程序;具有 Web 应用程序发布功能等。

2.3.3 模块计算和软件开发

工作参数优化是在满足产量、设备等约束条件下,以油藏动态预测和泵排协调计算为基础,得到泵效最大时的工作参数组合。因此在优化计算工程中主要包括油井采液指数计算、油井泵排关系协调设计、油井工作制度优选、提高泵效工艺优选模块(见图 6-7)。

图 6 - 7　软件主界面

油井采液指数计算模块主要用于油井日产量预测。根据油井油藏压力、温度资料和油井试油试采资料来计算出油井在生产状态下的采液指数，并根据采液指数来预测油井日产液量，为后续的油井工作制度优选模块提供日产量数据。

油井泵排关系协调设计模块主要是依照油井采液指数、压力、液面、产量等数据来计算油井合理的泵深和沉没度，为油井工作制度优选模块确定合理的下泵深度。

油井工作制度优选模块主要以建立的油井采液指数、油井泵排关系协调设计等模块为基础，根据工作参数优化求解和约束条件的数学模型，优选出满足油井产量、泵效最大条件下的泵径、冲程、冲次等工作制度组合。

1. 油井采液指数计算模块

油井从油藏流入井底和井筒中的流动是油气开采的两个基本过程。油井流入动态是指油井产量与井底流动压力的关系，反映了油藏向油井的供液能力，而反映油井产量与流压关系的曲线就是流入动态曲线（IPR 曲线）。对于确定的一口油井来说，IPR 曲线表示了油层的工作特性，它是确定油井合理工作方式的依据，而油井采液指数是一个反映油层性质、厚度、流体参数、完井条件等与油井产量有关的综合指标，通常用采液指数来分析评价油井的生产能力。在现场实际生产中，一般通过系统试井资料来求得采液指数，有了采液指数便可根据公式（6 - 62）来预测不同流压下的产量。

$$q_t = J(P_r - P_{wf}) \qquad (6-62)$$

式中：q_t 为油井日产液量，m^3/d；J 为采液指数，$m^3/(d \cdot Pa)$；P_r 为油层压力，Pa；P_{wf} 井为底流压，Pa。

188

由于地层原油性质和井底流压不同，井底原油在油藏中存在单相流和多相流两种情况，其 IPR 曲线形态不一样，这两种情况下采液指数的计算方式也不一样。单相流时，油井 IPR 曲线为直线，其斜率的负倒数即为采液指数；多相流时，针对不同油藏压力和原油的饱和压力，油藏中可能存在油气两相流、油气水三相流等多种方式，绘制的 IPR 曲线又有所不同。在油气两相渗流时，通常使用 Vogel 方程来绘制 IPR 曲线，从而求得油井采液指数；在同时存在单相流和两相流，通常用修正的 Vogel 方式来绘制 IPR 曲线；在油气水三相流中，通常按含水率取纯油和纯水的 IPR 曲线加权绘制油气水三相流时的 IPR 曲线。

油井采液指数计算模块是基于上述理论建立的。根据油井基础资料、试油试采资料或油井不同工作制度下的生产资料信息计算出油井的采油指数，并依据油井信息绘制出油井在测试压力下的 IPR 曲线。在实际生产中，一般情况下新井开抽时会获得 3 ~ 5 个试油试采数据，科研人员根据此试油试采数据来绘制出该井的 IPR 曲线，由曲线来计算出该井的采液指数。而对于已经生产一段时间的老井来说，当前地层压力可以通过测油井静液面来获得，井底流压则可以通过动液面计算得出，从而获得老井 IPR 曲线。

该模块所使用的计算方法如图 6 - 8 所示。

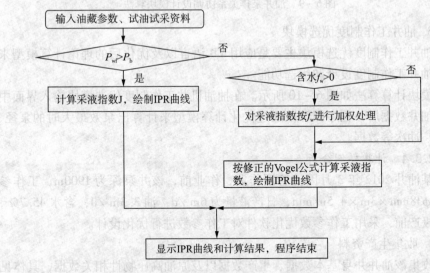

图 6 - 8　油井采液指数计算模块算法

2. 油井泵排关系协调设计模块

油井泵排关系协调设计模块主要是依照油井采液指数、压力、液面、产量等数据来计算油井合理的泵深和沉没度，为油井工作制度优选模块提供确定泵深、动液面资料。该模块所使用的计算方法如图 6 - 9 所示。

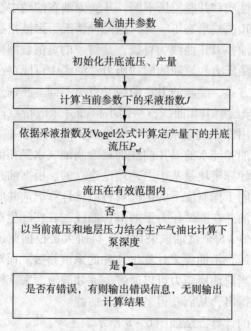

图 6 - 9 油井泵排关系协调设计模块算法

3. 油井工作制度优选模块

油井工作制度优选模块主要是应用 VB 语言以及优化后的理论计算模型来实现油井工作制度设计和优选功能。

模块计算算法如图 6 - 10 所示。在抽油机井工作制度优选模块输入界面中输入油井数据后，程序即可以通过优化计算模型来计算出泵效最大时的泵径、冲程、冲次等数据。

2.3.4 计算样例分析

某油井 2012 年 3 月因油管漏作业，作业前，该井泵深为 1900m，工作参数为 $\phi38mm \times 3m \times 4.5n/min$，日产液量为 $6m^3/d$，油 $3.3m^3/d$，含水 45.7%，作业投产前，采用工作参数优化软件对工作参数进行优化设计。

1. 收集生产资料

收集该油井井身基本数据、生产数据以及原油高压物性相关数据，具体见表 6 - 1、表 6 - 2、表 6 - 3。

表 6 - 1 某油井基本数据

油层套管尺寸及深度		$124.26mm \times 2527.59m$		水泥返高		1514m	
层位	层号	井段/m	厚度/m	油层中部/m	人工井底深/m	备注	
$E_2d_1^2$	4、20	2296.1 ~ 2460.6	8.9	2378.4	2497.81	最大井斜及位置 20.34° ×975m	

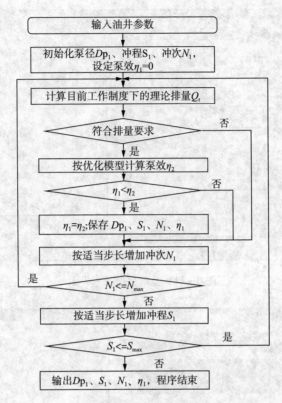

图 6 - 10　油井工作制度优选模块流程图

表 6 - 2　某油井生产数据

日期/ 年 - 月 - 日	泵径/mm	泵深/m	冲程×冲次	日产量			油气比	液面/m
				液/m³	油/m³	含水/%		
12 - 01 - 02	38	1900	3 ×4.5	6.1	3.3	45.7	108	1900
12 - 03 - 25	38	1900	3 ×4.5	6	2.74	45.7	108	1543

表 6 - 3　某油井原油高压物性

油层温度/℃	饱和压力/MPa	油气比/(m³/t)	溶解系数/(m³/m³MPa)	体积系数	压缩系数/(1/MPa)	收缩率/%	地下原油密度	天然气相对密度	黏度/mPa·s	
									油层压力	饱和压力
47	8.23	25.5	2.81	1.0656	62	—	0.8784	0.7146	74	67.5

2. 采液指数计算

收集的流压、产量等数据，应用油井采液指数计算模块，采用拟合的方法，得到 IPR 曲线，从而可以计算该井的采液指数。见图 6 - 11、图 6 - 12、图 6 - 13 所示。

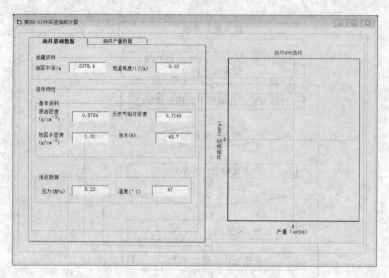

图 6 – 11　基础数据录入界面

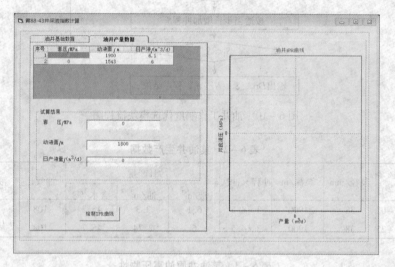

图 6 – 12　产量录入界面

通过计算，得到该井当前流压下的采液指数为 $1.01m^3/(d \cdot MPa)$，同时通过采液指数计算，预测油井在套压为 0、动液面 1800m 时的产液量为 $6.9m^3/d$。

3. 下泵深度优化计算

根据该井生产数据，应用油井泵排关系协调设计模块，可以优化得到该井的下泵深度。根据优化结果，得到该井下泵深度为 1900m，如图 6 – 14 所示。

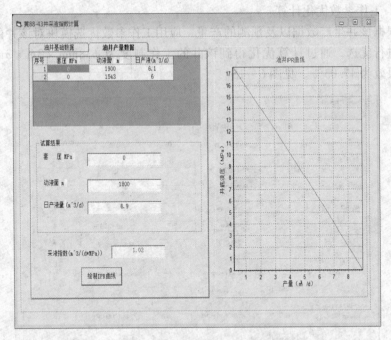

图 6 – 13 采液指数计算结果

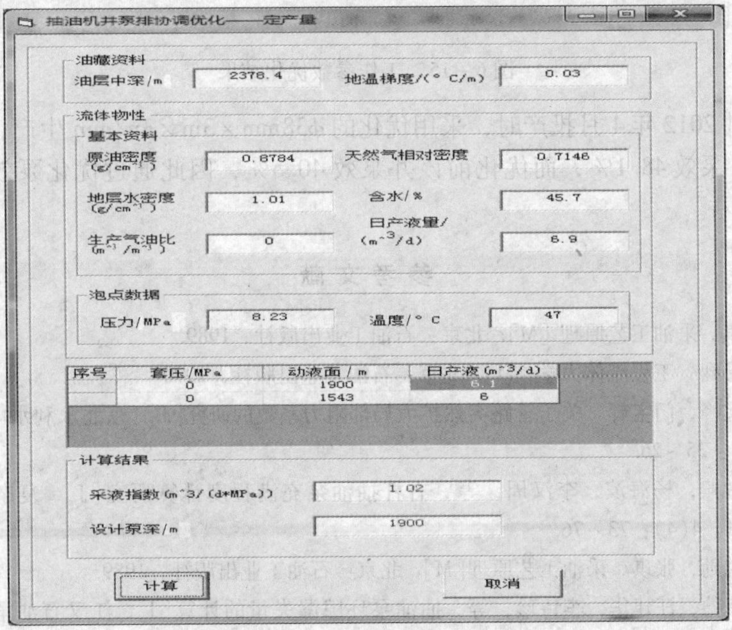

图 6 – 14 下泵深度计算结果

4. 工作参数优化计算

根据该井生产数据以及预测的产量，应用工作参数优选模块对该井的工作制度进行优选，通过计算优化得到该井的工作制度为 $\phi 38mm \times 3m \times 3n/min$，预期泵效为 47.03%。见图 6 – 15。

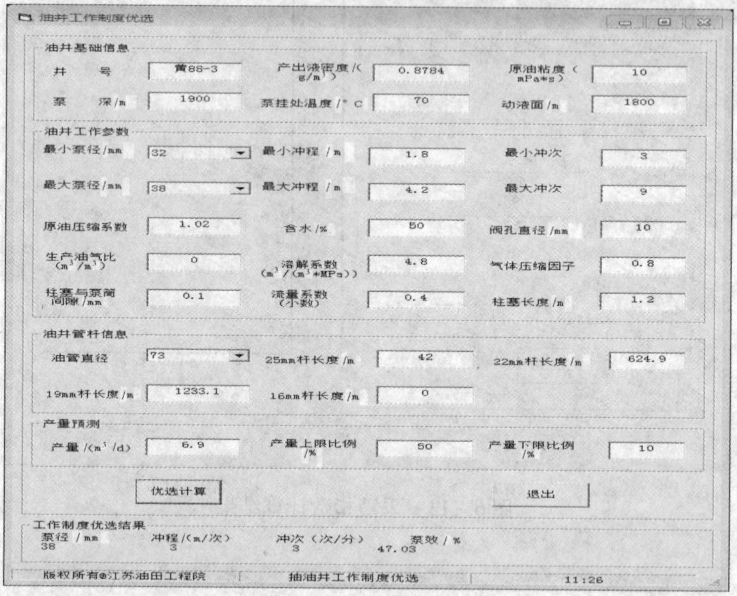

图 6 – 15 工作参数优化结果

该井 2012 年 4 月投产时，采用优化的 $\phi 38mm \times 3m \times 3n/min$ 生产，日产液 7.2t/d，泵效 48.1%，而优化前该井泵效 40.5%，因此通过优化泵效提高了 7.6% 左右。

参 考 文 献

[1] 张琪. 采油工艺原理 [M]. 北京：石油工业出版社，1989.

[2] 袁恩熙. 工程流体力学 [M]. 北京：石油工业出版社，1990.

[3] 赵宝峰，门宝辉. 关于管路突然扩大局部阻力系数的研究[J]. 东北水利水电，2000，(3)：25～26.

[4] 狄敏燕，杨海滨，李汉周，等. 有杆抽油泵充满程度计算研究[J]. 复杂油气藏，2011，4(4)：73～76.

[5] 王鸿勋，张琪. 采油工艺原理[M]. 北京：石油工业出版社，1989.

[6] 吴修德，汪建华，李诗珍，等. 抽油泵环隙漏失量的计算[J]. 江汉石油学院学报，2003，25(1)：95～97.

[7] 曲占庆，王卫阳. 采油工程[M]. 东营：中国石油大学出版社，2009.

[8] 赵可. 肇 293 区块油井合理运行参数探索与研究[J]. 科技与企业，2012(8)：

136 ~ 137.

[9]　陈家琅. 石油气液两项管流[M]. 北京：石油工业出版社，1989.

[10]　布雷德利 HB. 石油工程手册(上册)[M]. 张柏年，周世贤，等译. 北京：石油工业出版社，1992.

[11]　李元科. 工程最优化设计[M]. 北京：清华大学出版社，2006.

[12]　张琪. 采油工程原理与设计[M]. 北京：石油工业出版社，2003.

[13]　石仁浦. 采油工程手册[M]. 北京：石油工业出版社，2003.

第七章　提高泵效新方法现场应用

JS 油田具有地下"小、碎、贫、散"、地面"水网纵横、水网密布"的典型特征，复杂的地质地面条件决定了油井大多为丛式井和定向井，目前绝大多数油井处于斜井段生产，并且随着油田的不断开发，泵挂深度逐渐加大，井筒流体日益复杂，原油逐渐脱气、油品逐渐变稠，这些因素对抽油泵的泵效造成较大的影响。据油田 1373 口油井的生产数据统计，抽油泵的平均泵效为 51%，其中：泵效在 50% 以下的井有 778 口，占总井数的 56.6%，泵效低于 30% 的有 480 口，占总井数的 35%（表 7-1）；另外抽油泵倾斜大于 30 度的井数比例为 35%，其平均泵效仅为 30.2%，比油田平均泵效低 20% 左右。

表 7-1　泵效分布情况

泵效/%	小于 30	30~40	40~50	50~60	大于 60
井数/口	480	166	132	163	432
占比例/%	35.0	12.1	9.6	11.9	31.5

为提高抽油泵泵效，增加原油产量，同时为延长免修期，降低维护作业费用，在开展影响油井泵效原因的基础上，针对低泵效油井的具体生产状况，2010 年开展高效泵、新型气锚、双沉砂泵与深井泵等工具的现场应用，同时配套工艺参数优化方法进行工艺参数优化。截至 2013 年 12 月底，共在现场应用 512 井次，应用井平均提高泵效 6.6%，具体应用情况见表 7-2。

表 7-2　总体应用情况

工　具	应用井次					平均提高泵效/%
	2010 年	2011 年	2012 年	2013 年	累计	
高效泵	27	43	60	102	232	6.9
气锚	34	32	74	37	177	7.2
防垢泵	11	21	22	20	74	5.0
深抽泵	0	0	18	11	29	4.5
小计/口	72	96	174	170	512	6.6

1　高效抽油泵现场应用

JS 油田为复杂小断块油田，地面地下条件非常复杂，90% 的油井为定向井，这部分定向井中，其中：抽油泵处于倾斜状况下生产的油井占总油井数的 80% 左右，抽油泵泵挂处井斜超过 30 度的油井占总数的 35% 左右。当抽油泵处于倾斜状况下生产，柱塞在泵筒中容易产生偏心位移，同时易出现阀球不能及时回落、阀球关闭滞后现象，导致抽油泵漏失量增加，导致抽油泵泵阀漏失量增加，从而降低了抽油泵泵效。2010 年 1 月份高效抽油泵首次在 Y36 井进行应用，截至 2013 年底高效泵共在现场应用 232 井次，平均提高泵效 6.9%，部分井应用效果见 7 – 3。

表 7 – 3　部分应用高效泵井效果情况

井　号	开始应用时间/(年 – 月)	使用前泵效/%	使用后泵效/%	提高泵效/%
Y36	2010 – 01	53.8	61.1	7.3
G6 – 49	2010 – 01	57.5	69.2	11.7
Z38 – 1	2010 – 07	82.5	90.8	8.3
S23 – 1	2010 – 01	58.1	65.6	7.5
W38	2010 – 10	50.6	60.3	9.7
C3 – 55	2012 – 02	25.3	32.6	7.3
M23 – 3	2010 – 01	80.5	89.2	8.7
S49 – 1A	2009 – 12	31.7	40	8.3
F41	2010 – 08	71	79.6	8.6
H106	2011 – 01	60	66.8	6.8
Y14 – 1	2012 – 02	33	42	9
OB18	2010 – 09	76.8	85.7	8.9
T79 – 2A	2010 – 09	29.2	37.6	8.4

1.1　Y36 井

Y36 井位于 YJB 油田 Y_1 断块，该井于 2005 年 11 月完钻开抽，层位 Ef_1^{3-4}，该层位油藏平均埋深为 1700m 左右，储层平均孔隙度为 20.3%，平均渗透率为 $162 \times 10^{-3} \mu m^2$，地面原油密度 $0.8561g/cm^3$，黏度 17.1mPa·s，饱和压力 3.5MPa，原始气油比 $27m^3/t$。地层原始温度为 70℃，地层原始压力为 15MPa，压力系数为 1.00 左右。

1.1.1　常规泵应用情况

Y36 井 2005 年 11 月 10 日压裂后投产，2009 年 6 月进行补层作业，作业后采用常规泵，泵挂深度为 1598m，采用 $\phi38mm \times 3m \times 6n/min$ 的工作制度生产，初期的动液面为 1157m 左右，泵挂处井斜角 28°，2010 年 1 月因油管漏作业，正常生产 160 天。生产情况见表 7-4。

表 7-4　Y36 井应用常规泵时的生产数据

日　期	泵径/mm	泵深/m	冲程/m	冲次/(n/min)	液量/(m³/d)	泵效/%	动液面/m
2009 年 7 月	38	1598	3	6	19.70	67	—
2009 年 8 月	38	1598	3	6	17.93	61	1157
2009 年 9 月	38	1598	3	6	12.93	44	1047
2009 年 10 月	38	1598	3	6	14.40	49	1022
2009 年 11 月	38	1598	3	6	14.11	48	1467
2009 年 12 月	38	1598	3	6	7.35	25	—
2010 年 1 月(1~12 日)	38	1598	3	6	7.06	24	—

1.1.2　高效泵应用情况

Y36 井 2010 年 1 月作业后采用高效泵生产，泵挂深度 1598m，采用 $\phi38mm \times 3m \times 3n/min$ 的工作制度生产，初期的动液面为 721m 左右，泵挂处井斜角 28°。2011 年 1 月由于油管漏进行检泵作业，正常生产 365 天。生产情况见表 7-5。

1.1.3　效果对比

对应用常规泵和高效泵后的生产情况进行对比，从表 7-4、表 7-5 以及图 7-1 可以得到，应用常规泵的平均泵效为 53.8%，应用高效泵后平均泵效为 61.1%，平均泵效提高了 7.3%，检泵周期延长了 205 天。

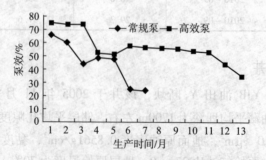

图 7-1　Y36 井应用常规泵和高效泵效果对比情况

表7-5　Y36井应用高效泵时的生产数据

日期	泵径/mm	泵深/m	冲程/m	冲次/(n/min)	泵效/%	液量/(m³/d)	动液面/m
2010年1月	38	1598	3	6	71.4	22.3	1021
2010年2月	38	1598	3	6	71.8	21.9	1048
2010年3月	38	1598	3	6	72.5	21.9	1434.43
2010年4月	38	1598	3	6	51.0	15.3	1098
2010年5月	38	1598	3	6	50.3	15.1	1123
2010年6月	38	1598	3	6	57.5	17.1	1117
2010年7月	38	1598	3	6	55.4	16.7	—
2010年8月	38	1598	3	6	54.4	16.5	1201
2010年9月	38	1598	3	6	53.7	16.5	1193
2010年10月	38	1598	3	6	50.7	15.9	1205
2010年11月	38	1598	3	6	50.3	15.6	1176
2010年12月	38	1598	3	6	43.2	13.0	1186
2011年1月	38	1598	3	6	34.7	10.4	1317

1.2　G6-49井

G6-49井位于 GJ 油田 G6 断块，该井于 2003 年 3 月完钻开抽，生产层位 Ef_1^2，油藏平均埋深为 2000m 左右，储层平均孔隙度为 15.8%，平均渗透率为 $46.6 \times 10^{-3} \mu m^2$，原油地面密度 $0.87g/cm^3$，地面黏度 30.1mPa·s，地下密度 $0.8195g/cm^3$，地下黏度 5.5mPa·s，原油饱和压力 3.2MPa，原始气油比23m^3/t，地层原始温度为 77℃，地层原始压力为 18.4MPa，压力系数为 1.00 左右。

1.2.1　常规泵应用情况

G6-49 井 2005 年 11 月 10 日新井投产，2009 年 1 月因定期检泵作业。检泵后采用常规泵，泵挂深度为 1600m，采用 ϕ38mm×2.5m×3n/min 的工作制度生产，泵挂处井斜角为10°。2009 年 12 月因井口三通漏作业，正常运行 312 天，生产情况见表7-6。

表7-6　G6-49井应用常规泵时的生产数据

日期	泵径/mm	泵深/m	冲程/m	冲次/(n/min)	泵效/%	液量/(m³/d)	动液面/m
2009年1月	38	1600	2.5	3	64	7.8	1135.6
2009年2月	38	1600	2.5	3	63	7.7	—
2009年3月	38	1600	2.5	3	62	7.6	1014.1
2009年4月	38	1600	2.5	5	62	12.6	994

日期	泵径/mm	泵深/m	冲程/m	冲次/(n/min)	泵效/%	液量/(m³/d)	动液面/m
2009 年 5 月	38	1600	2.5	5	65	13.2	999
2009 年 6 月	38	1600	2.5	5	58	11.8	1016.9
2009 年 7 月	38	1600	2.5	5	52	10.6	966.9
2009 年 8 月	38	1600	2.5	5	54	11.0	978.2
2009 年 9 月	38	1600	2.5	5	52	10.6	1017
2009 年 10 月	38	1600	2.5	5	54	11.0	1028
2009 年 11 月	38	1600	2.5	5	52	10.6	988.8
2009 年 12 月	38	1600	2.5	5	52	10.6	923.6

1.2.2 高效泵应用情况

G6-49 井 2010 年 1 月作业后换用高效泵生产，泵挂深度为 1600m，采用 ϕ38mm × 2.5m × 3n/min 的工作制度生产，泵挂处井斜角为 10°。2011 年 4 月因抽油杆断检泵，正产运行 471 天。生产情况见表 7-7。

表 7-7　G6-49 井应用高效泵时的生产数据

日期	泵径/mm	泵深/m	冲程/m	冲次/(n/min)	泵效/%	液量/(m³/d)	动液面/m
2010 年 1 月	38	1600	2.5	5	68	13.9	1307.4
2010 年 2 月	38	1600	2.5	5	67	13.7	1078.4
2010 年 3 月	38	1600	2.5	5	73	14.9	874.6
2010 年 4 月	38	1600	2.5	5	77	15.7	917.4
2010 年 5 月	38	1600	2.5	5	78	15.9	1005.5
2010 年 6 月	38	1600	2.5	5	75	15.3	941.8
2010 年 7 月	38	1600	2.5	5	75	15.3	961.4
2010 年 8 月	38	1600	2.5	5	71	14.5	949
2010 年 9 月	38	1600	2.5	5	71	14.5	1057.2
2010 年 10 月	38	1600	2.5	5	64	13.1	1099.8
2010 年 11 月	38	1600	2.5	5	64	13.1	—
2010 年 12 月	38	1600	2.5	5	65	13.3	1384.9
2011 年 1 月	38	1600	2.5	5	63	12.9	1269.3
2011 年 2 月	38	1600	2.5	5	65	13.3	1294
2011 年 3 月	38	1600	2.5	5	67	13.7	1254
2011 年 4 月	38	1600	2.5	5	64	13.1	1267

1.2.3 效果对比

对 G6-49 井应用常规泵和高效泵后的生产情况进行对比，从表 7-6、表 7-7 以及图 7-2 可以得到，应用常规泵的平均泵效为 57.5%，应用高效泵后平均泵效为 69.2%，平均泵效提高了 11.7%，检泵周期延长了 159 天。

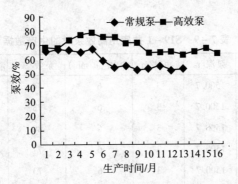

图 7-2 G6-49 井应用常规泵和高效泵效果对比情况

1.3 S19-1 井

S19-1 井位于 SN 油田 19 断块，该井于 1998 年 10 月完钻开抽，生产层位 Ef_1^3，油藏平均埋深为 1600m 左右，储层平均孔隙度为 17.2%，平均渗透率为 $55.2 \times 10^{-3} \mu m^2$，地面密度 $0.872g/cm^3$，地面黏度 $55.0mPa \cdot s$，地下密度 $0.818g/cm^3$，地下黏度 $5.4mPa \cdot s$，原油饱和压力 6.52MPa，原始气油比 $44m^3/t$。地层原始温度为 62℃，地层原始压力为 15.8MPa，压力系数为 1.00 左右。

1.3.1 应用常规泵情况

S19-1 井 2009 年 6 月检泵后采用常规泵，泵挂深度 1503m，采用 $\phi 44mm \times 3m \times 6n/min$ 的工作制度生产，泵挂处井斜角为 27°。2009 年 12 月底因蜡卡，同时动态监测作业，正产生产 175 天左右，生产情况见 7-8。

表 7-8 S19-1 井应用常规泵时的生产数据

日期	泵径/mm	泵深/m	冲程/m	冲次/(n/min)	泵效/%	液量/(m³/d)	动液面/m
2009 年 6 月	44	1503.8	3	6	61	24.0	1040
2009 年 7 月	44	1503.8	3	6	65	25.6	1094
2009 年 8 月	44	1503.8	3	6	66	26.0	1084
2009 年 9 月	44	1503.8	3	6	61	24.0	1027
2009 年 10 月	44	1503.8	3	6	65	25.6	926
2009 年 11 月	44	1503.8	3	6	61	24.0	892
2009 年 12 月	44	1503.8	3	6	57	22.5	840

1.3.2 应用高效泵情况

S19 - 1 井 2010 年 1 月作业后使用高效泵，下泵深度 1500.7m，采用 φ44mm×3m×6n/min 工作制度生产，泵挂处井斜为 28°，使用高效泵投产以来，该井工作正常，2010 年 5 月因定点测压停机作业，正常生产 194 天。生产情况见表 7 - 9。

表 7 - 9　S19 - 1 井应用高效泵时的生产数据

日期	泵径/mm	泵深/m	冲程/m	冲次/(n/min)	泵效/%	液量/(m³/d)	动液面/m
2010 年 1 月	44	1500.7	3	6	74	29.2	1027
2010 年 2 月	44	1500.7	3	6	78	30.7	926
2010 年 3 月	44	1500.7	3	6	80	31.5	892
2010 年 4 月	44	1500.7	3	6	77	30.3	1043
2010 年 5 月	44	1500.7	3	6	73	28.8	998
2010 年 6 月	44	1500.7	3	6	61	24.0	893
2010 年 7 月	44	15007	3	6	61	24.0	910

1.3.3 效果对比

对 S19 - 1 井应用常规泵和高效泵后的生产情况进行对比，从表 7 - 8、表 7 - 9 以及图 7 - 3 可以得到，应用常规泵时平均泵效为 62.1%，应用高效泵后平均泵效为 72.3%，平均泵效提高了 10.2%，检泵周期延长了 19 天。

1.4　Z38 - 1 井

Z38 - 1 井位于 ZZ 油田 Z38 断块，该井于 2004 年 9 月完钻开抽，生产层位 $E_2d_1{}^2$，油藏平均埋深为 2500m 左右，储层平均孔隙度为 21%，平均渗透率为 $171.1×10^{-3}\mu m^2$，原油地面密度 $0.8320g/cm^3$，地面黏度 15.2mPa·s，饱和压力 5.52MPa，原始气油比 $33.2m^3/t$，地层原始温度为 82℃，地层原始压力为 25.8MPa，压力系数为 0.95 左右。

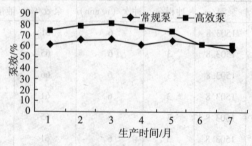

图 7 - 3　S19 - 1 井应用常规泵和高效泵效果对比情况

Z38-1 井在 2010 年 7 月上返调层后使用高效泵，因此选择高效泵应用情况与下一次作业后应用常规泵情况进行比较。

1.4.1 应用高效泵情况

Z38-1 井 2010 年 7 月作业后使用高效泵，泵挂深度 1795m，采用 ϕ44mm × 3m × 6n/min 的工作制度生产，初期的动液面为 299m，泵挂处井斜角为 19°。2011 年 5 月因蜡卡停机，正常工作 304 天。生产情况见表 7-10。

表 7-10 Z38-1 井应用高效泵时的生产数据

日 期	泵径/mm	泵深/m	冲程/m	冲次/(n/min)	泵效/%	液量/(m³/d)	动液面/m
2010 年 7 月	44	1797	3	6	93	36.7	299
2010 年 8 月	44	1797	3	6	82	32.3	79
2010 年 9 月	44	1797	3	6	87	34.3	264
2010 年 10 月	44	1797	3	6	94	37.0	118
2010 年 11 月	44	1797	3	6	91	35.9	193
2010 年 12 月	44	1797	3	6	90	35.5	228
2011 年 1 月	44	1797	3	6	90	35.5	—
2011 年 2 月	44	1797	3	6	90	35.5	—
2011 年 3 月	44	1797	3	6	90	35.5	198
2011 年 4 月	44	1797	3	6	89	35.1	348
2011 年 5 月	44	1797	3	6	80	31.5	—

1.4.2 应用常规泵情况

Z38-1 井 2011 年 6 月作业后采用常规泵，泵挂深度为 1496m，采用 ϕ38mm × 3m × 6n/min 的工作制度生产，泵挂深度井斜角为 19°。2012 年 1 月因上返作业，累计运行 215 天。生产情况见表 7-11。

表 7-11 Z38-1 井应用常规泵时的生产情况

日 期	泵径/mm	泵深/m	冲程/m	冲次/(n/min)	泵效/%	液量/(m³/d)	动液面/m
2011 年 6 月	44	1495.6	3	6	92	36.3	—
2011 年 7 月	44	1495.6	3	6	90	35.5	204
2011 年 8 月	44	1495.6	3	6	86	33.9	294
2011 年 9 月	44	1495.6	3	6	76	30.0	299
2011 年 10 月	44	1495.6	3	6	76	30.0	—
2011 年 11 月	44	1495.6	3	6	75	29.6	—
2011 年 12 月	44	1495.6	3	6	85	33.5	294
2012 年 1 月	44	1495.6	3	6	80	31.5	—

1.4.3 效果对比

对 Z38 - 1 井对应用常规泵和高效泵后的生产情况进行对比，根据表 7 - 10、表 7 - 11 以及图 7 - 4 可以得到，应用常规泵的平均泵效为 82.5%，应用高效泵后平均泵效为 90.8%，平均泵效提高了 8.3%，延长检泵周期 89 天。

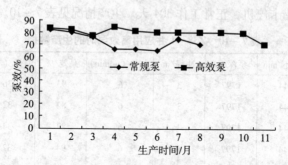

图 7 - 4   Z38 - 1 井应用常规泵和高效泵效果对比情况

1.5   S23 - 1

S23 - 1 井位于 SN 油田 S23 断块，该井于 1999 年 9 月完钻开抽，生产层位 Ef_1^3，油藏平均埋深为 1850m 左右，储层平均孔隙度为 17.8%，平均渗透率为 $55.6 \times 10^{-3} \mu m^2$，原油地面密度 $0.872g/cm^3$，地面黏度 55.2mPa·s，地下密度 $0.818g/cm^3$，地下黏度 5.4mPa·s，原油饱和压力 6.52MPa，原始气油比 $44m^3/t$。

1.5.1 应用常规泵情况

S23 - 1 井 2009 年 2 月因抽油杆蜡卡检泵作业，作业后采用常规泵，泵挂深度 1502.5m，采用 $\phi 44mm \times 3m \times 6n/min$ 的工作制度生产，泵挂处井斜角为 23°。2009 年 12 月因抽油杆断作业，正常生产 335 天。生产情况见表 7 - 12。

表 7 - 12   S23 - 1 井应用常规泵时的生产数据

日 期	泵径/mm	泵深/m	冲程/m	冲次/(n/min)	泵效/%	液量/(m³/d)	动液面/m
2009 年 2 月	44	1502.5	3	6	62	24.4	1357
2009 年 3 月	44	1502.5	3	6	61	24.0	1035
2009 年 4 月	44	1502.5	3	6	62	24.4	
2009 年 5 月	44	1502.5	3	6	61	24.0	1341
2009 年 6 月	44	1502.5	3	6	58.5	23.1	1333
2009 年 7 月	44	1502.5	3	6	55	21.7	1354
2009 年 8 月	44	1502.5	3	6	57.5	22.7	1337

日期	泵径/mm	泵深/m	冲程/m	冲次/(n/min)	泵效/%	液量/(m³/d)	动液面/m
2009 年 9 月	44	1502.5	3	6	55	21.7	1332
2009 年 10 月	44	1502.5	3	6	57.5	22.7	1334
2009 年 11 月	44	1502.5	3	6	55	21.7	1307
2009 年 12 月	44	1502.5	3	6	55	21.7	—

1.5.2 应用高效泵情况

S23 – 1 井 2010 年 1 月作业后采用高效泵投产，下泵深度 1498.8m，采用 ϕ44mm×3m×6n/min 工作制度生产，泵挂处井斜为 23°左右，2011 年 9 月因油管漏作业，正常生产 620 天。生产情况见表 7 – 13。

表 7 – 13　S23 – 1 井应用高效泵时的生产数据

日　期	泵径/mm	泵深/m	冲程/m	冲次/(n/min)	泵效/%	液量/(m³/d)	动液面/m
2010 年 1 月	44	1498.8	3	6	68	26.8	—
2010 年 2 月	44	1498.8	3	6	66	26.0	1285
2010 年 3 月	44	1498.8	3	6	68	26.8	1240
2010 年 4 月	44	1498.8	3	6	66	26.0	1138
2010 年 5 月	44	1498.8	3	6	65	25.6	1141
2010 年 6 月	44	1498.8	3	6	65.5	25.8	1211
2010 年 7 月	44	1498.8	3	6	66	26.0	—
2010 年 8 月	44	1498.8	3	6	68	26.8	1312
2010 年 9 月	44	1498.8	3	6	66	26.0	—
2010 年 10 月	44	1498.8	3	6	68	26.8	1078
2010 年 11 月	44	1498.8	3	6	65	25.6	—
2010 年 12 月	44	1498.8	3	6	66	26.0	1156
2011 年 1 月	44	1498.8	3	6	65	25.6	1203
2011 年 2 月	44	1498.8	3	6	65.5	25.8	1196
2011 年 3 月	44	1498.8	3	6	66	26.0	1156
2011 年 4 月	44	1498.8	3	6	65.5	25.8	—
2011 年 5 月	44	1498.8	3	6	66	26.0	1204
2011 年 6 月	44	1498.8	3	6	59	23.3	1285
2011 年 7 月	44	1498.8	3	6	56	22.1	1240
2011 年 8 月	44	1498.8	3	6	59	23.3	1138
2011 年 9 月	44	1498.8	3	6	56	22.1	1141

1.5.3 效果对比

对 S23-1 井应用常规泵和高效泵后的生产情况进行对比，从表 7-12、表 7-13 以及图 7-5 可以得到，应用常规泵的平均泵效为 58.1%，应用高效泵后平均泵效为 65.6%，平均泵效提高了 7.5%，延长检泵周期 295 天。

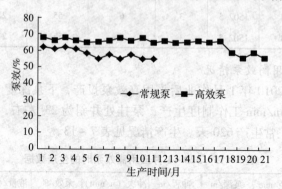

图 7-5 S23-1 井应用常规泵和高效泵效果对比情况

1.6 W38 井

W38 井位于 WLZ 油田 OZ 断块，该井于 2001 年 10 月完钻开抽，生产层位 Ef_2^3，油藏平均埋深为 1950m 左右，储层平均孔隙度为 25%，平均渗透率为 $64.5 \times 10^{-3} \mu m^2$，地面密度 $0.908g/cm^3$，地面黏度 377mPa·s，原油饱和压力 3.52MPa，原始气油比 $24m^3/t$。

1.6.1 应用常规泵情况

W38 井 2010 年 1 月进行测压作业，作业后采用常规泵，泵挂深度为 1453m，泵挂深度井斜角为 25°，采用 $\phi 44mm \times 3m \times 4n/min$ 的工作制度生产，2010 年 9 月因测压作业停，正常生产 241 天。生产情况见表 7-14。

表 7-14 W38 井应用常规泵时的生产数据

日　　期	泵径/mm	泵深/m	冲程/m	冲次/(n/min)	泵效/%	液量/(m³/d)	动液面/m
2010 年 1 月	44	1453	3	4	51	13.4	877
2010 年 2 月	44	1453	3	4	52	13.7	1214
2010 年 3 月	44	1453	3	4	55	14.5	1108
2010 年 4 月	44	1453	3	4	51	13.4	1086
2010 年 5 月	44	1453	3	4	49.5	13.0	1116
2010 年 6 月	44	1453	3	4	46	12.1	1121
2010 年 7 月	44	1453	3	4	45	11.8	1327
2010 年 8 月	44	1453	3	4	47	12.3	1375
2010 年 9 月	44	1453	3	4	50	13.1	1390

1.6.2　应用高效泵后情况

W38 井 2010 年 9 月 24 日作业后使用高效泵。泵挂深度为 1449m，泵挂深度井斜角为 25°，采用 $\phi 44mm \times 3m \times 4n/min$ 的工作制度生产，初期的动液面为 1116m，2012 年 1 月因定点测压检泵作业，正常生产 580 天，见表 7–15。

表 7–15　W38 井应用高效泵时的生产数据

日　期	泵径/mm	泵深/m	冲程/m	冲次/(n/min)	泵效/%	液量/(m³/d)	动液面/m
2010 年 10 月	44	1449	3	4	64	16.8	1116
2010 年 11 月	44	1449	3	4	55	14.5	1121
2010 年 12 月	44	1449	3	4	61	16.0	1227
2010 年 10 月	44	1449	3	4	59	15.5	1175
2010 年 11 月	44	1449	3	4	57	15.0	1190
2010 年 12 月	44	1449	3	4	64	16.8	1214
2011 年 1 月	44	1449	3	4	65	17.1	1208
2011 年 2 月	44	1449	3	4	62	16.3	1168
2011 年 3 月	44	1449	3	4	63	16.6	1568
2011 年 4 月	44	1449	3	4	55	14.5	1214
2011 年 5 月	44	1449	3	4	55	14.5	1208
2011 年 6 月	44	1449	3	4	58	15.2	1168
2011 年 7 月	44	1449	3	4	68	17.9	1568
2011 年 8 月	44	1449	3	4	78	20.5	1246
2011 年 9 月	44	1449	3	4	73	19.2	957
2011 年 10 月	44	1449	3	4	69	18.1	1257
2011 年 11 月	44	1449	3	4	69	18.1	1038
2011 年 12 月	44	1449	3	4	67	17.6	1368
2012 年 1 月	44	1449	3	4	66	17.3	1136

1.6.3　效果对比

对 W38 井应用常规泵和高效泵后的生产情况进行对比，从表 7–14、表 7–15 以及图 7–6 可以得到，应用常规泵的平均泵效为 50.6%，应用高效泵后平均泵效为 60.3%，平均泵效提高了 9.7%，延长检泵周期 339 天。

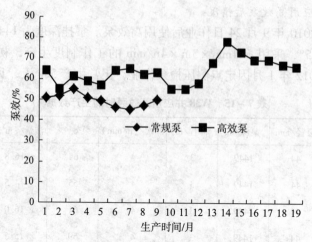

图 7 - 6   W38 井应用常规泵和高效泵效果对比情况

2 新型双螺旋气锚现场应用

JS 油田为复杂小断块油藏，部分油气藏存在原始气油比及饱和压力高等现象，如 FM、HJ 等油田，原始气油比均超过 $100m^3/t$，饱和压力达到 15MPa 以上，同时随着油田开发的不断深入，地层压力进一步降低，原油脱气现象明显，目前这些高气油比区块的油井普遍采用常规的单螺旋气锚，但从功图测试反映部分井还存在气体对泵影响明显的状况，从而造成抽油泵效较低的现象。2010 年 1 月首次在 F5 - 1 井应用双螺旋变螺距气锚，至 2013 年底共在现场应用 177 井次，平均提高泵效 7.2%，部分应用井效果见表 7 - 16。

表 7 - 16   部分应用双螺旋变螺距气锚井效果情况

井 号	开始应用时间/(年 - 月)	使用前泵效/%	使用后泵效/%	提高泵效/%
F5 - 1	2011 - 09	66. 8	76. 9	10. 1
H88 - 10	2010 - 01	57. 7	66. 1	8. 4
H107	2011 - 12	52. 2	59. 3	7. 1
H88 平 1	2011 - 05	76. 2	83. 5	7. 3
YX35	2010 - 05	39	47. 5	8. 5
Y7 - 6	2011 - 04	33	40. 1	7. 1
SAO14P2	2012 - 06	77	86	9
F83 - 7	2012 - 06	32	40. 1	8. 1

井　号	开始应用时间/(年 - 月)	使用前泵效/%	使用后泵效/%	提高泵效/%
H88 - 4	2012 - 07	77	86.1	9.1
H88 - 8	2012 - 07	15	24	9
H88 - 10	2012 - 07	61	68.3	7.3
H88ZP1	2012 - 07	90	98.7	8.7

2.1 F5 - 1 井

F5 - 1 井位于 FM 油田 F5 断块,该井于 2009 年 12 月完钻开抽,层位 E_1s_1,该层位油藏平均埋深为 2000m 左右,储层平均孔隙度为 23%,平均渗透率为 $600 \times 10^{-3} \mu m^2$,地面原油密度 0.8176g/cm³,地面原油黏度 5.18mPa·s,地下原油密度 0.8274g/cm³,地下原油黏度 9.49mPa·s,原油饱和压力 10MPa,原始气油比 120m³/t。地层原始温度为 70℃,地层原始压力为 15MPa,压力系数为 1.00 左右。

该井 2009 年 12 月新井投产,采用常规泵和管柱生产,井下没有采用分气锚。2011 年 9 月因不出液进行检泵作业,同时应用加装双螺旋变螺距气锚。

2.1.1 未应用气锚情况

该井 2009 年 12 月新井投产,泵挂深度 1800m,采用 ϕ56mm × 3.6m × 5n/min 的工作制度生产,没有安装气锚,生产气油比 80m³/t 左右,2011 年 9 月因油管漏作业。生产情况见表 7 - 17。

表 7 - 17　F5 - 1 井未使用气锚时的生产数据

日　期	泵径/mm	泵深/m	冲程/m	冲次/(n/min)	泵效/%	液量/(m³/d)	动液面/m
2009 年 12 月	56	1800	3.6	3	78.1	29.9	—
2010 年 1 月	56	1800	3.6	3	64.6	24.7	330
2010 年 2 月	56	1800	3.6	3	64.2	24.6	—
2010 年 3 月	56	1800	3.6	3	63.0	24.1	—
2010 年 4 月	56	1800	3.6	3	63.9	24.5	—
2010 年 5 月	56	1800	3.6	3	65.5	25.1	495
2010 年 6 月	56	1800	3.6	3	64.9	24.9	502
2010 年 7 月	56	1800	3.6	3	63.6	24.4	504
2010 年 8 月	56	1800	3.6	3	63.6	24.4	541
2010 年 9 月	56	1800	3.6	3	64.6	24.7	568
2010 年 10 月	56	1800	3.6	3	64.3	24.6	568

续表

日期	泵径/mm	泵深/m	冲程/m	冲次/(n/min)	泵效/%	液量/(m³/d)	动液面/m
2010 年 11 月	56	1800	3.6	3	69.6	26.7	428
2010 年 12 月	56	1800	3.6	3	70.5	27.0	516
2011 年 1 月	56	1800	3.6	3	66.8	25.6	536
2011 年 2 月	56	1800	3.6	3	69.9	26.8	405
2011 年 3 月	56	1800	3.6	3	66.5	25.5	564
2011 年 4 月	56	1800	3.6	3	65.8	25.2	—
2011 年 5 月	56	1800	3.6	3	71.5	27.4	192
2011 年 6 月	56	1800	3.6	3	71.2	27.3	585
2011 年 7 月	56	1800	3.6	3	65.7	25.2	579
2011 年 8 月	56	1800	3.6	3	65.8	25.2	625

2.1.2 应用双螺旋变螺距气锚情况

F5 – 1 井 2011 年 9 月作业后应用双螺旋变螺距气锚，泵挂深度 1800m，采用 $\phi56mm \times 3.6m \times 3n/min$ 的工作制度生产，生产气油比 140m³/t 左右，2013 年 3 月因堵水作业检泵。生产情况见表 7 – 18。

2.1.3 应用效果对比

对 F5 – 1 井相邻两次作业后未应用气锚和应用双螺旋变螺距气锚的情况进行对比，从表 7 – 17、表 7 – 18 以及图 7 – 7 可以得到，未应用气锚时的平均泵效为 66.8%，应用双螺旋变螺距气锚后的平均泵效为 76.9%，应用双螺旋变螺距气锚后平均泵效提高了 10.1%。

表 7 – 18　F5 – 1 井应用双螺旋变螺距气锚时的生产数据

日　期	泵径/mm	泵深/m	冲程/m	冲次/(n/min)	泵效/%	液量/(m³/d)	动液面/m
2011 年 9 月	56	1800	3.6	3	78.4	30.0	478
2011 年 10 月	56	1800	3.6	3	72.7	27.8	759
2011 年 11 月	56	1800	3.6	3	74.0	28.3	774
2011 年 12 月	56	1800	3.6	3	74.9	28.7	764
2012 年 1 月	56	1800	3.6	3	81.8	31.3	752
2012 年 2 月	56	1800	3.6	3	78.7	30.1	724
2012 年 3 月	56	1800	3.6	3	74.9	28.7	710
2012 年 4 月	56	1800	3.6	3	74.0	28.3	677
2012 年 5 月	56	1800	3.6	3	79.3	30.4	—
2012 年 6 月	56	1800	3.6	3	78.7	30.1	720
2012 年 7 月	56	1800	3.6	3	73.7	28.2	750
2012 年 8 月	56	1800	3.6	3	80.6	30.9	839

续表

日期	泵径/mm	泵深/m	冲程/m	冲次/(n/min)	泵效/%	液量/(m³/d)	动液面/m
2012 年 9 月	56	1800	3.6	3	78.4	30.0	832
2012 年 10 月	56	1800	3.6	3	76.2	29.2	868
2012 年 11 月	56	1800	3.6	3	79.3	30.4	883
2012 年 12 月	56	1800	3.6	3	74.3	28.5	891
2013 年 1 月	56	1800	3.6	3	76.8	29.4	159
2013 年 2 月	56	1800	3.6	3	76.8	29.4	—
2013 年 3 月	56	1800	3.6	3	76.8	29.4	—

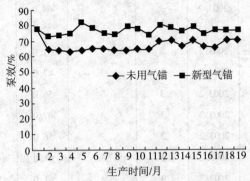

图 7 - 7　F5 - 1 井应用常规泵和高效泵效果对比情况

2.2　H88 - 10 井

H88 - 10 井位于 HJ 油田 H88 断块，于 2011 年 7 月完钻开抽，其基础数据见表 7 - 19。

表 7 - 19　H88 - 10 井基础数据

层位	层号	厚度/m	油管尺寸/mm	油套深度/m	水泥返高/m	人工井底深/m	最大井斜	最大井斜位置/m
$E_2d_1{}^2$	4、20	8.9	124.26	2543.89	1435	2531.03	16.16°	1675

H88 - 10 井油藏平均埋深为 2300m，储层平均孔隙度为 20.3%，平均渗透率为 $162 \times 10^{-3} \mu m^2$，该井地面原油密度 $0.8212g/cm^3$，黏度 6.5mPa·s，凝固点 36℃；地下原油密度 $0.7183g/cm^3$，黏度 2.18mPa·s，原油饱和压力 12.85MPa，原始气油比 $105.2m^3/t$，溶解系数为 $6.48m^3/m^3/MPa$，体积系数 1.08。地层原始温度为 94℃，地层原始压力为 26.34MPa，压力系数为 1.06 左右。

该井 2008 年 11 月新井投产，井下安装单螺旋气锚和常规泵生产。2010 年 1 月因抽油杆断检泵作业，作业后应用双螺旋变螺距气锚和高效泵。

2.2.1 单螺旋气锚和常规泵应用情况

H88－10 井 2008 年 11 投产，泵挂深度为 2003.2m，泵挂处井斜角为 10.5°，采用 $\phi 38mm \times 3m \times 3n/min$ 的工作制度生产，采用常规泵，井下安装单螺旋气锚生产，2009 年 12 月因抽油杆断停，正常工作 385 天。生产情况见表 7－20。

表 7－20　H88－10 井应用单螺旋气锚和常规泵时的生产数据

日　　期	泵径/mm	泵深/m	冲程/m	冲次/(n/min)	泵效/%	液量/(m³/d)	动液面/m
2008 年 11 月	38	2003.2	3	3	90	13.2	820
2008 年 12 月	38	2003.2	3	3	85	12.5	1540
2009 年 1 月	38	2003.2	3	3	64.0	9.4	1545
2009 年 2 月	38	2003.2	3	3	57.0	8.4	1703
2009 年 3 月	38	2003.2	3	3	51.0	7.5	—
2009 年 4 月	38	2003.2	3	3	47.0	6.9	2000
2009 年 5 月	38	2003.2	3	3	56.0	8.2	1671
2009 年 6 月	38	2003.2	3	3	67.0	9.8	1548
2009 年 7 月	38	2003.2	3	3	56.0	8.2	1451
2009 年 8 月	38	2003.2	3	3	61.0	9.0	1354
2009 年 9 月	38	2003.2	3	3	61.0	9.0	1660
2009 年 10 月	38	2003.2	3	3	61.0	9.0	1615
2009 年 11 月	38	2003.2	3	3	58.0	8.5	—
2009 年 12 月	38	1803.5	3	3	53.0	7.8	1473

2.2.2 双螺旋变螺距气锚和高效泵应用情况

2010 年 1 月作业后应用高效泵和双螺旋变螺距气锚，泵挂深度为 1803.5m，泵挂处井斜角为 10.5°，采用 $\phi 38mm \times 3m \times 3n/min$ 的工作制度生产，2011 年 7 月油管漏作业，正常工作 570 天。生产情况见表 7－21。

表 7－21　H88－10 井应用双螺旋变螺距气锚和高效泵时的生产数据

日　　期	泵径/mm	泵深/m	冲程/m	冲次/(n/min)	泵效/%	液量/(m³/d)	动液面/m
2010 年 1 月	38	1803.5	3	3	72.0	10.6	1683
2010 年 2 月	38	1803.5	3	3	73.0	10.7	1766
2010 年 3 月	38	1803.5	3	3	69.0	10.1	1768
2010 年 4 月	38	1803.5	3	3	69.0	10.1	—
2010 年 5 月	38	1803.5	3	3	69.0	10.1	1142
2010 年 6 月	38	1803.5	3	3	72.0	10.6	989

续表

日期	泵径/mm	泵深/m	冲程/m	冲次/(n/min)	泵效/%	液量/(m³/d)	动液面/m
2010 年 7 月	38	1803.5	3	3	73.0	10.7	1101
2010 年 8 月	38	1803.5	3	3	65.0	9.6	1742
2010 年 9 月	38	1803.5	3	3	70.0	10.3	1514
2010 年 10 月	38	1803.5	3	3	70.0	10.3	1498
2010 年 11 月	38	1803.5	3	3	65.0	9.6	1448
2010 年 12 月	38	1803.5	3	3	61.0	9.0	1451
2011 年 1 月	38	1803.5	3	3	60.0	8.8	1118
2011 年 2 月	38	1803.5	3	3	65.0	9.6	1283
2011 年 3 月	38	1803.5	3	3	61.0	9.0	1264.1
2011 年 4 月	38	1803.5	3	3	60.0	8.8	830
2011 年 5 月	38	1803.5	3	3	60.0	8.8	651
2011 年 6 月	38	1803.5	3	3	60.0	8.8	465.9
2011 年 7 月	38	1803.5	3	3	61.0	9.0	773

2.2.3　效果对比

从表 7 - 20、表 7 - 21 看出，H88 - 10 井分别应用单螺旋气锚和常规泵与应用双螺旋变螺距气锚和高效泵期间工作制度、动液面等参数相近，从测试的功图来看(见图 7 - 8、图 7 - 9)，应用双螺旋变螺距气锚和高效泵后在一定程度上提高抽油泵充满系数；同时对比应用单螺旋气锚和常规泵与应用双螺旋变螺距气锚期间的生产情况，从表 7 - 20、表 7 - 21 以及图 7 - 10 可以得到，应用单螺旋气锚和常规泵时的平均泵效为 57.7%，应用新型气锚和高效泵后平均泵效为 66.1%，泵效平均提高了 8.4%。

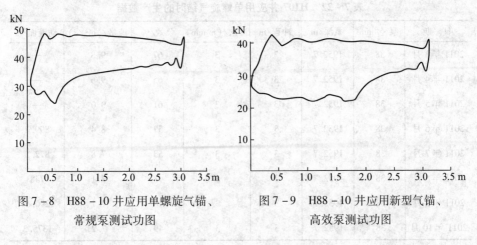

图 7 - 8　H88 - 10 井应用单螺旋气锚、
　　　　常规泵测试功图

图 7 - 9　H88 - 10 井应用新型气锚、
　　　　高效泵测试功图

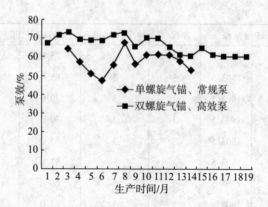

图7-10　H88-10井应用单螺旋气锚、常规泵与双螺旋气锚、高效泵情况

2.3　H107井

H107井位于HJ油田H8断块，该井油藏平均埋深为2350m，储层平均孔隙度为17.6%，平均渗透率为25.7×10⁻³μm²，该井地面原油密度0.823g/cm³，黏度10.6mPa·s，凝固点35℃；地层原始温度为97℃，地层压力为27.34MPa，压力系数为1.04，气油比为109m³/t。下面对该井应用常规气锚和双螺旋变螺距气锚时的生产情况进行对比。

H107井2011年2月29日新井投产，井下安装普通气锚，泵挂深度为1952.7m，2012年3月因油管漏检泵作业，井下安装双螺旋变螺距气锚。

2.3.1　应用单螺旋气锚情况

该井自2011年2月29日投产，采用ϕ38mm抽油泵，采用ϕ38mm×3m×3n/min的工作制度生产，井下安装单螺旋气锚，2012年3月因油管漏检泵作业。生产情况见表7-22。

表7-22　H107井应用单螺旋气锚时的生产数据

日　期	泵径/mm	泵深/m	冲程/m	冲次/(n/min)	泵效/%	液量/(m³/d)	动液面/m
2011年3月	38	1952.7	3	3	67	9.8	—
2011年4月	38	1952.7	3	3	65	9.6	—
2011年5月	38	1952.7	3	3	61	9.0	—
2011年6月	38	1952.7	3	3	57	8.4	899.7
2011年7月	38	1952.7	3	3	53	7.8	872.5
2011年8月	38	1952.7	3	3	48	7.1	748
2011年9月	38	1952.7	3	3	48	7.1	290.5
2011年10月	38	1952.7	3	3	49	7.2	1375.3

日期	泵径/mm	泵深/m	冲程/m	冲次/(n/min)	泵效/%	液量/(m³/d)	动液面/m
2011 年 11 月	38	1952.7	3	3	46	6.8	1450
2011 年 12 月	38	1952.7	3	3	44	6.5	1537
2012 年 1 月	38	1952.7	3	3	44	6.5	1537
2012 年 2 月	38	1952.7	3	3	44	6.5	1537

2.3.2 应用双螺旋变螺距气锚情况

2012 年 3 月作业后应用双螺旋变螺距气锚，泵挂深度为 1698.9m，采用 ϕ38mm $\times$3m $\times$6n/min 的工作制度生产，2013 年 3 月因油管漏检泵作业。生产情况见表 7 - 23。

2.3.3 应用效果对比

从表 7 - 22、表 7 - 23 看出，H107 井分别应用单螺旋气锚和双螺旋变螺距气锚期间工作制度、动液面等参数相近，从测试的功图来看(见图 7 - 11、图 7 - 12)，应用后新型气锚在一定程度上提高抽油泵充满系数；同时对比应用单螺旋气锚和双螺旋变螺距气锚期间的生产情况，从表 7 - 22、表 7 - 23 以及图 7 - 13 可以得到，应用常规单螺旋气锚时的平均泵效为 52.2%，应用双螺旋变螺距气锚后平均泵效为 59.3%，泵效平均提高了 7.1%。

表 7 - 23 H107 井应用双螺旋变螺距气锚时的生产数据

日 期	泵径/mm	泵深/m	冲程/m	冲次/(n/min)	泵效/%	液量/(m³/d)	动液面/m
2012 年 3 月	38	1698.9	3	3	70	10.3	1473
2012 年 4 月	38	1698.9	3	3	68	10.0	1495
2012 年 5 月	38	1698.9	3	3	68	10.0	1532.4
2012 年 6 月	38	1698.9	3	3	64	9.4	1479
2012 年 7 月	38	1698.9	3	3	67	9.8	1494.1
2012 年 8 月	38	1698.9	3	3	65	9.6	1495
2012 年 9 月	38	1698.9	3	3	61	9.0	1481.6
2012 年 10 月	38	1698.9	3	3	53	7.8	1478
2012 年 11 月	38	1698.9	3	3	50	7.3	1530
2012 年 12 月	38	1698.9	3	3	50	7.3	1483
2013 年 1 月	38	1698.9	3	3	53	7.8	1531
2013 年 2 月	38	1698.9	3	3	50	7.3	1475
2013 年 3 月	38	1698.9	3	3	50	7.3	1473

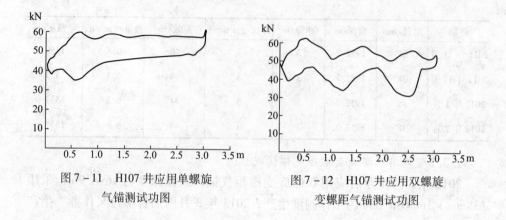

图 7 – 11 H107 井应用单螺旋
气锚测试功图

图 7 – 12 H107 井应用双螺旋
变螺距气锚测试功图

2.4 H88P1 井

H88P1 井位于 HJ 油田 H8 断块，该井于 2009 年 8 月底完钻开抽，层位 E_2d_1，该层位油藏平均埋深 2200m 左右，储层平均孔隙度 18.1%，平均渗透率 $61.8 \times 10^{-3} \mu m^2$，地面原油脱气后密度 $0.8212g/cm^3$，黏度 6.5mPa·s，凝固点 36℃，地层原油黏度 2.18mPa·s，平均密度为 $0.7183g/cm^3$，原始气油比 $105.2m^3/t$，溶解系数为 $6.48m^3/m^3/MPa$。原始地层压力 21.9MPa，压力水平 1.0 左右，油层原始温度 84.6℃，属正常温度压力系统。

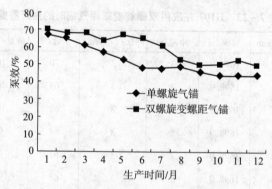

图 7 – 13 H107 井应用单螺旋气锚和双螺旋变螺距气锚效果对比情况

H88P1 井 2009 年 8 月底新井投产。2011 年 5 月因油管漏进行检泵作业，作业后井下安装变螺距气锚。2012 年 5 月杆断进行检泵作业，作业后井下安装普通气锚。因此下面比较该井应用变螺距气锚和单螺旋气锚时的生产情况。

2.4.1 应用双螺旋变螺距气锚情况

H88P1 井 2011 年 5 月作业后应用双螺旋变螺距气锚，采用 $\phi 38mm$ 抽油泵，泵挂深度为 1503.3m，采用用 $\phi 38mm \times 3m \times 3n/min$ 的工作制度生产，2012 年 5 月因杆断检泵作业生产情况见表 7 – 24。

216

表 7 - 24　H88P1 井应用双螺旋变螺距气锚时的生产数据

日　期	泵径/mm	泵深/m	冲程/m	冲次/(n/min)	泵效/%	液量/(m³/d)	动液面/m
2011 年 6 月	38	1503. 3	3	3	78	11. 5	—
2011 年 7 月	38	1503. 3	3	3	82	12. 1	582
2011 年 8 月	38	1503. 3	3	3	83	12. 2	512
2011 年 9 月	38	1503. 3	3	3	83	12. 2	666
2011 年 10 月	38	1503. 3	3	3	82	12. 1	724. 4
2011 年 11 月	38	1503. 3	3	3	86	12. 6	582
2011 年 12 月	38	1503. 3	3	3	85	12. 5	512
2012 年 1 月	38	1503. 3	3	3	83	12. 2	666
2012 年 2 月	38	1503. 3	3	3	83	12. 2	688
2012 年 3 月	38	1503. 3	3	3	84	12. 3	759
2012 年 4 月	38	1503. 3	3	3	84	12. 3	871

2.4.2　应用单螺旋气锚情况

H88P1 井 2012 年 5 月作业后应用单螺旋气锚, 采用 ϕ38mm 抽油泵, 泵挂深度为 1475m, 采用 ϕ38mm × 3m × 3n/min 的工作制度生产使用 ϕ38mm 抽油泵, 2013 年 6 月杆断作业。生产情况见表 7 - 25。

表 7 - 25　H88P1 井应用单螺旋气锚时的生产数据

日　期	泵径/mm	泵深/m	冲程/m	冲次/(n/min)	泵效/%	液量/(m³/d)	动液面/m
2012 年 5 月	38	1475	3	3	76	11. 2	742. 9
2012 年 6 月	38	1475	3	3	74	10. 9	843. 6
2012 年 7 月	38	1475	3	3	74	10. 9	—
2012 年 8 月	38	1475	3	3	77	11. 3	964
2012 年 9 月	38	1475	3	3	76	11. 2	997
2012 年 10 月	38	1475	3	3	72	10. 6	
2012 年 11 月	38	1475	3	3	75	11. 0	904
2012 年 12 月	38	1475	3	3	80	11. 8	812
2013 年 1 月	38	1475	3	3	80	11. 8	791
2013 年 2 月	38	1475	3	3	80	11. 8	791
2013 年 3 月	38	1475	3	3	80	11. 8	750. 1
2013 年 4 月	38	1475	3	3	79	11. 6	72
2013 年 5 月	38	1475	3	3	78	11. 5	626
2013 年 6 月	38	1475	3	3	78	11. 5	633

2.4.3 应用效果对比

从表 7 - 24、表 7 - 25 看出，H88P1 井分别应用单螺旋气锚和双螺旋气锚期间工作制度、动液面等参数相近，对比应用单螺旋气锚和新型气锚期间的生产情况，从表 7 - 24、表 7 - 25 以及图 7 - 14 可以得到，应用常规单螺旋气锚时的平均泵效为 76.2%，应用双螺旋变螺距气锚后平均泵效为 83.5%，应用双螺旋变螺距气锚后泵效平均提高了 7.3%。

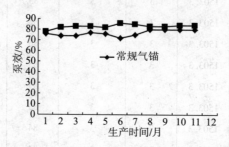

图 7 - 14　H88P1 井应用单螺旋气锚和双螺旋变螺距气锚效果对比情况

3　双尾管沉砂泵应用情况

随着油田开发的不断深入，油井产出流体日益复杂，一些区块出砂、结垢现象日益显现，油井出砂、结垢影响抽油泵泵效以及检泵周期。如闵桥油田闵35 块有 90%的油井存在不同程度的出砂结垢现象，油井普通存在抽油泵泵效低，同时易出现卡、堵问题。2010 年 1 月以来双尾管沉砂泵先后在现场应用了 74 井次，从整体应用效果来看，应用双尾管沉砂泵后平均泵效提高了5.0%，平均延长免修期 65 天，具体见表 7 - 26。

表 7 - 26　部分应用双尾管沉砂泵井效果情况

序　号	井　号	投用时间 （年 - 月）	使用前 泵效/%	使用后 泵效/%	提高泵效/ %	延长免 修期/天
1	B9 - 1	2011 - 02	31.1	42.3	11.2	135
2	W9 - 14	2011 - 03	16	23.1	7.1	160
3	H88 - 17	2011 - 02	44.1	53.1	9.0	202
4	XM35 - 3	2011 - 09	30.2	36.3	6.1	77
5	W15 - 17	2011 - 01	33.0	41.2	8.2	116
6	FAN4 - 16	2011 - 08	19.0	27.3	8.3	264
7	C1	2011 - 11	59.1	68.3	9.2	130

续表

序　号	井　号	投用时间 （年 - 月）	使用前 泵效/%	使用后 泵效/%	提高泵效/ %	延长免 修期/天
8	C1 - 2	2012 - 01	16.0	23.5	7.5	240
9	T83 - 1	2012 - 03	80.2	89.2	9.0	180
10	WAN19	2011 - 07	54.9	59.4	4.5	70

3.1　H88 - 17 井

H88 - 17 井 2010 年 11 月新井投产，使用 ϕ38mm 抽油泵。2010 年 10 月和 2011 年 1 月分别因垢卡，杆断两次作业。2011 年 2 月检泵作业后，使用沉砂泵。

3.1.1　应用常规泵情况

该井自 2009 年 3 月新井投产。2010 年 11 月垢卡作业后应用 ϕ32mm 常规泵，同时采用 ϕ32mm × 3m × 3n/min 的工作制度生产，应用常规泵期间，平均泵效在 44.1% 左右，生产数据见表 7 - 27。

表 7 - 27　H88 - 17 井应用常规泵时的生产数据

日　　期	泵径/mm	泵深/m	冲程/m	冲次/(n/min)	泵效/%	液量/(m³/d)	动液面/m
2010 年 11 月	32	1926	3	3	48	5.0	1493
2010 年 12 月	32	1926	3	3	37	3.9	1850
2011 年 1 月	32	1926	3	3	48	5.0	1925

3.1.2　应用双尾管沉砂泵情况

2011 年 2 月杆断作业后，应用 ϕ32mm 沉砂泵，泵挂深度为 1955m，同时采用 ϕ32mm × 3m × 3n/min 的工作制度生产，截至 2011 年 10 月底因抽油杆断停，平均泵效在 53.1% 左右，其生产情况表 7 - 28。

表 7 - 28　H88 - 17 井应用应用双尾管沉砂泵时的生产数据

日　　期	泵径/mm	泵深/m	冲程/m	冲次/(n/min)	泵效/%	液量/(m³/d)	动液面/m
2011 年 2 月	32	1955	3	3	56	5.8	1705
2011 年 3 月	32	1955	3	3	62	6.5	1953
2011 年 4 月	32	1955	3	3	49	5.1	1951
2011 年 5 月	32	1955	3	3	46	4.8	1952
2011 年 6 月	32	1955	3	3	53	5.5	1951

续表

日期	泵径/mm	泵深/m	冲程/m	冲次/(n/min)	泵效/%	液量/(m³/d)	动液面/m
2011 年 7 月	32	1955	3	3	53	5.5	1952
2011 年 8 月	32	1955	3	3	50	5.2	1952
2011 年 9 月	32	1955	3	3	53	5.5	1951
2011 年 10 月	32	1955	3	3	50	5.2	1952

3.1.3 应用效果对比

从表 7 – 27、表 7 – 28 看出，H88 – 17 井应用常规泵和双尾管沉砂泵期间工作制度、动液面等参数相近，因此对 H88 – 17 井应用常规泵和双尾管沉砂泵期间的生产数据进行对比，得出应用常规泵期间平均泵效 44.1% 左右，应用沉砂泵期间平均泵效 53.1% 左右，应用沉砂泵后泵效平均提高 9.0% 左右，同时延长免修期 202 天。

3.2 T83 – 1 井

T83 – 1 井 2011 年 7 月测压结束后，应用 ϕ32mm 常规泵。2012 年 3 月，杆断作业后应用 ϕ32mm 双尾管沉砂泵。

3.2.1 应用常规泵情况

该井自 2009 年 3 月新井投产，历经 3 次检泵作业。2011 年 7 月作业后应用常规泵生产，采用 ϕ32mm × 4.2m × 3n/min 的工作制度生产，2012 年 3 月杆断作业，应用常规泵期间平均泵效为 80.2% 左右。生产情况见表 7 – 29。

表 7 – 29　T83 – 1 井应用常规泵时的生产数据

日　期	泵径/mm	泵深/m	冲程/m	冲次/(n/min)	泵效/%	液量/(m³/d)	动液面/m
2011 年 8 月	32	2001	4.2	3	80	11.7	1855
2011 年 9 月	32	2001	4.2	3	79	11.5	1893
2011 年 10 月	32	2001	4.2	3	81	11.8	1680
2011 年 11 月	32	2001	4.2	3	78	11.3	1652

3.2.2 应用双尾管沉砂泵情况

2012 年 3 月杆断作业后，应用 ϕ32mm 沉砂泵，采用 ϕ32mm × 3m × 3n/min 的工作制度生产，2012 年 10 月因不出油停，应用沉砂泵期间平均泵效 89.2% 左右，生产情况见表 7 – 30。

表 7 - 30 T83 - 1 井应用双尾管沉砂泵时的生产数据

日 期	泵径/mm	泵深/m	冲程/m	冲次/(n/min)	泵效/%	液量/(m³/d)	动液面/m
2012 年 3 月	32	1999	4.2	3	89	13.0	1642
2012 年 4 月	32	1999	4.2	3	89	13.0	1785
2012 年 5 月	32	1999	4.2	3	89	13.0	1656
2012 年 4 月	32	1999	4.2	3	89	13.0	1656
2012 年 5 月	32	1999	4.2	3	89	13.0	1656
2012 年 6 月	32	1999	4.2	3	88	12.8	—
2012 年 7 月	32	1999	4.2	3	87	12.7	—
2012 年 8 月	32	1999	4.2	3	88	12.8	1650
2012 年 9 月	32	1999	4.2	3	87	12.7	—
2012 年 10 月	32	1999	4.2	3	88	12.8	1650

3.2.3 应用效果对比

从表 7 - 29、表 7 - 30 看出，T83 - 1 井应用常规泵和双尾管沉砂泵期间工作制度、动液面等参数相近，因此对 T83 - 1 井应用常规泵和沉砂泵期间的生产数据进行对比，从对比结果反映，应用常规泵期间平均泵效在 80.2% 左右，应用双尾管沉砂泵期间平均泵效在 89.2% 左右，应用双尾管沉砂泵后泵效平均提高 9.0% 左右，延长免修期 180 天。

3.3 C1 - 2 井

C1 - 2 井 2011 年 3 月油管裂检泵作业后，应用 $\phi32mm$ 常规抽油泵。2011 年 12 月又因油管漏检泵作业后，应用 $\phi32mm$ 沉砂泵。

3.3.1 应用常规泵情况

该井 2011 年 3 月油管漏检泵作业后，应用 $\phi32mm$ 常规抽油泵，泵挂深度为 1898m 采用 $\phi32mm \times 3m \times 3n/min$ 的工作制度生产，2011 年 12 月油管裂作业，应用常规泵期间平均泵效为 16% 左右。生产情况见表 7 - 31。

表 7 - 31 C1 - 2 井应用常规泵时的生产数据

日 期	泵径/mm	泵深/m	冲程/m	冲次/(n/min)	泵效/%	液量/(m³/d)	动液面/m
2011 年 4 月	32	1898	3	3	20	2.1	1896
2011 年 5 月	32	1898	3	3	15	1.6	—
2011 年 6 月	32	1898	3	3	15	1.6	1869
2011 年 7 月	32	1898	3	3	15	1.6	1898

日期	泵径/mm	泵深/m	冲程/m	冲次/(n/min)	泵效/%	液量/(m3/d)	动液面/m
2011 年 8 月	32	1898	3	3	15	1.6	1897
2011 年 9 月	32	1898	3	3	16	1.7	1897
2011 年 10 月	32	1898	3	3	16	1.7	1897
2011 年 11 月	32	1898	3	3	16	1.7	1897

3.3.2 应用双尾管沉砂泵情况

2012 年 1 月油管裂检泵作业后，应用 ϕ32mm 双尾管沉砂泵，采用 ϕ32mm ×
3m×3n/min 的工作制度生产，2013 年 4 月因不出油作业，应用双尾管沉砂泵期
间平均泵效为 23.5% 左右，生产情况见表 7 – 32。

表 7 – 32　C1 – 2 井应用双尾管沉砂泵时的生产数据

日　　期	泵径/mm	泵深/m	冲程/m	冲次/(n/min)	泵效/%	液量/(m³/d)	动液面/m
2012 年 1 月	32	1901	3	3	24	2.5	1765
2012 年 2 月	32	1901	3	3	23	2.4	1768
2012 年 3 月	32	1901	3	3	22	2.3	1853
2012 年 4 月	32	1901	3	3	21	2.2	1901
2012 年 5 月	32	1901	3	3	25	2.6	1867
2012 年 6 月	32	1901	3	3	25	2.6	1901
2012 年 7 月	32	1901	3	3	23	2.4	1901
2012 年 8 月	32	1901	3	3	23.8	2.5	1901
2012 年 9 月	32	1901	3	3	24	2.5	1765
2012 年 10 月	32	1901	3	3	23	2.4	1768
2012 年 11 月	32	1901	3	3	22	2.3	—
2012 年 12 月	32	1901	3	3	21	2.2	1901
2013 年 1 月	32	1901	3	3	25	2.6	1867
2013 年 2 月	32	1901	3	3	25	2.6	—
2013 年 3 月	32	1901	3	3	23	2.4	1901

3.3.3 应用效果对比

从表 7 – 31、表 7 – 32 看出，应用常规泵和双尾管沉砂泵期间工作制度、
动液面等参数相近，因此对 C1 – 2 井应用常规泵和双尾管沉砂泵期间的生产数
据进行对比，从对比结果反映，应用常规泵期间平均泵效在 16% 左右，应用
双尾管沉砂泵期间平均泵效在 23.5% 左右，应用双尾管沉砂泵后，泵效平均
提高 7.5%，已延长免修期 205 天。

4　深抽泵应用

JS 油田为复杂小断块油藏，随开发不断深入，近几年投入开发的深层致密油藏的数量逐渐增多，如近两年相继投入开发的 L38、Y38、X33、H26 等一批致密区块油藏埋深超过 3000m，这些区块在开发过程中由于注水难度大，地层能量得不到补充，导致动液面和泵挂不断加深。针对常规抽油泵在深抽时易存在泵效低、免修期短等问题，2012 年 1 月以来先后在现场应用了 29 井次深抽泵，从整体应用效果来看，应用深抽泵后平均泵效提高了 4.5%。平均延长免修期 45 天，具体见表 7-33。

表 7-33　部分应用深抽泵井效果情况

井　号	投用时间	使用前泵效/%	使用后泵效/%	提高泵效/%	延长免修期/天
XUX33	2011-10	65.2	73.1	7.9	120
L38-2	2012-04	29.2	36.7	7.5	80
H26-5	2013-01	59.3	66.7	7.4	200
H26-6	2013-04	51.6	57.6	6.0	173
L38-5	2012-10	46.5	53.8	7.3	120
L38	2012-01	42.7	50.5	7.8	88

4.1　H26-5 井

H26-5 井 2012 年 6 月底新井投产后，应用 ϕ32mm 常规抽油泵。2013 年 1 月检泵作业后，应用 ϕ32mm 深抽泵。

4.1.1　应用常规泵情况

该井 2012 年 6 月新井投产，应用 ϕ32mm 常规抽油泵，泵深为 2400m，采用 ϕ32mm×5m×3n/min 的工作制度，2013 年 1 月检泵作业，应用常规泵期间平均泵效为 59.3%。生产情况见表 7-34。

表 7-34　H26-5 井应用常规泵时的生产数据

日　期	泵径/mm	泵深/m	冲程/m	冲次/(n/min)	泵效/%	液量/(m³/d)	动液面/m
2012 年 7 月	32	2400	5	3	67	11.6	2205
2012 年 8 月	32	2400	5	3	58	10.1	—
2012 年 9 月	32	2400	5	3	53	9.2	2260

4.1.2 应用深抽泵情况

2013 年 1 月检泵作业后，应用 ϕ32mm 深抽泵，泵挂深度为 2400m，用 ϕ32mm×5m×3n/min 的工作制度生产，截至 2013 年 12 月底仍正常生产，应用深抽泵期间平均泵效为 66.7% 左右，生产情况见表 7-35。

表 7-35　H26-5 井应用深抽泵时的生产数据

日　期	泵径/mm	泵深/m	冲程/m	冲次/(n/min)	泵效/%	液量/(m³/d)	动液面/m
2013 年 1 月	32	2400	5	3	56	9.7	2003
2013 年 2 月	32	2400	5	3	72	12.5	2078
2013 年 3 月	32	2400	5	3	72	12.5	—
2013 年 4 月	32	2400	5	3	56	9.7	—
2013 年 5 月	32	2400	5	3	72	12.5	2078
2013 年 6 月	32	2400	5	3	72	12.5	—
2013 年 7 月	32	2400	5	3	56	9.7	2000
2013 年 8 月	32	2400	5	3	72	12.5	2078
2013 年 9 月	32	2400	5	3	72	12.5	—
2013 年 10 月	32	2400	5	3	72	12.5	2011
2013 年 11 月	32	2400	5	3	72	12.5	—
2013 年 12 月	32	2400	5	3	56	9.7	—

4.1.3 应用效果对比

从表 7-34、表 7-35 看出，应用常规泵和深抽泵期间工作制度、动液面等参数相近，因此对对比 H26-5 井应用常规泵和深抽泵期间的生产数据进行对比，从对比结果反映，应用常规泵期间平均泵效在 59.3% 左右，应用深抽泵期间平均泵效在 66.7% 左右，应用深抽泵后泵效平均提高 7.4%，截至 2013 年 12 月底，该井应用深抽泵后仍正常生产，已延长免修期 240 天左右。

4.2　H26-6 井

H26-6 井 2012 年 6 月底新井投产后，应用 ϕ32mm 常规抽油泵。2013 年 1 月检泵作业后，应用 ϕ32mm 深井抽油泵。

4.2.1 应用常规泵情况

该井 2012 年 7 月新井投产，应用 ϕ32mm 常规抽油泵，泵挂深度为 2400m 采用 ϕ32mm×5m×3n/min 的工作制度生产，应用常规泵期间平均泵效为 51.6%。生产情况见表 7-36。

表 7 – 36　H26 – 6 井应用常规泵时的生产数据

日　期	泵径/mm	泵深/m	冲程/m	冲次/(n/min)	泵效/%	液量/(m³/d)	动液面/m
2012 年 7 月	32	2400	5	3	62	10.8	2165
2012 年 8 月	32	2400	5	3	50	8.7	—
2012 年 9 月	32	2400	5	3	43	7.5	2253

4.2.2　应用深抽泵情况

2013 年 4 月检泵作业后，应用 ϕ32mm 深抽泵，泵挂深度为 2400m，用 ϕ32mm × 5m × 3n/min 的工作制度生产，截至 2013 年 12 月底正常生产，应用深抽泵期间平均泵效为 57.6% 左右，生产情况见表 7 – 37。

表 7 – 37　H26 – 6 井应用深抽泵时的生产数据

日　期	泵径/mm	泵深/m	冲程/m	冲次/(n/min)	泵效/%	液量/(m³/d)	动液面/m
2013 年 4 月	32	2802	5	3	59	10.2	—
2013 年 5 月	32	2802	5	3	56	9.7	2705
2013 年 6 月	32	2802	5	3	56	9.7	—
2013 年 4 月	32	2802	5	3	59	10.2	—
2013 年 5 月	32	2802	5	3	56	9.7	2505
2013 年 6 月	32	2802	5	3	56	9.7	2500
2013 年 4 月	32	2802	5	3	56	9.7	—
2013 年 5 月	32	2802	5	3	56	9.7	2525
2013 年 6 月	32	2802	5	3	59	10.2	—

4.2.3　应用效果对比

从表 7 – 36、表 7 – 37 看出，应用常规泵和深抽泵期间工作制度、动液面等参数相近，因此对比 H26 – 6 井应用常规泵和深抽泵期间的生产数据进行对比，从对比结果反映，应用常规泵期间平均泵效在 51.6% 左右，应用深抽泵期间平均泵效在 57.6% 左右，应用深抽泵后泵效平均提高 6%，截至 2013 年 12 月底，该井应用深抽泵后仍正常生产，已延长免修期 173 天左右。

5　工作参数优化与应用

工作参数优化方法是在满足产量、设备等约束条件下，以油藏动态预测和泵排协调计算为基础，以泵效最大化为目的对工作参数进行优化设计。对于新井投产、老井检泵作业后，针对油井实际情况，对工作参数优化及应用，有效地提高了抽油泵泵效和油井产量。2010 年开始在油井作业后应用高效泵、双螺旋变螺距气锚、双尾管沉砂泵、深抽泵时，采用工作参数优化方法对应用井工作参数进行优化并应用，另外对于一些未应用提高泵效工具的检泵作业井，在进行工艺参数优化设计时，采用工作参数优化方法进行优化并应用。截至 2013 年 10 月该方法已在油田应用 600 余井次，单井平均泵效提高 8% 左右，部分应用井效果见表 7 - 38。

表 7 - 38　工作参数优化部分井应用情况

井　号	沉没度/m	项目	泵径/mm	冲程/m	冲次/(n/min)	泵效/%
W2 - 35	40	优化前	32	3	3	16
		优化设计	32	3	1.5	26
		应用	32	3	1.5	28
W19 - 1	20	优化前	32	3	3	30
		优化设计	32	3	1.5	50
		应用	32	3	1.5	57
W19P1	100	优化前	38	2.5	3	30
		优化设计	38	2.5	1.5	60
		应用	38	2.5	1.5	62
Z191	50	优化前	32	3	6	6
		优化设计	32	2.4	3	32
		应用	32	3	3	26
XU5 - 10	20	优化前	44	4.2	3	10
		优化设计	32	3	3	18
		应用	32	3	3	15

5.1　W19 - 1 井

W19 - 1 井工作参数优化前泵挂深度为 2200m，采用 $\phi32mm \times 3m \times 3n/min$ 的工作制度生产，动液面为 2151m，日产液量为 2.6t/d，泵效为 30% 左右，2010 年 11 月根据工作参数优化结果，采用 $\phi32mm \times 3m \times 1.5n/min$ 的工作制度生产，日产液量为 2.5t/d，泵效为 57% 左右，在日产液量基本不变的情况下，泵效提高27%。

5.2 W19P1 井

W19P1 瓦 19 平 1 井工作参数优化前泵挂深度为 2002m，采用 ϕ38mm × 2.5m × 3n/min 的工作制度生产，动液面为 1952m，日产液量为 2.9t/d，泵效为 30% 左右，2010 年 11 月根据工作参数优化结果，采用 ϕ38mm × 2.5m × 1.5n/min 的工作制度生产，日产液量为 2.9t/d，泵效为 62% 左右，在日产液量基本不变的情况下，泵效提高 32%。

5.3 W2 – 35 井

W2 – 35 井工作参数优化前泵挂深度为 2204m，采用 ϕ32mm × 3m × 3n/min 的工作制度生产，动液面为 2168m，日产液量为 1.5t/d，泵效为 16% 左右，2010 年 11 月根据工作参数优化结果，采用 ϕ38mm × 2.5m × 1.5n/min 的工作制度生产，日产液量为 1.5t/d，泵效为 32% 左右，在日产液量基本不变的情况下，泵效提高 16%。